Torsten Schwarz
Herausgeber

LEITFADEN
Relevanz
im Marketing

marketing
BÖRSE
www.marketing-boerse.de

Print: ISBN 978-3-943666-10-6
Epub: ISBN 978-3-943666-25-0
PDF: ISBN 978-3-943666-26-7

1. Auflage 2018
Copyright © 2018 marketing-BÖRSE GmbH
Melanchthonstr. 5
D-68753 Waghäusel
www.marketing-boerse.de
info@marketing-boerse.de

Umschlaggestaltung und Layout: Maren Wendt, Hamburg
Satz: Peter Föll, Karlsruhe
Druckproduktion: Winfried Becker, Fulda
Gedruckt auf säurefreiem, alterungsbeständigem und chlorfreiem Papier
Printed in Germany

Vorwort

Der Kampf um Aufmerksamkeit wird härter. Täglich werden wir mit Nachrichten bombardiert und müssen entscheiden, was für uns relevant ist und was nicht. Nachrichten von Freunden sind erwünscht, nervige Werbung nicht. Algorithmen lernen, das eine vom anderen zu unterscheiden. Werbefilter blockieren alles, was uns stört und was wir nicht wollen.

Setzten 2015 noch 25 Prozent der deutschen Nutzer Adblocker ein, so ist es inzwischen jeder Dritte. Googles Chrome und Apples Safari blockieren störende Werbung als Voreinstellung. Nur wer dem Leser Nutzen verspricht, wird noch wahrgenommen. Leser haben gelernt, in der Infoflut zu überleben, indem sie blitzschnell erkennen, was für sie relevant ist und was nicht.

Früher konnten Unternehmen hemmungslos Reichweite für ihre Werbung einkaufen. Heute gibt es Algorithmen, die erkennen, ob diese den Nutzern gefällt. Wer bei Google oder Facebook klickstarke Anzeigen schaltet, zahlt weniger als jemand, dessen Werbung nervt. Unternehmen, die nicht relevant sind, müssen ihr Werbebudget erhöhen, um noch wahrgenommen zu werden.

Der kostengünstigere Weg zu mehr Aufmerksamkeit ist Relevanz. Kundenwünsche sind wichtiger als die Anforderungen der Marketingabteilung. Unternehmen müssen lernen, die Leserperspektive einzunehmen. In diesem Buch erfahren Sie, wie innovative Unternehmen vorgehen, um für Kunden relevanter zu werden.

Torsten Schwarz

Waghäusel, im Oktober 2018

Inhalt

Relevanz macht Marketing glücklich

Torsten Schwarz

Tue Gutes und rede darüber. Wer als Unternehmen erfolgreich sein will, braucht neben guten Produkten auch Bekanntheit. Diese kauft sich ein Unternehmen, indem es Werbung schaltet: Paid Media. Besonders schlaue Unternehmen aber setzen auf kostenlose Werbung, indem sie sich ihren guten Ruf „verdienen": Earned Media. Das Geheimnis lautet „Relevanz".

Content-Marketing erhebt Relevanz zum Geschäftsmodell

Bis 2012 war der Begriff „Content-Marketing" unbekannt. Am 14.10.2012 sprang der Österreicher Felix Baumgartner in 39 Kilometern Höhe aus einer Ballonkapsel. Mit Überschallgeschwindigkeit raste der Extremsportler zur Erde und landete sicher im US-Bundesstaat New Mexico. Seitdem gilt der Sponsor Red Bull als Erfinder des „Content-Marketings". Das Unternehmen hat 50 Millionen Euro in Vorbereitung und Durchführung der Aktion investiert, aber keinen Cent in Werbung. Die kam von selbst: Weltweit haben Radio, TV und Zeitungen berichtet. In Social Media war es das Thema. Auf YouTube sahen es acht Millionen Menschen zeitgleich. Der Werbewert all dieser Sichtkontakte summierte sich auf eine Milliarde Euro. Noch heute gilt Content-Marketing als effizienteste Werbeform.

Weltweit berichten Medien über den Extremsportler Felix Baumgartner

Seit 2013 ist Content-Marketing bei allen Umfragen auf Platz eins. Auch 2018 steht das Thema bei 81 Prozent der 1208 befragten Unternehmen auf der Agenda. Marketingabteilungen versuchen, mit journalistischen Methoden relevante Inhalte zu erarbeiten und zu verbreiten. Betrachtet man die weiteren Themen, mit denen sich Unternehmen 2018 beschäftigen werden, spielt Relevanz an mehreren Stellen eine Rolle: Personalisierung, Customer-Journey-Analyse, Big Data und Predictive Targeting sind alle davon getrieben, die persönliche Relevanz von Inhalten für die Empfänger zu erhöhen.

Content-Marketing steht im Marketing auf Platz 1

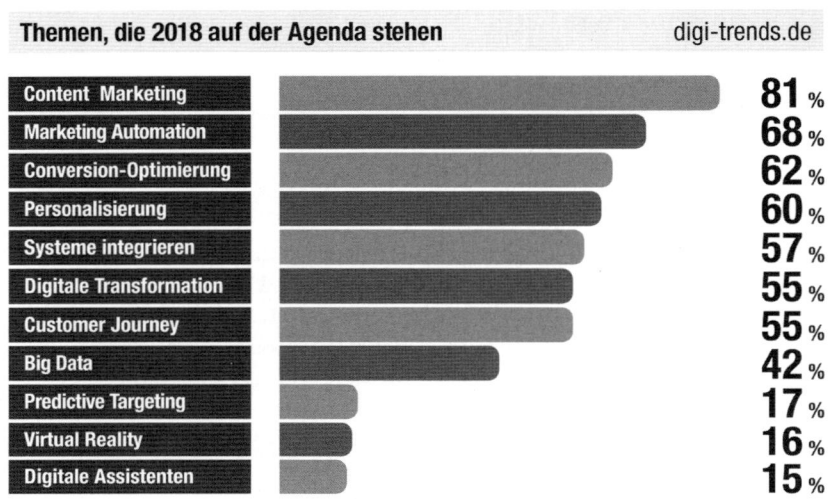

Abb. 1: 2018 stehen diese Themen auf der Agenda [1].

Relevanz ist die Antwort auf Werbeverweigerung

Auge sucht informative Textstellen

Klassische Werbung ohne inhaltliche Relevanz wird nicht mehr wahrgenommen. Entgegen der Regeln von Blickverlaufsanalysen sucht das Auge informative Textstellen und meidet die bunten, Conversion-optimierten Banner dazwischen. Oder es werden Werbeblocker eingesetzt. Google Chrome und Apples Safari blockieren störende Werbung als Voreinstellung. Nur wer dem Leser Nutzen verspricht, wird noch wahrgenommen. Leser haben gelernt, in der Infoflut zu überleben, indem sie blitzschnell erkennen, was für sie relevant ist und was nicht.

Neu für Unternehmen: Leserperspektive einnehmen

Wünsche des Lesers stehen im Vordergrund

Journalisten lernen es vom ersten Tag ihrer Ausbildung: Die Wünsche des Lesers stehen im Vordergrund. Für Marketingmanager ist das Ziel ebenso klar: Umsatz. Nun müssen Marketer lernen, um die Ecke zu denken: Erstmal nur an den Leser denken und erst im zweiten Schritt an das eigene Logo. Bei dem Weihnachtsclip „Heimkommen" erschien erst ganz am Ende das Logo von Edeka. 60 Millionen Abrufe hat das Video bei YouTube.

Relevanz schafft Reputation – und umgekehrt

Wenn Journalisten gut recherchieren und schreiben, bauen sie sich Reputation auf. Bei Unternehmen ist es ebenso: Wer gute Produkte und gute Werbung macht, baut sich Reputation auf. Budweiser, Sixt und

Red Bull machen weit mehr, als nur Reichweite herbeizuzaubern. Wie wertvoll die Relevanz des Absenders ist, lässt sich in der E-Mail-Inbox beobachten: Manche Absender können ungelesen gelöscht werden, weil sie nie etwas Relevantes mitzuteilen haben.

A/B-Test für Absender statt für Betreff

Erfahrene E-Mail-Marketer unterziehen jede Betreffzeile vor dem Versand einem A/B-Test. Viel interessanter wäre es, einmal zu testen, welcher Absender denn die höhere Klickrate bekommt. Bringt die Betreffzeile „Nur noch heute: Bis zu 15 Prozent sparen!" mehr Klicks, wenn Tchibo oder wenn Otto im Absenderfeld steht? Eine Marke investiert in ihren Markennamen, um Vertrauen in die Qualität der Angebote zu erzeugen. Was bedeutet es, wenn Menschen Werbung dieser Unternehmen blockieren? Dann haben die Unternehmen den Bogen überspannt. Verbraucher blocken, weil sie keine Relevanz, sondern plumpe Reklame bekommen. Das Resultat: Eva von Connox oder Lisa von Springlane sind als Absender vertrauenswürdiger als die Marke selbst. Die Reputation eines Absendernamens ist ein Wert, der leider selten in Betracht gezogen wird.

> Eine Marke investiert in ihren Markennamen, um Vertrauen in die Qualität der Angebote zu erzeugen.

Was ist wirklich wichtig?

Wir ersticken in Nachrichten und müssen daher intuitiv Unwichtiges wegfiltern. Wichtig ist alles, was mit Gefahr zu tun hat. Weil aber mit Raubmord, Autounfall und Einbruch für „normale" Unternehmen kein Umsatz zu machen ist, profitieren nur Sicherheitsbranche, Versicherungen und Parteien vom Geschäft mit der Angst. Dafür bietet aber das Thema „Probleme" unendlichen Spielraum für Content-Marketer:

- So kommt eine kleine Wohnung groß raus
- Wie Sie sich mit weniger Geld mehr leisten können
- 7 erprobte Wege zum Schlankwerden

Die Angst, etwas zu verpassen, erzeugt ebenso Relevanz wie die Jagd nach Schnäppchen. Relevant ist ebenfalls alles, was sich in der nächsten Umgebung abspielt oder mit bekannten Menschen zu tun hat.

Die Macht der eigenen Freunde

Mundpropaganda ist das Geheimnis vieler erfolgreicher Unternehmen. Wenn Freunde etwas empfehlen, kann es nicht schlecht sein. Facebook hat das schon früh erkannt und schreibt bei jeder Anzeige, welche Freunde dieses Unternehmen ebenfalls toll finden. Erst durch diese Empfehlungen wird echte Aufmerksamkeit geweckt. Niemand bucht heute noch ein Hotel, ohne sich vorher die Bewertungen der Gäste anzusehen.

Influencer-Marketing schon wieder am Ende

Als der Schauspieler Manfred Krug Werbung für die Telekom-Aktie machte, wurde das Thema sogar für die börsenscheuen Deutschen relevant. Die Testimonials von damals heißen heute Influencer und starten ihre Karriere auf YouTube und nicht beim Fernsehen. Empfehlungen von Menschen, denen man vertraut, sind relevant. Wichtig dabei sind jedoch weniger die leicht zu manipulierenden Reichweitenzahlen, als vielmehr die Glaubwürdigkeit. Oft sind „Micro-Influencer" mit wenigen Followern glaubwürdiger als die großen YouTube-Stars.

Algorithmen sortieren alles nach Relevanz

Lange Zeit wurden Neuigkeiten wie in einem News-Ticker chronologisch sortiert. Leser gehen dann die Liste durch und entscheiden selbst, was für sie wichtig ist. Ein Dienst wie Facebook steckt jedoch in dem Dilemma, dass es theoretisch mehrere Tausend Nachrichten gibt, die für den Empfänger relevant sein könnten. Als Fan von Tchibo könnte er deren Tagesangebot bekommen. Oder ist der Geburtstag der Schwiegermutter wichtiger? Der von Mark Zuckerbergs Ex-Dozent Andrew Bosworth entwickelte Algorithmus entscheidet, was wichtig ist und was wegfällt. Die dadurch entstehende Filterblase sorgt dafür, dass Menschen sich oft nur einseitig informieren. Unternehmen haben nur wenig Chancen, gratis angezeigt zu werden. Da schafft die Kombination Video mit Hund und Katze nicht genug Relevanz.

Algorithmus berechnet, welche Meldungen für den Leser relevant sind

Wer bei Facebook zahlt, bekommt perfektes Targeting

Dass die Posts von Unternehmen nicht relevant sind, kann kompensiert werden: Mit etwas Budget kann die Reichweite erhöht werden. Und auch hier kommt der Bosworth-Algorithmus zum Tragen: Damit möglichst wenige Nutzer aufgrund unpassender Anzeigen Facebook den Rücken zuwenden, wird streng gesiebt. Nur diejenigen bekommen eine Anzeige angezeigt, deren Nutzersignale auch garantiert Interesse versprechen. Außer Google verfügt wohl kein Unternehmen über so viele Daten, um zu entscheiden, was für wen wann relevant ist. Und anders als Google hat Facebook eine längere Nutzungsdauer. Die weltweit 1,15 Milliarden Nutzer verbringen im Schnitt täglich 2,6 Minuten auf der Plattform.

Google setzt schon immer auf Relevanz

Google liefert relevante Antworten auf Suchanfragen

Die Dominanz der Suchmaschine Google beruht auf der Fähigkeit, die relevanteste Antwort auf eine Suchanfrage oben stehen zu haben. Dazu diente zu Beginn ausschließlich der Page-Algorithmus. Dieser bewertet die Qualität einer Website nach der Anzahl der auf sie verweisenden Hyperlinks (Backlinks). Heute werden weitaus differenziertere Methoden eingesetzt, um herauszufinden, was die für einen Suchenden relevanteste Seite sein könnte.

E-Mail-Marketer wissen, was gemeint ist

Wer sich professionell mit dem Thema E-Mail-Marketing beschäftigt, weiß worum es geht: Um in der Masse von E-Mails aufzufallen, die täglich die Inbox fluten, reichen keine Tricks. Stattdessen ist viel Erfahrung gefragt, was für die jeweilige Zielgruppe relevant ist und was nicht. Daraus wird dann eine klickstarke Betreffzeile getextet und getestet. Und auch das wissen die Profis: Wer durch zu hohe Frequenz bei niedriger Relevanz bereits seine Empfänger vergrault hat, ist weg vom Fenster. Die Öffnungsrate sinkt kontinuierlich, weil sich zwar keiner abmeldet, dafür aber die E-Mails nervender Absender blitzschnell löscht.

Mit klickstarken Betreffzeilen Leser fesseln

Unternehmen setzen auf Social, Search und E-Mail

Die drei genannten Kanäle Social Web, Suchmaschinen und E-Mail-Marketing sind die drei am häufigsten eingesetzten Werbekanäle deutscher Unternehmen. Auch in Umfragen zum ROI (Return on Invest) rangieren sie in der Beliebtheit ganz oben. Entsprechend werden hier die Budgets auch gehalten oder erhöht.

Wer unterwegs ist, hat endlich Zeit

Relevanz hat nicht nur mit Inhalten zu tun, sondern auch mit dem passenden Zeitpunkt. Wer in seiner gewohnten Umgebung ist, hat meist etwas zu tun. Wer aber auf den Bus, den Partner oder den Arzt wartet, der langweilt sich oft. Und schon wandert der Blick auf das Smartphone. Unternehmen investieren zunehmend in Mobile Marketing, um Menschen unterwegs zu erreichen. Welcher Kanal dafür der geeignetste ist, wird die Zukunft zeigen. Nicht jeder hat Lust, ständig neue Apps zu laden. E-Mail- und Social-Media-Apps werden oft genutzt, kosten aber Mediabudget.

Auch auf den passenden Zeitpunkt kommt es an

Sprachassistenten kommen als Nächstes

Nach dem PC, Tablet und Smartphone kommt nun die nächste Mensch-Maschine-Schnittstelle: Sprachassistenten wie Alexa, Siri, Cortana oder Google Assistant. Die ersten Unternehmen entwickeln bereits ihre Skills. Und hier schlägt das Thema Relevanz wie bei den Apps mit schonungsloser Brutalität zu. Wenn ein Unternehmen keine für den Nutzer relevanten Informationen hat, gibt es auch keinen Dialog.

Abb. 2: So verändern sich die Budgets der Dialogkanäle [1].

Persönliche Relevanz will gelernt sein

Kein Unternehmen weiß über seine Kunden so viel wie Facebook und hat gleichzeitig so viele individualisierbare Inhalte. Der einfachste Weg zu mehr Relevanz ist daher, die Kommunikation mit der Gießkanne zu beenden. Statt allen das Gleiche zu senden, wird nach Zielgruppen segmentiert. Wenn aber die Daten vorliegen, spricht nichts dagegen, individuell relevante Nachrichten zu senden.

Gießkanne ist out – Segmentierung nach Zielgruppen bringt mehr Erfolg

Experten erläutern, wie Relevanz geschaffen wird

Die Digitalisierung hat das Verhalten der Kunden verändert. Die Autoren in diesem Buch erläutern, wie es Unternehmen gelingen kann, in der Masse der Marketingbotschaften noch positiv aufzufallen. Die Schritte dorthin sind:

- Relevante Kundenerlebnisse schaffen
- Künstliche Intelligenz einsetzen
- Kundensegmente und Personas definieren
- Die Customer Journey kennen und begleiten

Relevante Kundenerlebnisse schaffen

Ferri Abolhassan erläutert, wie wichtig das persönliche Erlebnis bei der Kaufentscheidung ist. Direkt nach Preis und Qualität ist die persönliche Erfahrung das wichtigste Kriterium bei der Beurteilung eines Unternehmens und seiner Produkte. Für ein Drittel der Konsumenten reicht schon eine einzige schlechte Erfahrung mit einem Anbieter, um diesem den Rücken zu kehren und zu einem Wettbewerber zu wechseln. Entsprechend wichtig ist, dass Kunden immer wieder die Möglichkeit erhalten, Feedback zu geben und eigene Wünsche einzubringen.

Wer die positiven Kundenerfahrungen kennt, kann im entscheidenden Moment für relevante Erlebnisse sorgen. Abolhassan erläutert, wie mit Serviceinnovationen Kunden zu Markenbotschaftern werden und gibt eine DIY-Anleitung. So empfehlen zufriedene Kunden Unternehmen gerne weiter. Der Dreiklang aus Menschen, Prozessen und Technik muss harmonieren. Seine Devise: Dem Kunden nutzen und den Mitarbeiter entlasten. Er nennt als Beispiel die Fernwartung von Routern. Sobald dieser eine Wartung benötigt, wird diese proaktiv vom Anbieter durchgeführt. Der Kunde erhält anschließend eine Bestätigung der durchgeführten Maßnahme und freut sich, dass der Anbieter sicherstellt, dass es zu keinen Ausfällen kommt.

Mit Serviceinnovationen Kunden zu Markenbotschaftern machen

Anne Schüller erläutert die Kontaktpunkte, an denen ein Kunde Erfahrung mit einem Unternehmen macht. Diese Reise des Kunden (Customer Journey) findet online wie auch offline statt. Nur wenn ein Unternehmen alle Kontaktpunkte berücksichtigt, kann es sich optimal auf die Wünsche des Unternehmens des Kunden einstellen und damit relevant sein.

Ulf Loetschert erklärt den Einsatz von Chatbots im Kontakt zum Kunden. Neben textbasierten Chats werden zunehmend auch sprachbasierte Anwendungen genutzt. Chatbots sind Softwaresysteme, die einen direkten Dialog zwischen Anwender und Computer ermöglichen. Schon heute erfolgt ein Drittel der Suchanfragen an Google per Spracheingabe. Immer mehr spielen auch die Plattformen von Facebook-Messenger, WhatsApp, Amazon Alexa und Google Home eine Rolle.

Schon heute erfolgt ein Drittel der Suchanfragen an Google per Spracheingabe

Damit diese Systeme jedoch zufriedenstellende Antworten geben können, ist zunächst einmal menschliche Arbeit erforderlich. Die Simulation des Verständnisses von Menschen sollte möglichst realistisch wirken, sonst geht der Schuss nach hinten los. Er rät zur Vorsicht beim

Einsatz von Chatbots im Kundenservice. Die Kunden sollten immer die Wahl haben zwischen einem Menschen und einem Chatbot. Einfache Beispiele wie Terminvereinbarungen oder personalisierte Produktempfehlungen gibt es schon heute. Die Fluglinie KLM ermöglicht eine Buchung per Chatbot. Auch der Check-in und Hinweise zum Reiseablauf können per Sprachkommunikation geregelt werden.

Künstliche Intelligenz einsetzen

Martin Clark erläutert die statistischen Methoden, mit denen Relevanz berechnet werden kann: Profiling, Warenkorbanalyse, Entscheidungsbaumanalyse, Next Best Offer, Clusteranalyse, logistische und lineare Regression. Er geht auf die Abgrenzungen von künstlicher Intelligenz (KI) und maschinellem Lernen ein und gibt Zukunftsperspektiven. Sein Fazit: klein und schnell beginnen. Künstliche Intelligenz bedeutet, dass Maschinen in der Lage sind, komplexe Aufgaben in einer Art und Weise zu erledigen, die wir als intelligent bezeichnen würden.

KI klein und schnell beginnen

Maschinelles Lernen wiederum heißt, dass Computer selbstständig lernen, wie sie bestimmte Aufgaben selbst bewältigen können. Algorithmen sind Regeln, mit denen ein Computer ein Problem löst. Neuronale Netze sind Computersysteme, die durch Training aktiv lernen, Muster zu erkennen. Predictive Analytics ist ein Prognoseverfahren, das mit Techniken wie Datamining, Statistik und Modellierung zukünftige Ereignisse voraussagen kann. Clark betont, wie wichtig dabei die Datenqualität und die richtigen Datenquellen sind. Er geht auch auf die Problematik der Datensilos in Unternehmen ein.

Bastian Hagmaier und **Matthias Kohrsmeier** beschreiben, wie künstliche Intelligenz im Marketing eingesetzt werden kann, um positive Kundenerlebnisse zu schaffen. Dazu werden zunächst einmal Kundengruppen aufgrund vieler verschiedener Variablen in Segmenten zusammengefasst. Auf der Grundlage dieser Segmente werden Automatisierungsstrecken aufgesetzt. Der Trick dabei besteht darin, diese Segmente kontinuierlich zu testen und zu optimieren. Künstliche Intelligenz kann Verhaltensmuster erkennen und damit Vorlieben und Kundenwünsche bequem identifizieren.

Kundensegmente kontinuierlich testen und optimieren

Wichtig ist das zum Beispiel, wenn Kunden mit Rabatten gelockt werden sollen. Welcher Rabatt führt bei welchen Kunden zum Kauf? Welches

Incentive ist relevanter, um eine Bestellung auszulösen? Wichtigster Aspekt der künstlichen Intelligenz im Marketing ist es, ein Verständnis dafür zu entwickeln, welche Inhalte für welche Personen relevant sind. Der Einsatz von KI führt zu einem optimierten Kundennutzen und Kosteneinsparungen. Der Kunde ist zufriedener, das Unternehmen kann mit höheren Umsätzen rechnen.

Einsatz von KI führt zu einem optimierten Kundennutzen und Kosteneinsparungen

Nina Hendschke beschreibt konkrete Einsatzgebiete von künstlicher Intelligenz (KI) im Marketing. Die Einsatzmöglichkeiten von KI im Marketing reichen von Hyper-Personalisierung über Chatbots und Content-Marketing bis hin zur dynamischen Preisgestaltung. So können beispielsweise Newsletter-Inhalte automatisiert individuell zusammengestellt werden. Auch der beste Versandzeitpunkt kann mithilfe von künstlicher Intelligenz individualisiert ermittelt und angepasst werden. Ebenfalls bekannt sind Empfehlungen in Onlineshops, welche schon relativ weit verbreitet sind. KI kann auch eingesetzt werden, um Chatbots relevanter antworten zu lassen.

Die semantische Kontextanalyse, also die Auswertung der Texte auf einer Website, können helfen, die Schaltung in unpassenden Umfeldern zu verhindern. Unseriöse Werbeumfelder können so ausgeschlossen werden. Einsatz findet KI auch im Roboterjournalismus. Viele Sport- und Finanzberichte werden heute von Computern automatisiert erstellt. Gleiches gilt für Wettervorhersagen.

Ebenfalls eingesetzt wird KI bei der dynamischen Preisgestaltung. Jeder Kunde erhält den Preis, den zu zahlen er bereit ist. **Dunja Riehemann** erläutert, wie auf der Basis von künstlicher Intelligenz Preise dynamisch ermittelt werden können. Hintergrund ist, dass im Handel fast ein Viertel des Gesamtumsatzes verloren geht, weil Unternehmen falsche Preisreduzierung vornehmen, die zum Teil sogar unnötig sind.

Gleichzeitig ist es aber so, dass Kunden heutzutage hohe Rabatterwartungen haben. Tatsache ist, dass 43 Prozent der weltweiten Kleidungskäufe durch Rabatte ausgelöst werden. Wichtig ist daher, die genauen Zusammenhänge zwischen Preisänderung und Nachfrageverhalten zu messen und zu kennen. Natürlich müssen in diesem Zusammenhang auch Faktoren wie Wettbewerbspreise, Ferienzeiten, Wetter, Veranstaltungen oder Verkaufsaktionen von Wettbewerbern eingerechnet werden.

Kunden haben hohe Rabatterwartungen

Die Herausforderung besteht darin, eine festgelegte Menge von Waren innerhalb eines bestimmten Zeitraumes komplett zu verkaufen. Verhindert werden muss bei solchen Rabattaktionen, dass Kunden unzufrieden werden. Das ist insbesondere dann der Fall, wenn bestimmte Größen oder Farbvarianten nicht mehr verfügbar sind. Riehemann beschreibt konkrete Einsatzszenarien bei Otto, Ernsting's Family und bonprix.

Kundensegmente und Personas definieren

Natürlich ist die Eins-zu-eins-Personalisierung das höchste Ziel im Data-Driven Marketing. Jedoch liegen nur in den seltensten Fällen valide Daten darüber vor, was einen Kunden in welchem Moment am stärksten interessiert. Basis einer jeglichen Personalisierung ist daher die Zuordnung von Kunden oder Interessenten in bestimmte definierte Klassen mit gleichem Interesse. Die klare Definition der Zielgruppe ist das A und O im Marketing. Darauf bauen alle Marketing- und Vertriebsmaßnahmen.

In der Rolle von „Personas" kann die Zielgruppe gut charakterisiert werden. **Jura Schoeder** und **Claudio Felten** beschreiben das Konzept der Personas. Das ist quasi die visuelle Übersetzung von Segmentierungsmodellen im CRM-System. Dabei werden spezifische Gruppen mit gleichen Merkmalen identifiziert und zu Segmenten zusammengefasst. Die Personas bekommen dann einen Namen, eine Beschreibung und demografische Merkmale zugewiesen. Sie haben einen Beruf, Hobbys, Familie und einen Freundeskreis. Durch Fotos erhalten sie auch ein Gesicht.

Personas sind die visuelle Übersetzung von Segmentierungsmodellen im CRM-System

Wichtig ist, dass diese Personas mit den CRM-Daten verbunden werden. Klare Kriterien für Anfragen sind definiert, damit Personas eindeutig identifiziert werden können. Grundsätzlich sollten etwa 80-90 Prozent der Zielgruppen im CRM-System durch Personas abgedeckt werden. Meist sind dazu etwa vier bis sechs unterschiedliche Persona-Definitionen notwendig. Doch nicht nur im B2C, sondern auch im B2B können Personas sinnvolle Anwendung finden. Dort sind es dann analog Branchen, Fachexperten, Einkäufer, Techniker, Projektleiter oder Geschäftsführer.

Einsatz von Personas im B2C und B2B

Norbert Schuster zeigt, wie sich ein Persona-Konzept einsetzen lässt, um neue Kunden zu gewinnen. Er beschreibt, wie heute modernes Leadmanagement funktioniert. Das umfasst den gesamten Prozess von der Leadgenerierung über die Entwicklung von Interessenten bis hin zum Kauf beziehungsweise Abschluss. Ein Lead-Scoring gibt Aufschluss über das Potenzial der Kunden. Dabei ist es von elementarer Bedeutung, die angesprochenen Kundensegmente in ihren Wünschen zu verstehen. Zum Einsatz kommen Buyer-Persona-Konzepte. Das sind Modelle, die das typische Verhalten der jeweiligen Wunsch-Kunden beschreibt. Schuster betont wie wichtig es ist, an den jeweiligen Touchpoints den richtigen Content bereitzustellen.

Den richtigen Content an den relevanten Touchpoints bereitstellen

Claudia Hilker beschreibt das praktische Vorgehen beim Erstellen einer Content-Strategie. Sie beschreibt dabei die Rolle von Blogbeiträgen Social Media und Suchmaschinenoptimierung. Auch sie geht darauf ein, wie wichtig die Entwicklung einer Customer-Buyer-Persona ist, wenn es um die Erstellung von relevantem Content für einzelne Zielgruppen geht. Auch erläutert sie, wie ein Medienplan erstellt wird, welche Publikationen geeignet sind und wie die Content-Marketing-Kosten ermittelt werden. Konkret geht sie auf die operativen Prozesse ein, die für ein Content-Marketing-Team im Unternehmen zu beachten sind.

Nicola-André Hagmann erläutert wann und wie relevanter Content am besten an die Zielgruppen ausgespielt wird. Dabei haben sich die Möglichkeiten durch den Einsatz von Programmatic Marketing erheblich verbessert, um mit der ausgespielten Onlinewerbung die richtigen Zielgruppen im richtigen Moment zu erreichen. Grundvoraussetzung ist die Zusammenführung aller Konsumenteninformationen in einer Data-Management-Plattform (DMP), egal ob online oder offline, egal auf welchem Endgerät.

Alle Konsumenten-informationen in einer DMP zusammenführen

Wichtig ist die Kenntnis der sogenannten Micro-Moments. Das sind Momente, in denen Nutzer offen sind für hilfreiche Information und relevante Botschaften. Dazu werden im Programmatic Advertising alle verfügbaren Informationen über den Kunden gebündelt. Beispielsweise spielt es auch eine Rolle, den tatsächlichen Standort eines Nutzers durch sein Smartphone zu ermitteln, um die richtige Information auszuspielen.

Die Customer Journey kennen und begleiten

Die Vielzahl der Kanäle unter einen Hut zu bekommen, ist schon eine große Herausforderung. Diese aber zu orchestrieren, kann nur mit neuen Technologien realisiert werden. Dagegen steht für **Harald Henn** das Silodenken der Unternehmen im Weg. Damit die Mitarbeiter die Kundeninteraktionen vollständig im Blick haben, ist die Integration der

Die Verknüpfung
der Daten in
Echtzeit mit
einem CRM sind
unerlässlich

Zufriedene
Kunden bringen
mehr Gewinn und
sind länger treu

Systeme ein absolutes Muss. Die Verknüpfung der Daten in Echtzeit mit dem CRM sind dabei unerlässlich.

Bernhard Kölmel und **Alexander Richter** berichten über die Möglichkeiten der Produktpersonalisierung als Basis der Customer-Centricity-Strategie. Angestrebt werden kundenorientiertes Marketing und eine enge und individuelle Interaktion mit dem Kunden. Zufriedene Kunden bringen mehr Gewinn und sind länger treu. Stammkunden zu binden, ist günstiger als die Akquise neuer Kunden.

Für **Erwin Lammenett** ist Influencer-Marketing Relevanz pur. Bestimmte Zielgruppen sind über konventionelle Medien kaum noch zu erreichen und Massenmarketing stößt an seine Grenzen. Beim Influencer-Marketing geht der Impuls vom Konsumenten aus. Er besucht die Webseite des Influencers. Dieser spricht seine Sprache und seinen Empfehlungen vertraut er. Worksheets für eine grobe Kampagnenplanung, zur Beschreibung eines Wunsch-Influencer-Profils sowie ein Kampagnen-Briefing stehen zur praktischen Unterstützung zur Verfügung.

Packende Geschichten sind immer relevant. Mit Videos lassen sich diese besonders gut emotional beschreiben. **Jonathan Voigt** berichtet über die Möglichkeiten des Storytellings auf YouTube. Erfolgreiche YouTuber setzen dabei auf authentische Storys, die aus dem Alltag erzählen. Nischeninhalte und lustige Sketche bringen Zuschauer zum Lachen. Was Unternehmen dabei beachten sollten, zeigt er an Beispielen auf.

Literatur

[1] Schwarz, T. (2018): Studie Digital-Marketing-Trends 2018. https://www.absolit.de/studien/trends – Zugriff 26.09.2018

Schwarz, T. (Hrsg.) (2017): Leitfaden personalisierte Dialoge. Beispiele aus der Praxis. Verlag marketing-BÖRSE

RELEVANTE KUNDEN-ERLEBNISSE SCHAFFEN

Mit Serviceinnovationen Kunden zu Markenbotschaftern machen

Ferri Abolhassan

Zufriedene Kunden sind das Wichtigste für Unternehmen, egal, ob im Onlinehandel, im Telekommunikationsmarkt, in der Banken- und Versicherungsbranche oder in einer anderen Industrie. Sie sind die wichtigsten Markenbotschafter und sorgen am Ende des Tages für ein positives Image und mehr Umsatz. Unverzichtbar für Kundenzufriedenheit: ein innovativer, aber dennoch persönlicher Service. Erst der schafft ein begeisterndes Erlebnis.

Warum entscheiden sich Kunden heute für ein bestimmtes Produkt? Aufgrund der Qualität? Aufgrund des Preises? Oder aufgrund des Markenimages? All diese Aspekte sind wichtig. Mal überwiegt der eine, mal der andere. Was häufig unterschätzt wird, ist die Bedeutung eines positiven Kundenerlebnisses. Dieses ist weitaus wichtiger, als gemeinhin angenommen: Für fast drei Viertel der Konsumenten (73 Prozent) spielt das persönliche Erlebnis eine entscheidende Rolle bei der Kaufentscheidung. Damit ist es wichtigstes Kriterium direkt nach dem Preis und der Qualität. Das hat Price Waterhouse Coopers (PwC) in einer Studie mit 15.000 Teilnehmern in zwölf Ländern herausgefunden [1]. Demnach sind sogar 43 Prozent der Befragten bereit, einen höheren Preis zu zahlen, wenn dafür beim Kontakt mit dem jeweiligen Anbieter alles tadellos funktioniert.

Positives Kundenerlebnis wird unterschätzt

http://www.marketing-boerse.de/Experten/details/Ferri-Abolhassan

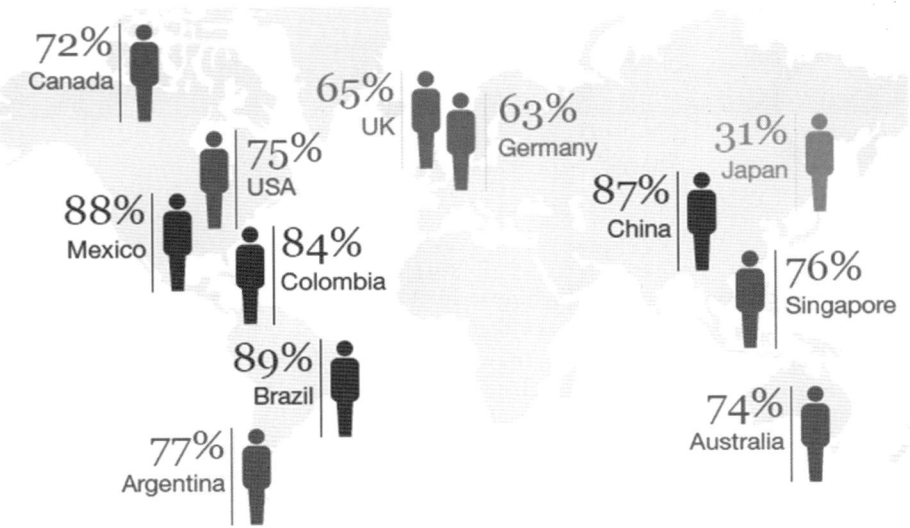

Abb. 1: In 11 von 12 untersuchten Ländern hat das persönliche Kundenerlebnis einen sehr großen Einfluss auf die Kaufentscheidung [1].

Mit erstklassigem Service höhere Preise erzielen

Auch den wirtschaftlichen Wert eines begeisternden Kundenerlebnisses hat PwC ermittelt: Unternehmen, die einen erstklassigen Service liefern, können für Produkte und Dienstleistungen einen bis zu 16 Prozent höheren Preis erzielen. Zusätzlich können sie mit einer höheren Loyalität ihrer Kunden rechnen. Außerdem gaben 63 Prozent der Befragten an, bereitwilliger persönliche Daten herauszugeben, wenn sie einen Service erfahren, den sie wirklich schätzen.

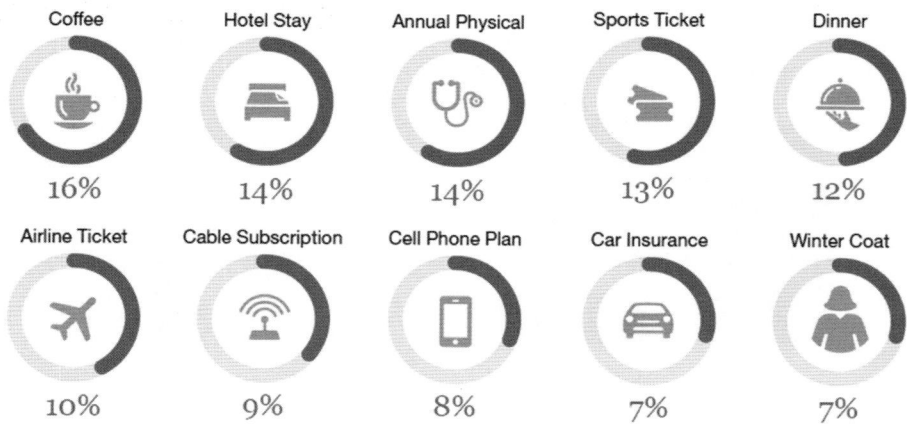

Abb. 2: So viel mehr würden Kunden für unterschiedliche Produkte & Services zahlen, wenn die Kundenerfahrung stimmt [1].

Zufriedene Kunden empfehlen weiter

Das deckt sich mit einer Untersuchung von Forrester [2]: Die Analysten fanden heraus, dass Unternehmen, die in Sachen Kundenerlebnis führend sind, innerhalb von fünf Jahren auf ein durchschnittliches jährliches Umsatzwachstum (CAGR) von 17 Prozent kommen. Firmen, die hier Nachholbedarf haben, wachsen lediglich um drei Prozent. Erklärung: Positive Kundenerlebnisse bringen – Stichwort „Weiterempfehlung" – zusätzliche Kunden und damit auch zusätzliche Erlösquellen.

Positive Kundenerlebnisse bringen zusätzliche Kunden

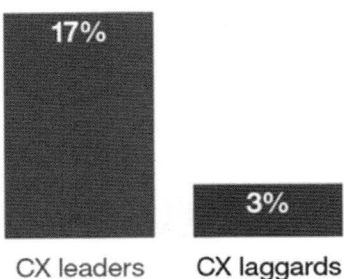

Compound average revenue growth, 2010 to 2015

17% — CX leaders
3% — CX laggards

CX leaders CX laggards

CX leaders grow revenue faster than CX laggards.

Source: June 21, 2016, "Customer Experience Drives Revenue Growth, 2016" Forrester report
forrester.com/cxindex

FORRESTER®

Abb. 3: Unternehmen, die begeisternde Kundenerlebnisse bieten, wachsen deutlich schneller als die, die das nicht tun [2].

Die Mundpropaganda ist für Unternehmen heute so wertvoll wie nie zuvor. Denn nach einer Studie von McCarthy mögen 84 Prozent der Millennials keine klassische Werbung und – noch wichtiger – vertrauen ihr auch nicht [3]. Stattdessen setzt die Onlinegeneration vor einem Kauf auf unabhängige Informationen. Darum sind Weiterempfehlungen von Freunden, Bekannten und Familienangehörigen, aber auch Kundenbewertungen im Web, so immens wichtig. Und die gibt es eben nur nach positiven Kundenerfahrungen.

Persönliche Empfehlungen immens wichtig

Firmen hingegen, die für negative Erlebnisse sorgen, müssen nicht nur auf all diese Vorteile verzichten: Für 32 Prozent der Kunden genügt schon eine einzige schlechte Erfahrung, um ihrem Anbieter den Rücken zuzuwenden und zu einem Wettbewerber zu wechseln, so PwC. Kurzum: In Zeiten der Digitalisierung und Globalisierung wird es immer anspruchsvoller, neue Kunden für sich zu gewinnen. Gleichzeitig laufen Unternehmen heutzutage umso leichter Gefahr, Kunden zu verlieren.

Kundenanforderungen steigen

Was zeichnet also ein positives Erlebnis aus? Fünf Faktoren sind laut der PwC-Studie für die Kunden besonders wichtig, damit sie den Kontakt mit Unternehmen schätzen:

1. Geschwindigkeit

2. Effizienz

3. Bequemlichkeit

4. Freundlichkeit

5. Kompetenz

Auch meine persönliche Erfahrung zeigt, dass Kunden heute sehr hohe Ansprüche an den Service haben. Die Digitalisierung lässt ihre Erwartungshaltung steigen. Onlineshops sind 24/7 offen. Das färbt ab, Stichwort „Liquid expectations". Die Kunden sind es inzwischen gewohnt, alles sofort auf Knopfdruck zu bekommen. Dadurch erscheinen selbst Wartezeiten von wenigen Sekunden mitunter wie eine Ewigkeit. Sie erwarten von ihrem Anbieter eine schnelle und einfache Hilfe, eine Lösung nach nur einer Kontaktaufnahme, eine transparente Kommunikation, Proaktivität und auch intuitive Self-Services – rund um die Uhr, in Echtzeit. Trotzdem soll der Service menschlich und persönlich sein.

Onlineshops sind 24/7 offen

Dreiklang aus Menschen, Prozessen und Technik

Ich bin fest überzeugt: Nur, wenn wir diese Erwartung erfüllen oder gar übertreffen, machen wir Kunden zu Fans. Und das gelingt erst durch das perfekte Zusammenspiel aus Menschen, Prozessen und Technik. Unternehmen, die begeisternde Kundenerlebnisse schaffen wollen, brauchen daher:

Kunden-erwartungen übertreffen

- kompetente und motivierte Mitarbeiter,

- schlanke und effiziente Abläufe,

- digitale Innovationen, die dem Kunden einen wirklichen Mehrwert bieten.

Technologien wie Künstliche Intelligenz (KI), Robotic Process Automation (RPA), Chatbots, Voice Biometrie, Predictive Analytics et cetera. sind mittlerweile unverzichtbar, um den hohen und weiter steigenden Serviceerwartungen der Kunden gerecht zu werden. Weil es aber auf eine smarte Kombination aus Mensch und Maschine ankommt, spreche ich in diesem Zusammenhang gern von digitaler Empathie. Auch wenn alles digitaler wird, bleibt Service eine zwischenmenschliche Aufgabe und Beziehung. Wir müssen uns auf jeden Kunden individuell einstellen. Darum setzen wir im Service der Telekom neue Technologien immer mit Augenmaß ein. Wir möchten Mitarbeitern und Kunden die Gelegenheit geben, positive Erfahrungen zu machen. Erst das bringt die nötige Akzeptanz.

Positive Erfahrungen für den Kunden schaffen

Was heißt das für einen Anbieter wie die Telekom mit rund 75 Millionen Kunden in Deutschland? Mit einer hochgradig komplexen Systemlandschaft, einer beeindruckenden Produktvielfalt und daraus resultierend 270.000 Kundenkontakten pro Tag auf allen Kanälen: Telefon, Post, Fax, App, Website, Messenger, Chat und soziale Medien? Und was heißt das für ein Team von mehr als 30.000 Menschen, welches sich Tag für Tag für besten Service einsetzt?

Dem Kunden nutzen, den Mitarbeiter entlasten

Zwei Dinge stehen bei unseren Überlegungen im Vordergrund, wenn es um digitale Innovationen geht:

1. Werden unsere Kunden das Angebot nutzen und akzeptieren?

2. Und machen wir mit einem neuen Service das Leben unserer Kunden leichter?

Darum geben wir unseren Kunden immer wieder die Möglichkeit, Innovationen frühzeitig mit uns zu verproben, Feedback zu geben und eigene Wünsche einzubringen. Unser jüngstes Beispiel dafür ist die Telekom-Ideenschmiede [4]. Hier kann jeder unseren Service und unsere Angebote mitgestalten – egal, ob Kunde oder Nichtkunde. Rund 2400 Menschen machen schon mit, und täglich werden es mehr.

Genauso wichtig ist für uns die nach innen gerichteten Frage: Entlasten wir damit unsere Mitarbeiter? Gewinnen sie mehr Zeit, etwa für die Beratung unserer Kunden? Motivieren wir sie stärker, weil wir sie von monotonen Routineaufgaben befreien? Und haben sie die nötigen Qualifikationen, um mit den neuen Technologien umzugehen?

Roboter als Kollegen

Nur, wenn wir diese Fragen mit „ja" beantworten können, führen wir neue technologische Hilfsmittel ein, die uns dabei helfen sollen, das Erlebnis unserer Kunden weiter zu verbessern. Bestes Beispiel dafür ist das Thema Robotic Process Automation (RPA): Heute entlasten solche Software-Roboter unsere Kundenberater bei 2,9 Millionen Geschäftsfällen im Monat. Meistens dann, wenn es um monotone, sich wiederholende Tätigkeiten geht. Unsere Mitarbeiter haben dadurch mehr Zeit für komplexere Kundenanliegen. Rund 1500 dieser Frontend Assistenten setzen wir bereits ein und betreiben damit eine der größten Roboter-Farmen Europas.

Um es noch einmal klar zu sagen: Solche Systeme können und sollen den Berater aus Fleisch und Blut nicht ersetzen. Sie sollen ihn – dort, wo sinnvoll – unterstützen und entlasten. Denn wie bereits betont, ist den Kunden der persönliche Kontakt nach wie vor extrem wichtig. Laut einer Pega-Umfrage glauben zwar rund 40 Prozent der Konsumenten, dass Technologien wie KI den Service verbessern können, 80 Prozent bevorzugen aber noch immer den menschlichen Kontakt [5]. Um schnell an Infos zu kommen, lassen sich die Kunden bereits bereitwillig auf intelligente Software ein. Hier trägt sie also zu einer größeren Kundenzufriedenheit bei. Geht es hingegen um individuelle und komplexe Anliegen, bevorzugen die Kunden den Austausch mit Menschen.

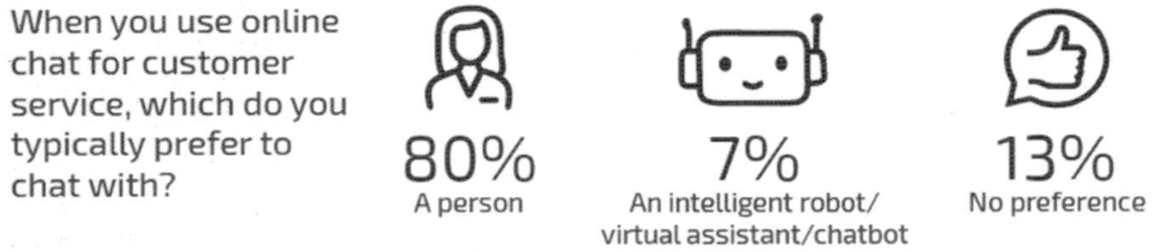

Roboter unterstützen und entlasten Mitarbeiter

When you use online chat for customer service, which do you typically prefer to chat with?

80% A person

7% An intelligent robot/ virtual assistant/chatbot

13% No preference

Abb. 4: Die große Mehrheit der Konsumenten möchte im Kundendienst lieber mit einem Menschen chatten als mit einem Roboter [5].

Support statt Substitution

Unverzichtbar ist es dabei, die eigenen Mitarbeiter auf das Zusammenspiel mit den digitalen Technologien vorzubereiten. Bei der Telekom haben wir dafür das Programm „Fit@Digitization" ins Leben gerufen. Damit entwickeln wir unsere Mitarbeiter zielgerichtet weiter und bauen uns neue Digitalisierungsexperten im Unternehmen auf. Nur qualifiziertes Personal kann die Chancen, die Roboter, KI und andere Tools bieten, im Sinne des Kunden nutzen. Support statt Substitution lautet daher die Devise.

Das sieht auch Professor Dr. Nikolas Beutin, Customer Experience-Experte bei PwC, so [6]: „Bevor ein Unternehmen darüber nachdenkt, seine telefonischen Kundenberater durch Chatbots zu ersetzen, sollte es sich zunächst die Frage stellen: Wie kann ich meine Berater durch die passende technologische Unterstützung in die Lage versetzen, die Probleme des Kunden schnell und unkompliziert zu lösen. Davon hat das Unternehmen letztlich mehr, als wenn es den menschlichen Berater einspart – dann aber die Kunden verliert, weil die mit dem Chatbot unzufrieden sind."

Chatbot liefert schnelle Antworten

Technologien mit Augenmaß einsetzen

Deshalb sollte man solche Technologien immer mit Augenmaß einsetzen. Und Mitarbeitern wie Kunden die Gelegenheit geben, sich daran zu gewöhnen, selbst positive Erfahrungen zu machen. Erst die bringen die nötige Akzeptanz. Bestes Beispiel: unser eigener Chatbot. Seit der IFA 2016 bieten wir unseren Kunden einen digitalen Assistenten an. Zunächst haben wir ihn nur für wenige ausgewählte Themen eingesetzt. Etwa, um Auskunft bei Telefon- oder Internetstörungen zu geben.

In den vergangenen Monaten haben wir in diesen Chatbot noch mehr KI reingesteckt – mit Erfolg. Heute chatten unsere Kunden schon über 30.000 Mal im Monat mit dem digitalen Assistenten – bei Anliegen zu Rechnungen, zum Roaming, zum WLAN, zur E-Mail-Einrichtung oder zur SIM-Karte. Unsere Kunden bekommen eine schnelle Antwort, die Berater werden entlastet, indem ihnen der Chatbot häufig gestellte Fragen abnimmt. Eine Win-win-Situation!

Integration in Sprachassistenten

Und sollte das Anliegen nicht zur Zufriedenheit des Kunden gelöst werden, kann er direkt mit einem unserer Berater weiterchatten. Dazu übergibt der digitale Assistent sein Chatprotokoll und eine Zusammenfassung an den Kundenberater, der somit sofort weiß, worum es im konkreten Kundenanliegen geht.

Aktuell ist der digitale Assistent über Telekom-Website und die MeinMagenta-App erreichbar. Künftig soll er zusätzlich über den Facebook Messenger, Amazon Echo und unseren Telekom Smart Speaker genutzt werden können. Außerdem soll er mit unserer Kundendatenbank verknüpft werden, damit er auch bei persönlichen Anliegen wie Rechnungsanfragen, Vertragsverlängerungen, Tarifwechseln oder Produktberatung helfen kann. Und weil er auch das gesprochene Worte versteht, lässt er sich in Zukunft sogar als virtueller Gesprächspartner in Calls einsetzen. Last but not least wird der smarte Roboter unsere Berater bei internen Recherchen unterstützen, damit sie die Anliegen unserer Kunden noch schneller klären können. Geschwindigkeit ist – wie gesagt – ein ganz wichtiger Faktor für ein positives Kundenerlebnis.

Intelligenz für Routing und Stimmerkennung

Mehr Intelligenz bringen wir auch ins Routing der Kundenanrufe. Mittels Machine Learning wollen wir die Wahrscheinlichkeit komplexerer Anliegen vorhersagen und die Kunden so direkt zum passenden Spezialisten durchstellen. Ähnliches ist geplant für die Anfragen, die uns per E-Mail erreichen. Auch diese werden wir demnächst mithilfe von KI analysieren, um sie noch zielgerichteter bearbeiten zu können.

Und auch für die schnelle und einfache Authentifizierung unserer Kunden an der Hotline wird an einer innovativen, technischen Lösung gearbeitet. Diese basiert auf Voice Biometrie. Künftig wird sich jeder Kunde, wenn er möchte, über sein einzigartiges Stimmuster identifizieren können. Dazu muss er nur einmalig einen Authentifizierungssatz sprechen. Kundennummer und das Passwort braucht er dann nicht mehr, um sich an der Hotline zu authentifizieren. Das ist nicht nur einfacher und komfortabler für den Kunden, sondern auch sicherer. Sein Passwort kann er vergessen oder es wird ihm gestohlen. Bei seiner Stimme ist

Identifizierung über Sprache

Stimme ist so
einzigartig
wie ein
Fingerabdruck

das weitaus schwieriger. Denn jede Stimme ist so einzigartig wie ein Fingerabdruck: Über 100 individuelle Merkmale wie Aussprache, Rhythmus, Geschwindigkeit, Akzent und viele mehr ergeben ein unverwechselbares Stimmmuster.

KI macht Service proaktiv

Predictive Analytics und intelligente Mustererkennung können dabei helfen, Probleme proaktiv abzustellen. Das testen wir bereits intensiv. So nutzen wir zum Beispiel die Software „Palantir Foundry", um vielfältige Daten in die gewünschte Form zu bringen und intelligent miteinander zu verknüpfen. Auf diese Weise können wir technische Fehler automatisiert erkennen und abstellen, bevor der Kunde etwas von einer Störung merkt.

Ich mache es konkret: Unsere Vorhersagesysteme arbeiten wie ein Langzeit-EKG. Wenn sie Fehler erkennen, etwa, dass die Firmware eines Routers veraltet ist, können wir den Kunden per SMS darüber informieren oder die Firmware gleich aus der Ferne aktualisieren. Dadurch verhindern wir, dass der Router ausfällt, weil er nicht mehr mit unserer modernen Technik kompatibel ist. Das ist proaktiver Service, der die Kunden begeistert und positiv auf unsere Marke einzahlt.

Ein letztes Beispiel: Mit „MeinTelekomTechniker", einem Link, den wir per SMS an die Kunden senden, die auf den Techniker warten, können sich diese demnächst zuhause über den Bearbeitungsstatus ihres Anliegens informieren. Außerdem erfahren sie, wann unser Techniker bei ihnen eintrifft. Denn eine transparente Kommunikation ist vielen unserer Kunden noch wichtiger als die schnelle Lösung ihres Anliegens selbst. Das wissen wir aus zahllosen Gesprächen.

Konsistentes Kundenerlebnis über alle Kontaktpunkte

Qualität, Preis
und positive
Erfahrung
müssen stimmen

Mein Fazit: Wer sich heute von Wettbewerben erfolgreich abheben will, muss nicht nur eine hohe Qualität und einen attraktiven Preis bieten. Mindestens genauso wichtig: positive Erfahrungen. Ein begeisternder, persönlicher Service ist der Schlüssel dazu. Wichtig ist dabei, an sämtlichen Kontaktpunkten – ob Hotline, E-Mail oder Messenger – ein konsistentes, positives Kundenerlebnis zu bieten. Hierfür sind digitale Technologien mittlerweile unverzichtbar. Erst sie ermöglichen es, die gestiegenen Kundenerwartungen bezüglich Einfachheit, Schnelligkeit und Bequemlichkeit zu erfüllen. Doch bei der Einführung solcher Technologie ist Augenmaß verlangt: Nur, wo sie dem Kunden nutzen und den Mitarbeiter entlasten, tragen digitale Technologien letztlich zu einem begeisternden Kundenerlebnis bei.

Kunden zu Markenbotschaftern machen:

DIY-Anleitung

1. Machen Sie allen Fachabteilungen die Bedeutung zufriedener Kunden deutlich.

2. Schaffen Sie ein unternehmensweit einheitliches Verständnis von erstklassigem Service.

3. Achten Sie bei der Umsetzung auf einen ausgewogenen Dreiklang aus Menschen, Prozessen und Technik.

4. Denken Sie immer daran, dass Service eine zwischenmenschliche Aufgabe ist und bleibt.

5. Treiben Sie die digitale Transformation konsequent, aber mit Augenmaß voran.

6. Überprüfen Sie zuerst den Prozess und optimieren, wenn nötig, bevor sie ihn digitalisieren.

7. Lassen Sie Mitarbeiter und Kunden eigene Erfahrungen mit neuen Technologien machen.

8. Hinterfragen Sie regelmäßig den Mehrwert technischer Innovationen – intern wie extern.

9. Scheuen Sie sich nicht davor, erfolglose Ideen wieder einzustellen.

10. Stellen Sie ein begeisterndes, konsistentes Kundenerlebnis über alle Kontaktpunkte hinweg sicher.

11. Bleiben Sie stets aufgeschlossen für neue Entwicklungen und Technologien.

Literatur

[1] Price Waterhouse Coopers (2018): Studie Erfahrung ist alles: Wie man es richtig macht – Experience is everything: Here's how to get it right. https://www. pwc.de/de/consulting/pwc-consumer-intelligenceseries-customer-experience.pdf – Zugriff 14.07.2018

[2] Forrester: Customer Experience Index (CX Index). https://www.forrester. com/Customer-Experience-Index-%28CX-Index%29 – Zugriff 14.07.2018

[3] The McCarthy Group: Millennials Survey, Millennials: Trust & Attention Survey, http://www.themccarthygroup.com/millennials-survey/ – Zugriff 14.07.2018

[4] Telekom: Ideenschmiede, https://ideenschmiede.telekom-dienste.de/ – Zugriff 14.07.2018

[5] Pegasystems: Was Verbraucher wirklich über KI denken: Eine globale Studie – What Consumers Really Think About AI: A Global Study, https://www. ciosummits.com/what-consumers-reallythink-about-ai.pdf – Zugriff 14.07.2018

[6] Price Waterhouse Coopers (PwC) (2017/2018): Studie Einzigartige Kundenerfahrungen schaffen, https://www.pwc.de/de/managementberatung/ einzigartige-kundenerfahrungen-schaffen/das-erlebnis-ist-entscheidend-so-funktioniert-guter-service.html – Zugriff 14.07.2018

Aus dem Blickwinkel der Kunden betrachtet: die Customer Journey

Anne M. Schüller

Nicht nur auf einer Reise in fremde Länder, auch auf einer Reise durch die Kommunikations- und Servicelandschaft eines Unternehmens kann man eine Menge erleben. Die meisten Anbieter agieren silomäßig unabgestimmt, selbstbezogen und effizienzgetrieben. Tunlichst sollen sich die Kunden in die vorgedachten Abläufe fügen, umständliche Formalien akzeptieren und im Takt ihrer altersschwachen Software ticken. Heißt: Die Klientel soll ackern, damit man selbst nicht so viel Arbeit hat. Manche Unternehmen sind richtig gut darin, Vorgehensweisen mühsam zu machen, einem die Zeit zu stehlen und schlechte Gefühle zu verbreiten.

Dabei hinterlässt jeder Kontakt Spuren: in den Köpfen und Herzen der Menschen – und oft auch im Web. Denn wie im wahren Leben will man von seiner Reise erzählen. So sammelt der Kunde Eindrücke, macht Nutzungserfahrungen oder hat Anwendererlebnisse, die sich zu einem Gesamtbild verdichten: Dieser Anbieter ist auf Dauer der richtige für mich – oder auch nicht.

Jeder Kontakt hinterlässt Spuren in den Köpfen und Herzen der Menschen und im Web

Die Meinung eines Kunden ist immer subjektiv, häufig verallgemeinernd, manchmal unfair, vielleicht sogar falsch. Aber es ist seine Meinung, die er gefragt und ungefragt weitergibt. Dabei geht es nicht nur um die faktischen Leistungsmerkmale einer Lösung, sondern am Ende auch um Gefühle. Also darum, was der Kunde aus welchen Gründen enttäuschend, okay oder begeisternd findet. Diese, seine ureigene Meinung entscheidet darüber, ob er wiederkommt, mehr kauft und weiterempfiehlt.

Um also die Perspektive vom Produkt auf den Kundennutzen zu verschieben und den Kaufprozess durch die Brille des Kunden zu betrachten, sind Customer Journeys sehr hilfreich. Ursprünglich stammen sie aus dem E-Commerce. Dort beschreiben sie den Weg des Users beim Surfen über Views und Clicks bis zum Kauf.

Mit Customer Journey den Kaufprozess durch die Brille der Kunden sehen

Doch in Wahrheit machen es die Kunden ganz anders: In Echtzeit verknüpfen sie zunehmend smart die virtuelle mit der realen Welt. Bevor man am Ende den Kaufen-Knopf klickt, hat man sich zum Beispiel mal schnell mit der besten Freundin bequatscht. Ihr guter Rat gab den entscheidenden Ausschlag – und nicht die Sonderpreisaktion für das Produkt.

Kunden sind nicht nur digital unterwegs

Ein Kunde existiert eben nicht nur digital. Selbst bei reinen Onlineanbietern verquickt er virtuelle mit physischen Touchpoints. Das Gleiche müssen auch die Anbieter tun. Denn Online braucht Offline. Genau das hat der Online-Matratzenversender Casper im Zuge seiner Casper Nap Tour bedacht. Er schickte Trucks voller Schlafkabinen auf Tour, damit Interessenten probeliegen und etwas Ruhe genießen konnten. So schuf das Start-up einen erlebbaren Marken-Touchpoint und eine Brücke zwischen digital und real.

Die Customer Journey im Konsumentengeschäft

Selbstverständlich ist eine Kundenreise nicht nach einem Kauf zu Ende, damit fängt die Kundenbeziehung vielmehr erst richtig an. All die Erlebnisse beim Ge- oder Verbrauch, die dann zu Wiederkauf und Weiterempfehlungen führen, beginnen überhaupt erst nach einem Ja. Höchst selten folgt der Käufer dabei den vom Anbieter vorgedachten Kanälen, die isoliert und unkoordiniert vor sich hin agieren, oft sogar miteinander konkurrieren. Die tatsächliche, kundenindividuell synchronisierte, komplett vernetzte „Mobile-Offline-Online-Customer-Journey" und ihr durchgehend positiver Verlauf müssen Dreh- und Angelpunkt aller Unternehmensaktivitäten sein.

Customer Journeys folgen leider in vielen Unternehmen nicht der Kundenrealität

Leider folgen Customer Journeys in vielen Unternehmen nicht der Kundenrealität. Aus ihrer Eigensicht heraus betrachten die Marketer nur das, was sich managen und messen lässt. Die Digital-Brand-Leadership-Studie der Esch Brand Consultants fand heraus [1]:

- 34 Prozent der befragten Unternehmen erfassen Customer Journeys ganzheitlich über analoge und digitale Kanäle,

- 23 Prozent schauen sich nur die analogen,

- 19 Prozent nur die digitalen Touchpoints an,

- 24 Prozent erfassen die Customer Journey gar nicht.

Wer aber Kundenreisen nicht oder nur unvollständig betrachtet, der stochert im Trüben, verlässt sich auf trügerische Einschätzungen, zieht falsche Rückschlüsse, investiert in wirkungslose Aktionen und setzt am Ende die unternehmerische Zukunft aufs Spiel.

Um die Bedeutung von Customer Journeys für das gesamte Unternehmen sichtbar zu machen, mobilisiert man am besten das Top-Management, auf Kundenreise zu gehen. Die Schweizer Bundesbahn (SBB) hat das so gemacht: 100 Führungskräfte schlüpften in die Rolle des Fahrgasts und absolvierten zehn verschiedene Reisearten, etwa das Reisen ohne Fahrausweis oder das Reisen mit sperrigem Gepäck. Über ihre Eindrücke und Erlebnisse führten sie Tagebuch. Dies schärfte das Verständnis für die Bedürfnisse echter Kunden. Einige Verbesserungen konnten hiernach sofort umgesetzt werden [2].

Beispiel Schweizer Bundesbahn

Die sieben Schritte einer Customer Journey

Im wahren Leben gibt es unzählige verschiedene Customer Journeys. Jeder Kunde reagiert bei jedem Kauf anders. Deshalb sollten für die wichtigsten Kundengruppen zunächst Buyer Personas entwickelt und für diese dann prototypische Customer Journeys angefertigt werden. Das Ziel: Besser verstehen, wann, wo, wie und warum ein Kunde tatsächlich kauft, um sich dementsprechend zu organisieren.

Die sieben Schritte, die zu einer Customer Journey gehören:

- **Schritt 1:** Legen Sie zunächst fest, welches Szenario Sie für welchen Kundentyp untersuchen wollen. Zum Beispiel: Eine Familie kauft ein neues Auto. Am besten definieren Sie alle „Reisenden" in Form von prototypischen Buyer Personas, um ein klares Bild von ihnen zu bekommen.

- **Schritt 2:** Ordnen Sie die möglichen Kundenaktivitäten in einzelne Phasen. Dies hilft, den Überblick zu behalten. Erstellen Sie dann eine möglichst vollständige Übersicht aller dazugehörigen Touchpoints. Ober-Touchpoints wie zum Beispiel der Besuch im Autohaus lassen sich in Unter-Touchpoints untergliedern.

Vollständige Übersicht aller Touchpoints erstellen

- **Schritt 3:** Stellen Sie die Kundenaktivitäten in ihrer zeitlichen Abfolge dar und bereiten Sie diese grafisch auf. Illustrieren Sie dabei zunächst aus Kundensicht, quasi wie in einem Reisebericht, was an den einzelnen

Touchpoints rein faktisch passiert. Kunden zu beobachten ist dabei noch hilfreicher, als Kunden zu befragen.

Lovepoints und Painpoints

- **Schritt 4:** Neben dem Faktischen ist auch von Belang, wie sich ein Kunde bei den Aktivitäten an den einzelnen Touchpoints fühlt. Dies ermitteln Sie durch Befragen nach den Kriterien „enttäuschend", „okay" und „begeisternd". Finden Sie vor allem die Lovepoints und Painpoints, also die Höhen und Tiefen einer Kundenerfahrung sowie die Lieblings- und die Ausstiegspunkte heraus.

- **Schritt 5:** Erarbeiten Sie im engen Austausch mit Kunden, was Sie tun können, um die Kundenerlebnisse an jedem Punkt zu verbessern, reibungsloser, einfacher, schneller, unbeschwerter und liebenswerter zu machen. Definieren Sie dazu das Soll, wie also eine optimale Customer Journey tatsächlich aussehen könnte und welche Verbesserungsmaßnahmen notwendig sind.

- **Schritt 6:** Setzen Sie die verabschiedeten Maßnahmen möglichst rasch um. Favorisieren Sie dabei die Quick Wins, also punktuelle Aktionen, die schnelle Erfolge erzielen. Alle Prozesse müssen abteilungsübergreifend an den Kundenbedürfnissen ausgerichtet werden. In einem iterativen Dialog mit den Kunden ist zu sondieren, ob und wie gut das klappt.

Kennzahlen festlegen

- **Schritt 7:** Monitoren Sie, ob die umgesetzten Maßnahmen aus Kundensicht erfolgreich waren. Legen Sie dazu die wesentlichen Kennzahlen fest. An den wichtigen Touchpoints sollten vor allem die (Wieder-)Kauf- und die Weiterempfehlungsbereitschaft gemessen werden. Geeignete Software hilft, die Ergebnisse sichtbar zu machen. Kommunizieren Sie Ihre Erfolge rege, und zwar nach drinnen und draußen.

Wie Sie Customer Journeys im Workshop entwickeln

In einem eintägigen Workshop mit einer Auswahl von Mitarbeitern, denen die Kunden im Verlauf ihrer Kaufprozesse direkt und indirekt begegnen können, lassen sich prototypische Customer Journeys entwickeln. Ein externer Experte kann dabei gut unterstützen. Um sich nicht zu verzetteln, konzentrieren Sie sich zunächst am besten auf eine erste Journey, die erfolgskritisch ist: Welches Szenario wollen Sie für welchen Kundentyp untersuchen? Bei Fressnapf, einem Anbieter für den Bedarf tierischer Mitbewohner, wurde sogar eine Welpen Journey entwickelt. Und statt Hundeleinen werden Spaziergänge verkauft.

Beispiel Freßnapf

Um eine Customer Journey sichtbar zu machen, ist ein toolbasiertes „Customer Journey Mapping" sehr hilfreich. Im Web finden Sie eine Fülle von Grafiken, die zeigen, wie sich das optisch darstellen lässt. Eine typische Kundenreise kann aus folgenden Phasen bestehen: Onlinerecherche – Vorauswahl – Kontaktaufnahme – Beratungsgespräch – Vertragsabschluss – Rechnungsempfang – Bezahlung – Empfang der Ware – Nutzung der Ware – (Reklamation) – (Wiederkauf) – (Weiterempfehlung) – (Absprung).

Beispiel für eine typische Kundenreise

Wie bei einer Collage wird dabei auch gemalt und geklebt. Videoaufnahmen, Fotos, episodische Begebenheiten, symptomatische Bewertungen oder exemplarische Meinungen werden beigefügt. Enttäuschungs- und Begeisterungsfaktoren werden gelistet. Don'ts und Dos werden benannt. Wichtige Einstiegs- und Ausstiegspunkte werden hervorgehoben. Was fehlt, wird ergänzt. Was überflüssig ist, wird gestrichen. Was optimiert werden muss, wird markiert.

Das Ganze kann auf Pinnwänden oder Postern dokumentiert werden, sodass man alles für den Projektfortgang in seine Abteilung mitnehmen und weiter bearbeiten kann. Denn Customer Journeys sind niemals statisch. Sie ändern sich im Zeitverlauf, so wie sich ja auch das reale Kaufverhalten im Zuge der voranschreitenden Digitalisierung verändert. Ist die Methodik erst mal bekannt, kann sie im Unternehmen – zum Beispiel mithilfe eines Customer Touchpoint Managers – kontinuierlich ausgeweitet und situativ weiterentwickelt werden.

Die Buyer Journeys im Geschäftskundenbereich

Kundenreisen im Konsumenten- und solche im Geschäftskundenbereich verlaufen verschieden. Im B2C sind sie mehr oder weniger kurz, oft spontan und manchmal rein impulsgetrieben, etwa beim Shopping.

Im B2B hingegen sind die Entscheidungswege eher lang und komplex. Sie werden gründlich geplant. Die formalisierte Beschaffung nimmt dabei zu. 84 Prozent starten den Kaufprozess mit einer Empfehlung [3]. Meist sind mehrere Entscheider involviert, die zwar zu Mitkäufern, aber nicht zu direkten Kunden werden. Deren Einfluss auf die Vorauswahl und die finale Entscheidung herauszufinden, ist elementar.

Nach dem Erstkauf gibt es in aller Regel Folgegeschäft, wobei Erstkäufer und Stammkunden unterschiedlich agieren. Der Entscheidungsprozess, den neue Kunden bis zu ihrem ersten Kauf durchlaufen, heißt im B2B Buyer Journey. Der Entscheidungsprozess, den Kunden beginnen, wenn sie wiederholt bei einem Anbieter kaufen, heißt Bestandskunden Buyer Journey. Diese Journey ist separat zu entwickeln.

Wesentliche Phasen einer Buyer Journey

Die wesentlichen Phasen einer Buyer Journey sind je nach Branche, Einkaufsprozedere und Kaufgut zu differenzieren. Typischerweise sieht das in etwa so aus:

1. Vorrecherche zum Thema,

2. Suche nach geeigneten Anbietern,

3. Vorauswahl geeigneter Anbieter,

4. telefonische/persönliche Vorgespräche,

5. Anforderung eines jeweiligen Angebots,

6. Erstellung der Shortlist (meist zwei oder drei),

7. Entscheidung (auf Basis einer Entscheidungsmatrix).

Zunächst individualisieren Sie die Buyer Journey. Dazu erstellen Sie eine jeweilige Journey für die mitbeteiligten Entscheider im Buying Center, also zum Beispiel für die prototypischen Buyer Personas Ingo IT, Peter Produktion, Egon Einkauf und Monika Marketing. Jede Buyer Journey erhält zudem einen Zeitstrahl, damit alle sehen, wie lange ein typischer Kaufprozess insgesamt dauert.

Im Anschluss geht es dann darum, herauszufinden, wie die jeweilige Buyer Persona – als Stellvertreterin für wahre Kunden – beim Entscheidungsprozess vorgeht. Dann überlegen Sie, wie Sie mithilfe maßgeschneiderter Inhalte (Content) die jeweiligen Phasen zu Ihren Gunsten beeinflussen können.

Bedeutung der Recherchephase in der Buyer Journey

Die beiden ersten Phasen einer Buyer Journey, also die Vorrecherche und die Anbietersuche, sind entscheidend. Wenn Sie hier nicht performen, ist alles verspielt. Denn wer Sie nicht findet, kann auch nicht bei Ihnen kaufen. Warum dies zunehmend wichtig ist, zeigen folgende Zahlen [4]:

- 95 Prozent der Geschäftskunden recherchieren im Internet, wenn sie nach Fachinformationen und Geschäftspartnern suchen.

- 57 Prozent des Einkaufsprozesses sind bereits gelaufen, wenn die Entscheider erstmals einen Vertriebsmitarbeiter kontaktieren.

- 80 Prozent der B2B Geschäftskunden präferieren Fachinformationen in Artikelform anstelle von Werbeanzeigen.

Ist man mit Buyer Personas und ihren Kaufreisen gut vertraut, kann man im Alltag jederzeit schnell entscheiden, ob eine Maßnahme passt oder nicht. So kann man sich bei der Content-Erstellung fragen: Wäre diese Checkliste für Ingo IT nützlich? Was genau müsste in einem E-Book stehen, damit Peter Produktion es tatsächlich anfordern will? Und wie können wir Gerhard Geschäftsführer erreichen? Ein hochwertiger Anwenderbericht mit Wirtschaftlichkeitsdaten, ja, der könnte ihn überzeugen. Wenn er sich den jetzt herunterlädt, dann haben wir endlich einen direkten Zugang zu ihm.

Grundsätzlich sind zwei essenzielle Fragen zu stellen:

1. Werden wir zum recherchierten Thema überhaupt gefunden? Und wie weit vorne in den Trefferlisten?

2. Werden wir im Web mit Content gefunden, der so interessant ist, dass wir in die Vorauswahl kommen?

Eine gute Content-Strategie gekoppelt mit einer permanenten Suchmaschinenoptimierung (SEO) ist für beide Punkte fundamental, wobei der Inhalt immer Vorrang vor SEO, der Leser also Vorrang vor den Suchmaschinen hat. Die gute Nachricht: Was den Lesern gefällt, gefällt auch Google und landet damit bei den Treffern weit vorn.

Content-Inhalt hat immer Vorrang vor SEO

Literatur

[1] Esch. The Brand Consultants: Studie zu Digital Brand Leadership: Markenführung in einer digital veränderten Welt. http://www.esch-brand.com/publikationen/studien/neu-studie-zu-digital-brand-leadership-2/ – Zugriff 10. 8. 2018

[2] Büeler, K.; Heyden, A. (2017): Die SBB setzt die Kundenbrille auf. Aus: Keller, B.; Ott, Cirk S. (Hrsg): Touchpoint Management, Haufe-Lexware.

[3] Belz, Chr.: Neue Zugänge zum Kunden benötigt, Sales Exzellence 1-2/2018. https://www.springerprofessional.de/neue-zugaenge-zum-kunden-benoetigt/15436804 – Zugriff 13. 8. 2018

[4] PR Gateway: Content Marketing und PR in der B2B-Kommunikation. https://www.pr-gateway.de/blog/content-marketing-b2b-kommunikation/ – Zugriff 10. 8. 2018

Weiterführende Literatur

Keller, B.; Ott, Cirk S. (Hrsg) (2017): Touchpoint Management, Haufe-Lexware.

Schüller, A. M., Schuster N. (2017): Marketing-Automation, Haufe-Lexware.

Schüller, A. M. (2016): Touch.Point.Sieg. Kommunikation in Zeiten der digitalen Transformation, Gabal.

Schüller, A. M. (2014): Das Touchpoint-Unternehmen. Mitarbeiterführung in unserer neuen Business Welt, Gabal.

Schüller, A. M. (2012): Touchpoints. Auf Tuchfühlung mit den Kunden von heute, Gabal.

Winters, P. (2014): Customer Strategy, Haufe-Lexware.

Wir erleben eine grundlegende Veränderung in der Geschichte der menschlichen Interaktion. In den letzten Jahren haben wir alle zunehmend unsere Dialoge von E-Mail und Telefon auf Messaging umgestellt. Wir chatten täglich mit Freunden, Kollegen und der Familie. Sind stets per Chat erreichbar. Um nur ein paar Zahlen zu nennen: Facebook Messenger wird derzeit jeden Monat von mehr als 1,3 Milliarden Menschen genutzt – und wächst immer noch stark. 90 Prozent der Internetnutzer in Deutschland verwenden mindestens eine Messaging App [1]. Neben textbasierten Chats werden zunehmend auch sprachbasierte Anwendungen genutzt. Voice Devices wie Amazon Alexa sind die am schnellsten wachsende Consumer-Technologie aller Zeiten [2]. Sie erobern unsere Wohnzimmer, Autos, Kopfhörer und Kühlschränke. Dank Chat- und Voicebots können Unternehmen Eins-zu-eins-Marketing im großen Stil betreiben.

> 1,3 Milliarden Menschen nutzen monatlich den Facebook Messenger

Kein Marketer wird sich über kurz oder lang leisten können, diese mächtigen Kanäle zu ignorieren. Also jetzt schnell einen Chatbot launchen? Bitte nicht. Es gibt ein paar Dinge, die Sie vorher wissen sollten.

Was ist ein Chatbot?

Chatbots sind Softwaresysteme, die einen direkten Dialog per Text oder Sprache zwischen Anwender und Computer ermöglichen. In den vergangenen Jahrzehnten haben sie sich nie im großen Stil durchgesetzt. Wer erinnert sich gern an Karl Klammer im Microsoft Office zurück?

2016 hat Influencer und Internet-Urgestein Chris Messina das Zeitalter des „Conversational Commerce" ausgerufen, also des dialogbasierten Handels [3]. Und auch wenn seitdem über 200.000 Bots allein bei Facebook veröffentlicht wurden, muss man doch feststellen: Wirklich

Bots sind im Alltag noch nicht angekommen

präsent sind Bots im Alltag noch nicht. Also ist das Zeitalter schon vorbei, bevor es wirklich angefangen hat? Schauen wir in dem bekannten Hype-Zyklus nach, erleben wir gerade das Tal der Enttäuschungen. Im Folgenden möchte ich die Ursachen dafür aufzeigen und meine Überzeugung untermauern. Bots are here to stay.

Wir stehen noch ganz am Anfang

Künstliche Intelligenz ermöglicht Sprachverständnis

Im Vergleich zu den Chatbots der vergangenen Jahrzehnte ist die Ausgangslage heute fundamental anders. Zwei Faktoren tragen wesentlich dazu bei: Chat ist Alltag für uns und künstliche Intelligenz ermöglicht Sprachverständnis.

Seit etwa 2010 hat es einige Durchbrüche in der Anwendung künstlicher neuronaler Netze gegeben, die den Computer zu einer gigantischen Approximationsmaschine machen. Das ist wichtig, um stochastische Prozesse zu realisieren. Etwa um Chatbots zu helfen, aus der Vielfalt der menschlichen Sprache computergeeignete Befehle abzuleiten. Hier spricht man vom Natural Language Processing (NLP). Und das wird zunehmend wichtig. Schon heute erfolgt ein Drittel der Suchanfragen an Google per Spracheingabe.

1/3 der Suchanfragen bei Google per Sprache

The rise of the platforms

Facebook Messenger und WhatsApp, Amazon Alexa und Google Home. Das sind die größten Player im Markt für Chatbot-Plattformen. Und sie gehören nicht zufällig zu den nach Marktkapitalisierung größten Unternehmen der Welt. Für die Chat-Apps und Voice-Assistenten ist ein wesentlicher Erfolgsfaktor der Netzwerkeffekt (quasi der digitalisierte Gruppenzwang). Natürlich könnten wir alle zu unabhängigen Anbietern wie Mycroft [4] und Threema [5] wechseln. Aber da sind unsere Freunde nicht vertreten oder es fehlt der entscheidende „Skill". Ein Smartphone, auf dem WhatsApp nicht läuft, würde in Deutschland schwer verkäuflich sein.

Das Spiel mit dem Feuer

Was bedeutet das für Unternehmen? Zu Beginn des Internet-Zeitalters benötigten Unternehmen Webseite und E-Mail als Kommunikationskanäle. Während Web und E-Mail auf offenen und freien Standards basieren, also niemandem „gehören", sind Facebook und Amazon jedoch kommerzielle, proprietäre Standards.

Facebook und Amazon basieren auf proprietären Standards

Gerade sind wir in der Phase des Wachstums, in denen die Plattformen freizügig Unternehmen Zugang zu den Nutzern gewähren. Ziel: Möglichst viele Bots auf die eigene Plattform holen, denn damit wächst der Kundennutzen der Plattform (am Mangel an Apps scheiterte zum Beispiel Windows Phone) und der Burggraben gegenüber der Konkurrenz wird verstärkt. Wie die Plattformen agieren werden, wenn die Marktpositionen gefestigt sind? Die Regeln können sich jederzeit ändern. Ob Ihnen das Spiel der Plattformen gefällt oder nicht. Es ist leider momentan alternativlos, die Regeln zu akzeptieren und mitzuspielen.

Gatekeeper zum Kunden

Die Hoheit auf der Plattform hat der Betreiber. Er kontrolliert den Zugang zum Kunden. Wenn der Kunde Alexa sagt, dass er etwas kaufen möchte, wird das immer zuerst bei Amazon sein. Amazon-Kritiker und Marketing-Guru Scott Galloway konnte schon 2017 nachweisen, wie Amazon seine Gatekeeper-Position ausnutzte [6]. Der Kauf von Batterien führte Alexa immer unweigerlich zu einer einzigen Marke, andere Angebote waren nicht verfügbar. Welche Marke? Amazon Basics. Von Facebook ist noch nichts Vergleichbares bekannt, aber machen wir uns nichts vor: Die Regeln sind dieselben. Natürlich wird der Messenger auch schon als Werbeplattform genutzt.

Im Zeitalter dieser „Gatekeeper" wird es für Unternehmen umso wichtiger, die eigene CRM-Datenbank anzureichern und eigene Werbeeinwilligungen einzuholen. Sie sollten „Ihr" CRM nicht an Facebook und Co. outsourcen, denn damit begeben Sie sich in eine einseitige Abhängigkeit.

Eigenes CRM gegen die Gatekeeper stärken

Künstliche Intelligenz versteht nichts

Oft wird von „selbstlernden Chatbots" gesprochen. Das suggeriert, wenn einem Bot nur oft genug eine Frage gestellt wird, werde er irgendwann erlernen, eine Antwort darauf zu finden. Gemeint ist jedoch, dass ein künstliches neuronales Netz in die Lage versetzt werden kann, aus Beispielen zu generalisieren. Dazu werden dem Netzwerk eine Vielzahl von sogenannten Trainingsdaten vorgelegt, bei Chatbots sind das Beispiele von Fragen. Etwa wie Menschen sich nach dem Wetter erkundigen („Wie wird das Wetter?", „Brauche ich morgen eine Jacke?"). Im Erfolgsfalle kann das Netzwerk ähnliche Formulierungen („Erfordert das Wetter eine Jacke?") richtig zuordnen und eine vorgegebene Antwort auswählen. Im Kern basiert die Technologie auf logistischer Regression, allerdings in gigantischen Dimensionen.

KI verfügt über kein menschliches Verständnis

KI erfordert menschliche Arbeit im Vorfeld

Bei allem Fortschritt ist es jedoch weiterhin so, dass die KI über kein menschliches Verständnis verfügt. Was Wetter ist und was es für uns Menschen bedeutet, das bleibt einer KI verborgen. Und so erfordert KI erstmal menschliche Arbeit, damit die Simulation von Verständnis möglichst realistisch wird.

Was ist mit WhatsApp?

WhatsApp ist der beliebteste Messenger in Deutschland. Die beiden Gründer von WhatsApp wollten den Messenger stets werbefrei halten. Doch inzwischen haben sie den neuen Eigentümer Facebook im Unfrieden verlassen. Einer der Gründer unterstützt seitdem den alternativen Messenger Signal und rief auf Twitter sogar zum Boykott von Facebook auf [7].

Durch den Weggang der Gründer wurde der Weg für die Kommerzialisierung von WhatsApp frei. Nachdem es jahrelang nur eine „graue" Schnittstelle gab, die nie offiziell unterstützt wurde, hat Facebook am 1. August 2018 die langersehnte offizielle „WhatsApp Business API" angekündigt [8]. Im Gegensatz zum Facebook Messenger, dem Konkurrenzprodukt aus eigenem Hause, ist das Versenden von Nachrichten bei WhatsApp meist nicht kostenfrei.

Mit neuen Anzeigeformaten können Kunden direkt aus Facebook in einen WhatsApp-Chat gelenkt werden.

Unternehmen werden somit bald WhatsApp als weiteren dialogbasierten Kundenkanal nutzen können. Wie die Unterstützung von Chatbots in WhatsApp genau aussehen wird, ist noch unklar. Hier fehlten bisher, bedingt durch die nicht freigegebene API, Komfortfunktionen wie Buttons und Bildergalerien.

Weixin (WeChat) hat sich als Ökosystem für Apps gegen Android und iOS etabliert

Mit dem Facebook Messenger versucht der Mutterkonzern einstweilen zur Conversational Platform zu werden, wie es in China Weixin (in Europa als WeChat bekannt) gelungen ist. Dort bestellt man per Chat Essen, Taxis, zahlt Rechnungen, spielt mit Freunden, macht Termine. Selbst kleine Straßenhändler akzeptieren WeChat Pay. Doch noch ist der Facebook Messenger trotz aller Bemühungen weit von diesem Status entfernt.

Vorsicht vor Chatbot-Experimenten

Nachdem wir uns mit den Regeln befasst haben, schauen wir nun, wie man das Spiel gewinnen kann. Ausgangspunkt vieler Chatbot-Initiativen scheinen heute zwei Möglichkeiten zu sein. Entweder sind Chatbots in der „Kundenservice"-Schublade verortet oder die Unternehmen suchen nach einem möglichst simplen Use Case für einen Chatbot.

Beides birgt Gefahren. Der Chatbot von Dr. Oetker etwa, mit dem man nach Produkten suchen kann, mag ein einfacher Case sein. Aber warum sollte der Kunde das tun? Und warum ausgerechnet per Chat? Die Webseite ist übersichtlicher.

Chatbots im Kundenservice ...

Kundenservice setzt an einer kritischen Phase der Kundenbeziehung an. Nicht jeder Kunde gibt Unternehmen die Chance, sich mit Fragen, Problemen und Beschwerden zu melden. Trifft er hier auf einen Chatbot, gerade mit einer komplexeren Fragestellung, ist die Wahrscheinlichkeit einer Enttäuschung hoch. Und damit die Kundenbeziehung gänzlich in Gefahr. „Aber Bots sind billiger" könnte man argumentieren. Das ist sparen an der falschen Stelle. Gerade in den Zeiten der Gatekeeper wird Kundenservice einer der wenigen Unterscheidungsmerkmale für Unternehmen. Persönlichkeit im Service wird eher noch wertvoller werden. „Bots lösen nur die einfachen Fälle" ist ebenfalls eine gängige Begründung. Doch fragen Sie sich: Warum gibt es diese einfachen Fälle überhaupt, wenn sie so einfach zu lösen sind? Arbeiten Sie an Ihrer Customer Experience und versuchen Sie nicht, Bots als Lückenbüßer für schlechte Prozesse zu nutzen.

Persönlichkeit im Service wird noch wertvoller werden

... sind mit Vorsicht zu verwenden

Einige Pioniere haben ihre Service-Bots schon wieder eingestampft. Bei Congstar ist statt Chatbot „Sophie" zum Beispiel wieder eine klassische FAQ-Seite zu sehen [9]. Wenn Sie sich dennoch für den Kundenservice-Fall entscheiden:

1. Lassen Sie dem Kunden immer die Wahl zwischen Mensch und Chatbot.

2. Definieren Sie klare Übergabemomente zwischen Bot und Mensch. Kunden wiederholen sich nicht gern.

Verstehen Sie die Warnung vor dem Experimentieren nicht falsch. Machen Sie Experimente mit der Technologie, probieren Sie verschiedene Dialoge und Kanäle. Aber sparen Sie nicht am Use Case, sonst ist die Initiative zum Scheitern verurteilt.

Was wollen überhaupt die Kunden?

Kunden wollen in erster Linie Bequemlichkeit

Kunden wollen in erster Linie Bequemlichkeit. Facebook, Amazon und Google haben uns bequemer gemacht. Freunde anrufen? Lieber per Facebook in der Gruppe chatten. Zum Einkaufen in die Stadt? Amazon hat mehr Auswahl und Prime. Das beste Restaurant finden? Google kennt es und den besten Weg dorthin. Es geht dem Kunden nicht darum, mit dem Chatbot lange Dialoge zu führen. Kunden wollen schnell und einfach ihr Ziel erreichen. Das zeigt auch eine Befragung von YouGov (siehe Abbildung 1), bei der sich potenzielle Nutzer konkrete Aufgabenstellungen von Chatbots wünschen. Wenn Sie in den digitalen Dialog eintreten möchten, muss die Kernfrage lauten: Wie kann unsere Kundenerfahrung fünfmal bequemer per Chat oder Voice gestaltet werden?

Bots eignen sich sehr gut für das Onboarding von Kunden

Richten wir die Aufmerksamkeit auf andere Phasen der Customer Journey, abseits vom Kundenservice. Bots sind gut geeignet für das Onboarding von Kunden. Aus statischen Formularen können kurzweilige Dialoge werden. Und auch Rückfragen des Kunden können gleich beantwortet werden. Auch sind Bots stark darin, den Kunden stets auf dem Laufenden zu halten. „Ihr Paket kommt gleich", „Ihr Taxi steht bereit", „Die Wartung Ihres Wagens ist abgeschlossen" und vieles weitere. Auch Termine vereinbaren kann ein Bot schneller als Telefonat. Google hat mit diesem Case seine Duplex-Technologie rasant bekannt gemacht [11].

Erfolgsbeispiele

- Kosmetikmarke Sephora spielt in den USA bereits meisterhaft auf der Conversational-Klaviatur. Kundinnen vereinbaren Termine per Chat im Facebook Messenger und bekommen personalisierte Produktempfehlungen.

- Fluglinie KLM ermöglicht von der Buchung, über aktuelle Hinweise bis zum Check-in den gesamten Reiseablauf per Chatbot.

Abb. 1: Untersuchung von YouGov zu Kundenwünschen an Chatbots [12].

Der Einstieg in den digitalen Dialog: Neue Regeln

Märkte sind Dialoge hieß es schon 1999 im Cluetrain Manifesto. Und es könnte gut sein, dass die Begriffe Dialogmarketing und Eins-zu-eins-Marketing, die schon lange mit Bedeutungen besetzt sind, bald neu definiert werden müssen. Denn statt Briefe mit Rückantwort kommen wir jetzt in einen wirklichen direkten Dialog mit Kunden.

Der Platz ist knapp

Während es wenig Mühe macht, über 50 verschiedene Produkte auf einer Webseite zu scrollen, bieten Chatbots nativ wenig Platz. Gerade bei Voice ist wenig Bereitschaft gegeben, sich lange Produktlisten vorlesen zu lassen. Entweder man bindet Web-Views ein (zum Beispiel die eigene Webseite) oder setzt auf intelligente Algorithmen, die schon an Platz eins das relevanteste Ergebnis präsentieren.

Das Tempo ist hoch

Automatisierte Dialoge müssen den Kunden schnell an sein Ziel bringen. Jeder Satz, jedes Wort muss auf den Prüfstand.

1. Ist die Formulierung so eindeutig wie möglich?

2. Ist sie so kurz wie möglich?

3. Bringt es den Kunden näher an sein Ziel?

Das Smartphone ist ein Supercomputer

Sowohl text- als sprachbasierte Dialoge können mehr als Wörter vermitteln. Integrieren Sie Voice Files, Videos, Bilder, Emojis immer dann, wenn es dem Kunden hilft oder unterhält. Vermitteln Sie Emotionen, wo es sinnvoll ist. Der Kunde hat sein Smartphone in der Hand, auch er kann seine Kamera nutzen. Ein Foto per Chat zu teilen ist das natürliche Verhalten des modernen Menschen. Machen Sie sich die Möglichkeiten bewusst und nutzen Sie sie.

Vermitteln Sie Emotionen, wo es sinnvoll ist

Einfachheit ist Trumpf

Am schnellsten lässt sich eine Frage per vorgegebenen Buttons beantworten. Machen Sie davon Gebrauch. Nur weil es künstliche Intelligenz gibt, sollten Sie nicht generell auf freie Eingaben der Nutzer setzen. Steuern Sie den Dialog, nehmen Sie den Kunden an die Hand. Und seien wir ehrlich, es interessiert sich niemand für die künstliche Intelligenz eines Chatbots außer ein paar Branchenexperten.

Steuern Sie den Dialog und nehmen Sie den Kunden an die Hand

Der Kunde entscheidet

Die Frage nach dem Datenschutz ist wichtig. Nichts geht, außer Sie haben die explizite Erlaubnis. Zugegeben, das ist eine (zu) starke Vereinfachung der DSGVO, aber sie hilft sich auf das Wesentliche zu fokussieren. Kunden können Ihnen alles erlauben, sie machen die Regeln. Also bieten Sie Ihnen etwas, damit Sie Engagement und Werbeeinwilligungen bekommen. Es geht hier um den persönlichsten Kanal, den es gibt. Kunden kennen den Wert. Die gute Nachricht: Untersuchungen zufolge sind vier von fünf Kunden bereit, Daten gegen Mehrwerte zu teilen [13].

Datenschutz beachten

Ein Chat kommt selten allein

Bisher wird das Thema Chat oft isoliert betrachtet. Das ist für einen Versuchsballon auch ausreichend. Künftig müssen die Kanäle verzahnt werden. Die erste Kundenanfrage kommt vielleicht per Mail und dann wechselt es in den Messenger. Oder umgekehrt. Im digitalen Instrumentarium sind mächtige neue Kanäle dabei. Die etablierten Kanäle wird es jedoch weiterhin geben. Der Kunde sollte die Wahl haben.

Der Kunde sollte die Kanäle wählen können

10
FRAGEN CHATBOT-LEITFADEN

1 MEHRWERT
Welchen Mehrwert bietet ein Chatbot aus Sicht Ihrer Kunden? Fünf Mal einfacher ist Benchmark.

2 DATEN
Damit KI lernen kann, braucht sie Daten: Welche Daten benötigt Ihr Case - und sind sie vorhanden?

3 PROZESSE
Wie fügt sich der Chatbot in Ihre bestehenden Prozesse und Policies ein?

4 API
Sind Ihre Softwaresysteme (CRM, ERP) bereit für die Integration über Schnittstellen („APIs")?

5 STRATEGIE
Wie integriert sich der Chatbot in Ihre Marketing-, Vertriebs-, Servicestrategie und Kommunikation?

6 KANÄLE
Soll der Chat auch in Ihre bestehenden Kanäle wie Website und App integriert werden?

7 KOLLEGEN
An welchen Punkten könnte menschliches Eingreifen notwendig sein und wie kann man diesen menschlichen Faktor integrieren?

8 STIL
Wie verhält sich Ihr Chatbot, auf welcher Persönlichkeit basiert er? Keep it simple. Und vergessen Sie Emojis nicht [10].

9 PLATTFORMEN
Auf welchen Plattformen erreichen Sie Ihre Kunden? Facebook Messenger, Amazon Alexa, Google Assistent oder andere?

10 TECHNOLOGIE
Welche Technologie benötigen Sie, um Ihre Gesprächsstrategie umzusetzen? Achten Sie auf die Einhaltung des europäischen Datenschutzes.

Literatur

[1] Bitkom (2018): Neun von zehn Internetnutzern verwenden Messenger. https://www.bitkom.org/Presse/Presseinformation/Neun-von-zehn-Internetnutzern-verwenden-Messenger.html – Zugriff 30.07.2018

[2] Peres, S. (2018): Smart speakers top AR, VR and wearables to become fastest-growing consumer tech, Tech Crunch https://techcrunch.com/2018/01/04/smart-speakers-top-ar-vr-and-wearables-to-become-fastest-growing-consumer-tech/ – Zugriff 30.07.2018

[3] Messina, Chr. (2016): https://medium.com/chris-messina/2016-will-be-the-year-of-conversational-commerce-1586e85e3991 – Zugriff 30.07.2018

[4] Mycroft ai: https://mycroft.ai – Zugriff 30.07.2018

[5] Treema. https://threema.ch/de/ – Zugriff 30.07.2018

[6] Galloway, S. (2017): This Technology Kills Brands, Gartner L2. https://www.l2inc.com/daily-insights/winners-and-losers/this-technology-kills-brands – Zugriff 30.07.2018

[7] Tweet von Brian Acton: https://twitter.com/brianacton/status/976231995846963201 – Zugriff 03.08.2018

[8] Facebook Business (2018): Helping Businesses Chat with Customers at Scale on WhatsApp, https://www.facebook.com/business/news/helping-businesses-chat-with-customers-at-scale-on-whatsapp – Zugriff 03.08.2018

[9] Jünger, A. (2016): Congstar-Chatbot "Sophie" berät via Facebook-Messenger, Callcenter Profi. http://www.callcenterprofi.de/branchennews/detailseite/congstar-chatbot-beraet-via-facebook--messenger-20165457/ – Zugriff 30.07.2018

[10] Hein, D. (2018): Emojis wirken sich positiv auf Mobile-Marketing-Maßnahmen aus, Horizont. https://www.horizont.net/marketing/nachrichten/studie-emojis-wirken-sich-positiv-auf-mobile-marketing-massnahmen-aus-168453 – Zugriff 30.07.2018

[11] Ausschnitt aus der Google-Entwicklerkonferenz 2018 mit der Google Duplex-Demonstration unter https://youtu.be/bd1mEm2Fy08 – Zugriff 30.07.2018

[12] Statista (2017): Chatbots – Nicht verzagen, Chatbot fragen https://de.statista.com/infografik/10965/wofuer-kunden-einen-chatbot-nutzen/ – Zugriff 30.07.2018

[13] Pingitore, G., Rao, V., Cavallaro, K. and Dwivedi, K. (2016): To share or not to share, Deloitte. https://www2.deloitte.com/content/dam/insights/us/articles/4020_To-share-or-not-to-share/DUP_To-share-or-not-to-share.pdf – Zugriff 30.07.2018

KÜNSTLICHE INTELLIGENZ EINSETZEN

2

Predictive Analytics im Marketing

Martin Clark

Im Marketing befinden wir uns momentan an einem Wendepunkt: Die Erwartungen der Kunden sind gestiegen und als Antwort darauf gilt Kundenzentrierung als entscheidender Erfolgsfaktor. Kundenzentrierung ist eine ganzheitliche Unternehmensstrategie, die auf den Einzelkunden und seine individuellen Bedürfnisse ausgerichtet ist. Um entsprechend zu handeln, müssen sich Unternehmen grundlegend überlegen, welche Organisationsweisen, Prozesse, Skills, Technologien und Daten notwendig sind, um zukünftige Erfolge zu sichern.

Kundenzentrierung entscheidender Erfolgsfaktor

Eines ist dabei unbestritten: Die intelligente Nutzung von Daten mittels Predictive Analytics – und in der nicht so weiten Zukunft von künstlicher Intelligenz – wird im Marketing-Tagesgeschäft eingesetzt, um individuelle und relevante Kundenkommunikation zu kreieren.

Definitionen & Abgrenzungen

Im Zusammenhang mit Predictive Analytics fallen häufig auch die Begriffe Künstliche Intelligenz (KI) und Maschinelles Lernen (ML). Obwohl es durchaus Überschneidungspunkte gibt, ist es wichtig, diese Begriffe gesondert einzuordnen und voneinander abzugrenzen. Beginnen wir mit der künstlichen Intelligenz.

Künstliche Intelligenz (KI)

Dies ist das zugrundeliegende Konzept, nach dem Maschinen in der Lage sind, Aufgaben in einer Weise auszuführen, die wir als „intelligent" bezeichnen würden. Das Konzept kann grob in zwei Gruppen eingeteilt werden: Angewandte und allgemeine KI. Dabei ist angewandte KI weitaus verbreiteter. Dazu gehören beispielsweise Systeme, die darauf ausgelegt sind, Aktien intelligent zu handeln oder ein Fahrzeug autonom zu manövrieren. Allgemeine KI – Systeme oder Geräte, die theoretisch jede Aufgabe bewältigen können – sind weniger verbreitet, aber hier

Zwei KI-Gruppen: Angewandte und allgemeine KI

finden heute einige der spannendsten Fortschritte statt. Häufig geht es dabei um Entwicklungen, die wir aus Science-Fiction-Filmen oder Zukunftsvisionen kennen. Gleichzeitig ist dies der Bereich, der zur Entwicklung von maschinellem Lernen geführt hat [1].

Maschinelles Lernen (ML)

Der Grundgedanke hinter der Entwicklung von maschinellem Lernen ist der, Computern nicht das beizubringen, was sie zur Bewältigung verschiedener Aufgaben können müssen, sondern das eigenständige Lernen an sich. Dieser Gedanke stammt bereits aus dem Jahr 1959 und wird dem Amerikaner Arthur Samuel zugeschrieben.

Was den Durchbruch des ML jedoch in den letzten Jahrzehnten befeuert hat, war das Aufkommen des Internets und die enorme Zunahme der Menge an digitalen Informationen, die erzeugt, gespeichert und zur Analyse zur Verfügung gestellt werden.

Diese Innovationen haben relativ schnell gezeigt, dass es sehr effizient ist, Computern und Maschinen beizubringen, wie Menschen zu denken, und ihnen dann über das Internet Zugang zu enormen Datenmengen zu geben.

Algorithmen und neuronale Netze

Basierend auf erhaltenen Daten lernen sie dazu und verbessern so ihre Leistung – vollständig ohne menschliche Hilfe. Einige technische Voraussetzungen für die Entstehung solcher Systeme sind Algorithmen und neuronale Netze. Algorithmen sind die Regeln, die ein Computer berücksichtigen muss, um ein Problem zu lösen. Ein solcher Algorithmus kann durch Ergebnisse optimiert werden. Bei neuronalen Netzen handelt es sich um ein Computersystem, welches durch Training aktiv lernt, Muster zu erkennen, Sprachen zu verarbeiten oder Vorhersagen zu treffen.

Predictive Analytics

Wie der Name schon sagt, handelt es sich bei Predictive Analytics um ein Prognoseverfahren, das zum Ziel hat, zukünftige, uns unbekannte Ereignisse zu ermitteln. Dazu wird nach sich wiederholenden Mustern gesucht, die es ermöglichen, belastbare Prognosen zu liefern. Ausgangsbasis sind immer möglichst große und aussagekräftige Datenmengen. Bei der Auswertung der Daten kommen verschiedene Techniken wie Data Mining, Statistik und Modelling zum Einsatz, die dabei helfen, vorhandene Daten zu analysieren und Vorhersagen für die Zukunft zu treffen. Die am häufigsten verwendete statistische Methode ist dabei die Regression.

Es werden also sowohl beim maschinellen Lernen, als auch bei Predictive Analytics Entscheidungen unabhängig von menschlichem Eingreifen getroffen, allerdings wird bei Predictive Analytics ausschließlich basierend auf historischen oder ursächlichen Daten gearbeitet, während beim maschinellen Lernen Modelle in Echtzeit kalibriert werden. Um die Zusammenhänge zwischen Ursachen und Ergebnissen herauszuarbeiten und zu testen, ist man im Bereich der Predictive Analytics noch immer auf menschliche Experten angewiesen [2].

Entscheidungen werden unabhängig von menschlichem Eingreifen getroffen

Einordnung der Begriffe

Die Frage, die sich nun stellt, ist: Wie lässt sich Predictive Analytics im Vergleich zu anderen analytischen Methoden einordnen? In Gartners Diagramm zu den vier Phasen der Data Analytics Maturity sieht man, dass Predictive Analytics zwischen den Phasen „Insight" und „Foresight" liegt. Die deskriptive Analytik, die auf der Gewinnung von Informationen aus vergangenen Ereignissen basiert, hat sich zu einer prädiktiven Analytik entwickelt, die versucht, die Wahrscheinlichkeiten für die Zukunft auf der Grundlage historischer Daten vorherzusagen. Im letzten Schritt werden mit Prescriptive Analytics Handlungsempfehlungen gegeben, um die vorhergesagte Entwicklung positiv oder negativ zu beeinflussen [3].

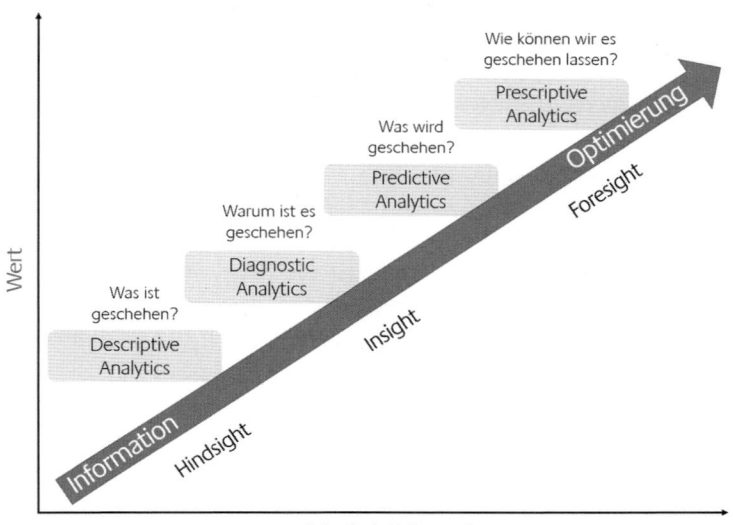

Abb. 1: Übersicht der Analysemethoden basierend auf Gartners Data-Analytics-Maturity-Modell.

Voraussetzungen

Bei all dem Hype um KI und Predictive Analytics ist es für Unternehmen natürlich verlockend, die Vorteile so schnell wie möglich nutzen zu wollen. Der Weg zum Erfolg ist jedoch nicht ohne Weiteres möglich. In diesem Abschnitt führen wir einige der wichtigsten Voraussetzungen auf, die Unternehmen erfüllen sollten, bevor sie beginnen, Predictive Analytics zu nutzen.

Datenqualität

Erfolg der Kampagne ist abhängig von der Datenqualität

Daten sind das Herzstück Ihrer Analytics-Projekte. Nicht umsonst heißt es, Daten seien das Öl des 21. Jahrhunderts: Der Erfolg einer Kampagne ist direkt von der Qualität der verwendeten Daten abhängig.

Stellen Sie sich vor, Sie lehren einen maschinellen Lernalgorithmus, Ergebnisse vorherzusagen, aber die Datenbasis hat Ungenauigkeiten, fehlende Daten oder ist nicht auf dem neuesten Stand. Der Algorithmus wird die falschen Ergebnisse vorhersagen, und wenn Sie sich darauf verlassen, könnte Ihr Marketing auf spektakuläre Weise scheitern. Vor der Implementierung von Projekten müssen Unternehmen Datenaudits durchführen, um die aktuelle Datenqualität zu verstehen, und einen Plan erstellen, wie Schwachstellen behoben und ein hohes Qualitätsniveau in die Datenerfassungs- und Konsolidierungsprozesse eingebracht werden kann. Mit anderen Worten – eine umfassende Datenstrategie wird benötigt. Dies an sich kann ein Projekt sein, das je nach Schweregrad der Datenqualitätsprobleme einige Monate bis zu einem Jahr dauert.

Datenquellen

Nutzen Sie alle zur Verfügung stehenden Daten

Die am häufigsten verwendeten Daten stammen aus dem CRM, aus Werbekampagnen, Kauftransaktionen, Web-Tracking-Tools und aus Social-Media-Portalen. Nutzen Sie alle Ihnen zur Verfügung stehenden Quellen optimal aus und bedenken Sie dabei, dass in fast jedem Datenbestand zusätzliche Informationen stecken, wie zum Beispiel das Geburtsdatum, aus dem das Alter ermittelt werden und als zusätzliches Merkmal verwendet werden kann.

Ganzheitliche Sicht der Kundendaten

Die Erstellung einer 360-Grad-Ansicht der Kundendaten stellt eine solide Grundlage für eine kundenzentrierte Marketingstrategie dar, und damit die Basis für Analyseprojekte. Dies ist jedoch kein triviales Ziel, da es ein tiefes Verständnis von Datenschutz („Was darf ich zusammenbringen?") und technischen Herausforderungen („Was kann ich technisch zusammenbringen?") beinhaltet. Es kann möglich sein, mit der Analyse einzelner Datensilos (zum Beispiel aus dem E-Mail-Kanal oder Webshop) zu beginnen, und die Analysen zu wiederholen, sobald weitere Datenquellen integriert werden, um den Lernprozess zu starten und einige kurzfristige taktische Ergebnisse zu erzielen.

Fähigkeiten

Selbst wenn Sie über die richtigen Daten verfügen, benötigen Sie dennoch die erforderlichen Fähigkeiten, um das Potenzial von Analysen auszuschöpfen. Was passiert jedoch, wenn Sie diese Ressourcen nicht haben oder sich diese nicht leisten können?

Der Aufbau eines eigenen Data-Scientist-Teams ist eine Option, jedoch sicher nicht die einzige, und vielen Unternehmen ist sie zu teuer. IT-erfahrene Marketer oder Datenexperten eignen sich zunehmend die für die Durchführung von Analysen erforderlichen Fähigkeiten an, da neue Technologiegenerationen – siehe Abschnitt Zukunftsperspektiven – zunehmend „demokratisiert" werden, also einfacher zu erlernen und anzuwenden sind.

Aufbau eines eigenen Teams oder outsourcen an Spezialisten

Das Outsourcen an Spezialisten kann eine gute Option sein, um schnell zu starten, während interne Skills aufgebaut werden. Seien Sie sich dabei des Spektrums der Möglichkeiten bewusst: Am einen Ende steht die Black-Box-Lösung, bei der Daten einem Third-Party-Spezialisten bereitgestellt werden, der eigene Algorithmen erstellt und die Daten entsprechend zurückspielt. Und am anderen Ende des Spektrums steht ein Modell, das vom Serviceanbieter zurückgeliefert wird und vom Marketer verstanden und im Laufe der Zeit sogar gepflegt oder modifiziert werden kann.

Tools

Im Wesentlichen gibt es drei Hauptoptionen:

1. Kommerzielle Werkzeuge, die überwiegend von Data Scientists oder statistischen Experten betrieben werden: zum Beispiel SAS, IBM SPSS Modeler und weitere.

2. Von Marketern betriebene, kommerzielle Werkzeuge: zum Beispiel FastStats von Apteco.

3. Open-Source-Tools, betrieben von Data Scientists und Programmierern: zum Beispiel R und Python.

Die Auswahl der für ein Unternehmen passenden Technologie hängt dabei von mehreren Faktoren ab, wie beispielsweise dem Umfang der

Funktionen, den intern vorhandenen Skills und natürlich von den anfallenden Kosten.

Sieben Methoden aus dem Marketing

Im Marketing gibt es zahlreiche Methoden, bei denen Predictive Analytics zum Einsatz kommt. Im Folgenden werden sieben Beispiele vorgestellt, um die Bandbreite der möglichen Einsatzgebiete zu veranschaulichen.

Profiling

Profiling dient der Beschreibung von Personen anhand von Eigenschaften oder Verhaltensmerkmalen. Die Methode kann beispielsweise verwendet werden, um das typische Verhalten von Topkunden zu analysieren und darauf basierend interessante Zielgruppen zu definieren.

Dazu wird eine Analysemenge mit einer Grundgesamtheit verglichen und Variablen definiert, die im Modell betrachtet werden sollen. Im Profil wird dann die Durchdringung dieser Variablen für die Analysemenge dargestellt und es wird auf einen Blick sichtbar, welche Eigenschaften über- oder unterrepräsentiert sind.

Wie sieht das in der Praxis aus? Sie möchten beispielsweise ein Produkt bewerben und fragen sich, an wen Sie Ihr Mailing am besten schicken. Beim Profiling erstellen Sie zunächst das Profil der Kunden, die das Produkt in der Vergangenheit gekauft haben. Im zweiten Schritt nutzen Sie dieses Profil, um Lookalikes beziehungsweise Kunden mit einem ähnlichen Verhalten in der Kundendatenbank zu finden.

Lookalikes finden

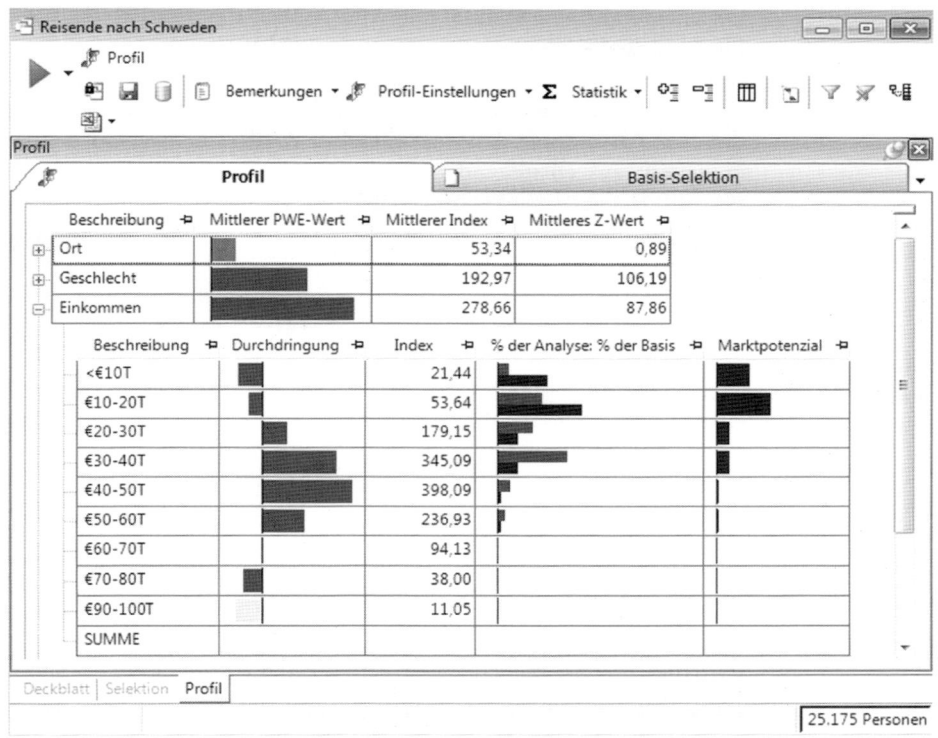

25.175 Personen

Quelle: Apteco FastStats

Abb. 2: Beim Profiling wird analysiert, wie stark eine bestimmte Eigenschaft, wie zum Beispiel die Einkommensklasse, in der Zielgruppe repräsentiert ist und daher für Prognosen hilfreich ist.

Assoziationsanalyse (Warenkorbanalyse)

Bei der Assoziationsanalyse wird nach Mustern gesucht, bei denen ein Ereignis mit einem anderen verbunden ist. Ein gutes Beispiel dafür ist der Warenkorb. Er beinhaltet den in einem definierten Zeitraum gekauften Mix von Produkten/Marken. Die Warenkorbanalyse ermittelt dabei die Kaufwahrscheinlichkeit für jedes der im Warenkorb enthaltenen Produkte mit dem Ziel, Muster und Regeln im Kaufverhalten aufzudecken.

Ein typisches Anwendungsfeld ist die Identifikation von Zusammenhängen beim Kauf, um darauf gezielt mit Werbemaßnahmen zu reagieren, zum Beispiel durch Cross-Selling.

Entscheidungsbaumanalyse

Ein Entscheidungsbaum präsentiert Entscheidungsregeln, anhand derer Daten klassifiziert und übersichtlich grafisch dargestellt werden. Bei der Entscheidungsbaumanalyse erfolgt die statistische Klassifizierung durch die sukzessive Aufspaltung einer Analysemenge, sodass sich in den daraus entstehenden Untermengen homogenere Gruppen hinsichtlich der Klassifikationsvariablen wiederfinden. Darauf basierend wird anschließend ein statistisches Modell entwickelt, das bei der Klassifizierung neuer Daten hilft.

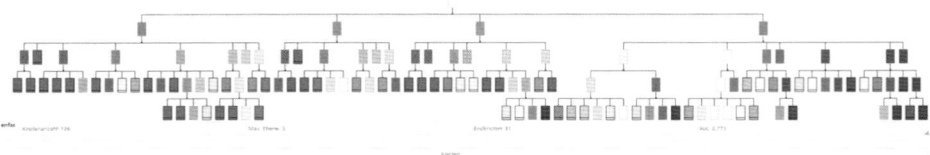

Quelle: Apteco FastStats

Abb. 3: Entscheidungsbaum

Als Erweiterung dieser Methode gelten die sogenannten „Decision Forests" oder Entscheidungswälder. Hier wird anstelle eines einzelnen Baumes eine Vielzahl an Entscheidungsbäumen eingesetzt, um die Klassifikationsgüte zu verbessern. Entscheidungswälder kommen unter anderem beim maschinellen Lernen zum Einsatz.

Next Best Offer

Bei der Next-Best-Offer-(auch „Best Next Offer")Methode werden einem Kunden die Produkte zugeordnet, die er am wahrscheinlichsten kaufen wird. Genau diese Produkte werden dem Kunden dann beispielsweise bei seinem nächsten Besuch im Onlineshop angezeigt. Erfahrungen aus der Praxis zeigen, dass so deutlich mehr Umsatz erzielt wird als bei einer zufällig ausgewählten Produktanzeige.

Mehr Umsatz mit der Next-Best-Offer-Methode als bei zufälliger Produktanzeige

Als Voraussetzung wird dazu die Kaufhistorie der Kunden benötigt. Bei der Berechnung kommen zwei Parameter hinzu, welche die allgemeine Beliebtheit der Produktkombination (Popularität) und die statistische Signifikanz der Produktkombination (Propensität) beschreiben. Deren Verhältnis kann je nach Anforderung unterschiedlich gewichtet werden.

In Abbildung 4 ist zu sehen, welche Produktkombinationen, die in der Vergangenheit gekauft wurden, zu welchem „Next Best Offer" führen.

Kunden ID	Liste bisher gekaufter Produkte	Best Next Offer
4958352	Elektronik;Damenkleidung;Schuhe;Sportkleidung;Badekleidung;Kinderkleidung	Sportausrüstung
4958369	Accessoires(2);Elektronik;Spielzeug;Kinderkleidung;Herrenkleidung	Schuhe
4958370	Sportkleidung;Herrenkleidung;Babykleidung;Schuhe;Spielzeug;Sportausrüstung	Kinderkleidung
4493897	Babykleidung(2);Sportausrüstung;Sportkleidung;Kinderkleidung;Accessoires	Schuhe
4494049	Sportausrüstung(3);Schuhe(2);Accessoires(2);Elektronik;Kinderkleidung	Herrenkleidung
4494093	Sportausrüstung;Kinderkleidung;Accessoires	Schuhe
4494152	Schuhe(2);Sportkleidung;Accessoires;Babykleidung;Damenkleidung	Kinderkleidung
4494225	Schuhe;Herrenkleidung;Accessoires	Kinderkleidung
4494326	Spielzeug;Accessoires;Schuhe	Kinderkleidung
4494334	Spielzeug(2);Kinderkleidung(2);Badekleidung;Herrenkleidung	Schuhe
4494392	Accessoires(5);Schuhe(3);Spielzeug;Sportausrüstung;Kinderkleidung;Herrenkleidu...	Babykleidung
4494459	Elektronik;Sportausrüstung;Schuhe	Kinderkleidung
4494466	Herrenkleidung;Babykleidung;Kinderkleidung	Schuhe
4494583	Spielzeug(2);Sportausrüstung;Sportkleidung;Babykleidung;Kinderkleidung	Schuhe
4494591	Damenkleidung;Babykleidung;Sportausrüstung	Schuhe
4494633	Damenkleidung;Sportausrüstung;Spielzeug	Schuhe
4494640	Elektronik;Babykleidung;Sportausrüstung	Schuhe
4494730	Schuhe;Herrenkleidung;Accessoires	Kinderkleidung
4494739	Accessoires;Babykleidung;Schuhe	Kinderkleidung
4494793	Elektronik;Babykleidung;Accessoires	Schuhe

Quelle: Apteco FastStats

Abb. 4: Ausgabe von Empfehlungen für das Next Best Offer.

Clusteranalyse

Die Clusteranalyse ist ein Gruppenbildungsverfahren, das nach Mustern in Daten sucht — mit dem Ziel, aus einer heterogenen Gesamtheit homogene Teilmengen zu identifizieren. Dabei sollen die Unterschiede zwischen den einzelnen Gruppen (= Cluster) möglichst deutlich und die Unterschiede innerhalb einer Gruppe möglichst gering ausfallen. Dies gelingt mittels Berechnung von Proximitätsmaßen (zum Beispiel Euklidische Distanz) und der anschließenden Zusammenfassung von Objekten zu Gruppen.

Abhängig von den gewählten Merkmalen können Marketer mit der Clusteranalyse ganz unterschiedliche Aufgabenstellungen angehen. Ein Produkt für eine bestimmte Zielgruppe kann entwickelt oder Persönlichkeitstypen können gefunden werden. Dazu ist es notwendig, die Existenz, die Größe und eine detaillierte Charakterisierung dieser Zielgruppen zu kennen.

Abbildung 5 zeigt ein Beispiel aus der Spendenbranche, bei dem die Zielgruppe nach Recency/Frequency und ihrem Engagement-Level geclustert wurde.

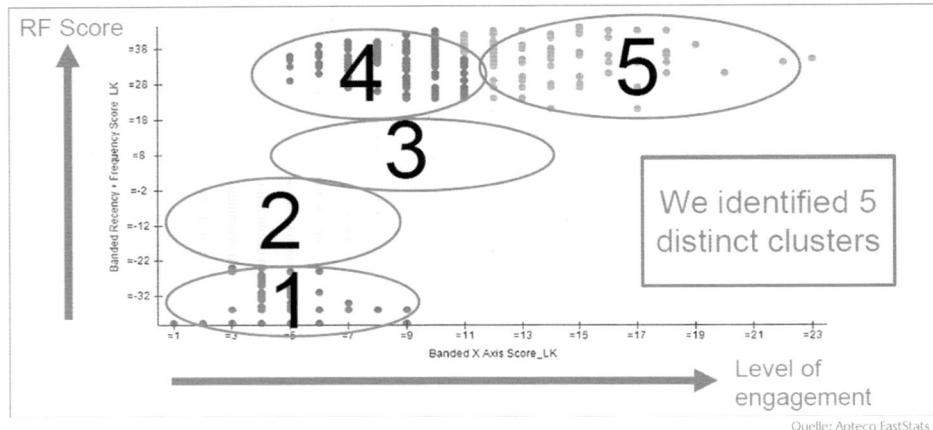

Quelle: Apteco FastStats

Abb. 5: Clusteranalyse mit zwei Merkmalen.

Logistische Regression

Mit logistischer Regression kann bestimmt werden, mit welcher Erfolgswahrscheinlichkeit ein Ereignis von bestimmten Variablen abhängt. So können beispielsweise Conversion-Prognosen erstellt werden. Eine typische Fragestellung für diese Methode ist: Mit welcher Wahrscheinlichkeit kauft ein Kunde ein bestimmtes Produkt?

Trainingsdaten notwendig

Zur Erstellung des statistischen Modells müssen Trainingsdaten präpariert und Vorhersagevariablen festgelegt werden. Als Ergebnis erhält man eine Reihe von Koeffizienten. Je signifikanter diese sind, desto aussagekräftiger ist die entsprechende Eigenschaft für das Eintreten des Ereignisses.

Neben der logistischen Regression gibt es noch die lineare Regression. Die beiden Methoden unterscheiden sich vor allem in der Art der Zielvariable. Während die logistische Regression einen 0-1-Wert als Zielvariable hat, und damit eine Auftretenswahrscheinlichkeit vorhersagt (zum Beispiel: Gehört eine Person in eine Gruppe, Ja oder Nein), hat die lineare Regression eine numerische Zielvariable (zum Beispiel Umsatz in Euro).

Lineare Regression

Allgemein versucht man mit der linearen Regression, den numerischen Wert einer beobachteten abhängigen Variable vorherzusagen oder zu schätzen, zum Beispiel den Jahresumsatz pro Kunde. Dazu wird ein funktionaler Zusammenhang zwischen mehreren Größen hergestellt. Aus den erlangten Kenntnissen können dann Prognosen beziehungsweise Trends abgeleitet werden.

Die Ermittlung der Regressionsfunktion besagt allerdings noch nicht, ob es sich um einen signifikanten ermittelten Zusammenhang handelt. Die Signifikanz der Regression ist durch einen sogenannten F-Test zu verifizieren.

Zukunftsperspektiven

Aufgrund des Fortschritts der Technologie und des generellen Ziels, die Usability von Software zu vereinfachen, sehen wir eine große Veränderung der Zuständigkeiten und notwendigen Expertisen von Mitarbeitern im Marketing.

Große Veränderung der Zuständigkeiten im Marketing

Wenn eine Technologie auf dem Markt eingeführt wird, erfordert es häufig spezielles Fachwissen, diese zu nutzen. In der Business-Technologie betraf dies in der Vergangenheit normalerweise die IT-Abteilungen. Aufgrund der speziellen Anforderungen kostete es Zeit und Geld, um mit neuen Technologien zu arbeiten und etwas zu bewirken. Heute, inmitten einer Welt von künstlicher Intelligenz und maschinellem Lernen, wird deutlich weniger oder sogar gar kein Know-how für die Technologie selbst benötigt. Die Fähigkeit, die zurzeit am meisten gefragt ist, ist der Umgang mit Software in einem bestimmten Kontext, wie zum Beispiel Marketing.

Während die Kosten sinken, steigt nicht nur die Quantität der Möglichkeiten und Ziele, die erreicht werden können, sondern auch die Geschwindigkeit. Diese Revolution in „Martech" nennt man Demokratisierung der Technologie. So entstand auch der Begriff „Accidental" oder „Citizen"-Data Scientist oder Analyst. Gemeint ist, dass Marketer, die mit neuen Tools umgehen können und praktische Erfahrung mit Daten haben, zu Experten geworden sind. In Zukunft wird sich dieser Trend weiter verschärfen, sodass viele Routineaufgaben im Marketing komplett automatisiert werden können [3].

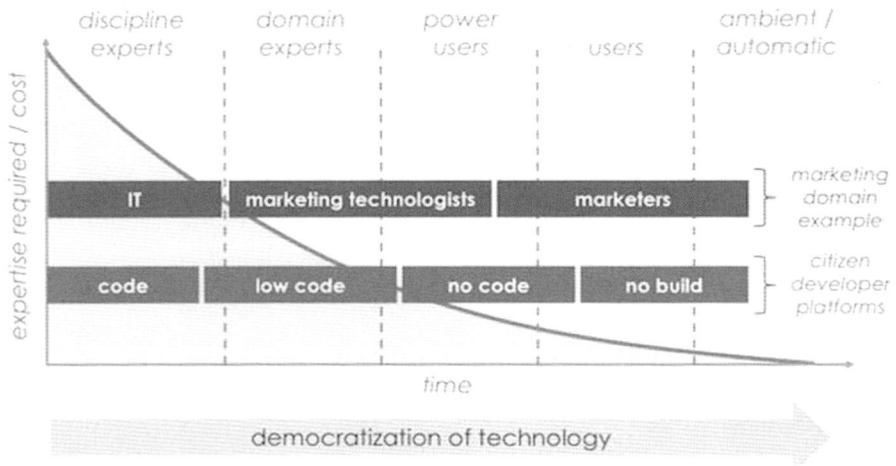

Abb. 6: Das Prinzip der Demokratisierung von Technologie im Marketing [3].

Fazit

Eines steht fest: Der Marketingerfolg wird in Zukunft von künstlicher Intelligenz und damit auch von Predictive-Analytics-Methoden massiv beeinflusst werden. Die Firmen, die das Potenzial frühzeitig erkennen und sich darauf vorbereiten, werden entsprechend früher davon profitieren. Vor diesem Hintergrund sollten Unternehmen Pläne entwickeln, um die in diesem Beitrag beschriebenen Voraussetzungen und damit eine optimale Ausgangssituation für den Einsatz von Predictive Analytics zu schaffen. Mit der Demokratisierung der Marketing-Tools sollte jede Firma in der Lage sein, ihre Skills sukzessive aufzubauen und Predictive-Analytics-Projekte umzusetzen. Eine gute Option ist es, klein aber schnell anzufangen, um frühzeitig Lernprozesse in Gang zu setzen und Optimierungspotenziale zu erkennen und umzusetzen. In Zukunft werden diese analytischen Fähigkeiten zu Wettbewerbsvorteilen im Marketing führen.

Klein und schnell beginnen

64

Literatur

[1] Marr, B. (2016): What Is The Difference Between Artificial Intelligence And Machine Learning? – https://www.forbes.com/sites/bernardmarr/2016/12/06/what-is-the-difference-between-artificial-intelligence-and-machine-learning/#339606472742 – Zugriff 26.07.2018

[2] Kumar, S. (2018): The Difference Between Machine Learning and Predictive Analytics – https://www.digitalistmag.com/digital-economy/2018/03/15/differences-between-machine-learning-predictive-analytics-05977121 – Zugriff 19.07.2018

[3] Brinker, S. (2018): Democratizing martech: distributing power from IT to marketing technologists to everyone – https://chiefmartec.com/2018/05/democratizing-martech-marketing-technologists/ – Zugriff 24.07.2018

Künstliche Intelligenz: Zukunftsweisende Technologie im Marketing

2

Bastian Hagmaier, Matthias Kohrsmeier

Künstliche Intelligenz (englisch Artificial Intelligence, AI oder KI) ist heutzutage ein vielfach diskutiertes Thema. Nahezu in allen Bereichen des Alltags sowie der Wirtschaft gibt es Konzepte und Pläne, wie die Nutzung von künstlicher Intelligenz das Leben der Menschen positiv beeinflussen soll. Beispiele dafür sind selbstfahrende Autos, medizinische Diagnosen oder auch die automatische Gesichtserkennung. Es fehlte in der Vergangenheit lediglich an (bezahlbarer) Rechenkapazität, um die Technologie zu realisieren und im großen Stil zu nutzen.

Gleichzeitig werden aber auch Themen wie Automatisierung, Robotics und Stellenabbau mit künstlicher Intelligenz verknüpft. Fakt ist jedoch, dass künstliche Intelligenz und die damit verbundenen Konzepte, wie zum Beispiel Machine Learning, Deep Learning oder Neural Networks, das Potenzial haben, nachhaltige Veränderungen anzustoßen. Zukünftig werden beispielsweise im datengetriebenen Marketing vor allem Datenexperten eingestellt. Denn marketingtreibende Unternehmen nutzen schon heute die Chance, die Ansprache ihrer Kunden mit künstlicher Intelligenz individueller zu gestalten: So erhalten Kunden nur noch Angebote, die ihren persönlichen Interessen und dem Kaufverhalten entsprechen.

Künstliche Intelligenz bringt nachhaltige Veränderungen mit sich

Mit personalisierter Kundenansprache wollen Firmen den Kampf um den Konsumenten gewinnen, denn Branchenriesen wie Amazon nutzen diese Technologie schon längst. Zwar sind in den meisten Unternehmen die benötigten Daten vorhanden, doch fehlt es häufig an Möglichkeiten und Ressourcen für eine effiziente Nutzung, um auf die Interessen jedes einzelnen Kunden einzugehen. Mithilfe von künstlicher Intelligenz können Marketer Daten einfacher nutzen, die Komplexität von Kampagnen reduzieren und so die nächste Stufe der Kundenansprache erreichen. Ein Beispiel: Kauft ein männlicher Kunde in einem bestimmten Rhythmus immer nur schwarze Sneakers, so möchte dieser keine Angebote für rote Damenschuhe erhalten. Seinem Kauf-

und Web-Verhalten entsprechend, erhält er zum geeigneten Zeitpunkt Angebote zu schwarzen Sneakers und ähnlichen Produkten. Tätigt er keinen Kauf, wird ihm ein weiteres Incentive geboten.

Um mit Kunden in Kontakt zu treten, stehen Marketern heute mobile Geräte, Apps, Textnachrichten, Websites oder auch soziale Netzwerke zur Verfügung. Diese Vielzahl an Kommunikationskanälen verändert die Art und Weise, wie Konsumenten und Marken miteinander interagieren. Heute bestimmt der Verbraucher über das Wann, Was, Wo und Wie der Kommunikation, nicht mehr das Unternehmen. Firmen müssen daher eine Beziehung zum Kunden aufbauen und die Kunden Vertrauen zur Marke gewinnen. Dafür müssen (Online-)Händler (Kauf-)Erlebnisse schaffen, die positiv in Erinnerung bleiben. Eine persönliche Kundenansprache und ein hohes Maß an Serviceleistungen vermitteln das Gefühl, die Kundenwünsche ernst zu nehmen und verstanden zu haben.

Verbraucher bestimmen über das Wann, Was, Wo und Wie in der Kommunikation

Dabei hilft Marketingtreibenden eine Datenanalyse. Schon heute sammeln Unternehmen Daten aus allen möglichen Online- und Offlinequellen, an denen sie Kontaktpunkte mit Kunden haben. Marketer stehen vor der Herausforderung, die hohe Menge an Daten aus verschiedenen Quellen effektiv zu nutzen und für ihre Zwecke optimal auszuwerten. Häufig werden die Kunden festgelegten Gruppen zugeordnet, beispielsweise nach Geschlecht oder geografischer Region.

Auf Grundlage dieser Segmente werden Automationsstrecken aufgesetzt. Eine personalisierte Ansprache ist so aber nicht möglich, lediglich Empfehlungen, Angebote oder Kaufvorschläge auf Basis eines Clusters können so gegeben werden. Diese Segmente müssen zudem ständig getestet und optimiert werden. Damit sind hohe Streuverluste verbunden und der Kunde erhält oftmals Empfehlungen, die ihn nicht interessieren oder die er bereits gekauft hat. Das sorgt für Unzufriedenheit und beeinträchtigt die Kundenbindung.

Künstliche Intelligenz ermöglicht Automatisierung und individuelle Kaufanreize

Da es für den Menschen unmöglich ist, die großen Datenmengen händisch zu bewältigen, kann der Einsatz von KI hierbei helfen und sorgt zugleich für eine schrittweise, intelligente Automatisierung des Marketings. Mithilfe von KI können Unternehmen jedem Kunden einen individuellen Kaufanreiz bieten, der auf der Analyse von Daten über das bisherige Kaufverhalten und persönlichen Interessen basiert.

Was versteht man unter AI-Marketing?

Künstliche Intelligenz ist ein Teilgebiet der Informatik und heute technologischer Bestandteil vieler Softwarelösungen. Machine Learning, Deep Learning und Cognitive Computing stellen dabei Unterformen der Technologie dar. Oftmals werden Machine Learning und Artificial Intelligence sogar synonym verwendet. Jede dieser Technologien befasst sich, einfach ausgedrückt, mit Datenanalysen. Diese helfen nicht nur zu verstehen, was in der Vergangenheit passiert ist, sondern geben uns Hinweise darauf, was in der Zukunft passieren könnte. KI erkennt Verhaltensmuster und kann somit auch Vorlieben sowie Kundenwünsche identifizieren. Denn die Technologie sucht nach Mustern, Ursachen und Beziehungen zwischen den verschiedenen Daten. Ihr Einsatzgebiet ist vor allem dort, wo die Datenverarbeitung aufgrund der hohen Anzahl händisch nicht mehr möglich ist. Je mehr Daten vorliegen, desto höher wird sogar die Genauigkeit der KI-Vorhersage. Auch die Automatisierung gehört dabei untrennbar zur KI. Die intelligente Mustererkennung ermöglicht eine automatisierte Reaktion auf die ausgewerteten Daten. So bilden prädiktive Erkenntnisse die Grundlage für präskriptive Maßnahmen, die ergriffen oder automatisiert ausgeführt werden. Die Genauigkeit der Vorhersage hängt dabei vom Algorithmus ab sowie davon, ob dieser alle möglichen Faktoren sowie Einflüsse berücksichtigt.

> KI erkennt Verhaltensmuster und identifiziert Kundenwünsche

Auch im Marketing bietet künstliche Intelligenz enorme Vorteile. Denn im Handel hängen der Umsatz und das Wachstum stark von der Kundenbindung und dem Shopping-Erlebnis ab. Kunden erwarten heute eine One-to-One-Personalisierung, und das auf allen Kanälen, zu jeder Zeit. Bis Mitte der 2010er-Jahre war „Big Data" das Schlagwort im Marketing. Verschiedene Algorithmen zur Datenanalyse wurden auf sehr große Datenmengen angewendet, um allgemeingültige Muster zu erkennen. KI unterscheidet sich dank exponentiell gesteigerter Rechenleistung dadurch, dass die Mustererkennung auf jeden einzelnen Kunden angewendet werden kann. So können sogenannte „Unified Profiles" zu jedem Kunden erstellt werden, welche mit Daten aus den KI-Analysen angereichert werden. Diese enthalten alle entscheidenden, umsatzrelevanten sowie errechneten und erlernten Informationen, wie beispielsweise die komplette Kaufhistorie, das bevorzugte Gerät und die Kanäle sowie erfolgreiche Incentives und Angebote. Auch der beste Zeitpunkt und die Frequenz für eine Interaktion sind in diesem Profil hinterlegt.

> Kunden erwarten eine One-to-One-Personalisierung auf allen Kanälen in Echtzeit

So ist es Marketern mithilfe von AI-basiertem Marketing möglich, hochgradig personalisierte Kampagnen auf Basis von komplett automatischen Datenanalysen zu realisieren. Dabei stellen sich folgende Fragen: Warum sollte ein Kunde mit einer hohen Kaufwahrscheinlichkeit zusätzlich mit einem teuren Incentive gelockt werden? Und sollte nicht bei einer geringen Kaufwahrscheinlichkeit mit deutlichen höheren Incentives gearbeitet werden?

Die künstliche Intelligenz übernimmt im Marketing beispielsweise händische Tätigkeiten wie die Segmentierung von Käufern in unterschiedliche Gruppen oder das aufwendige A/B/n-Testing. Eine KI-basierte Incentive-Recommendation-Engine berechnet dann für jeden einzelnen Kunden, wie wahrscheinlich es ist, dass er in den nächsten Stunden oder Tagen einen Kauf tätigen möchte. Sie entscheidet anschließend über die richtigen Incentives sowie über den passenden Zeitpunkt, Kanal und Inhalt der Ansprache – unter Berücksichtigung zuvor definierter strategischer Vorgaben und Zielsetzungen.

Heute sind auch ohne historische Kaufdaten zuverlässige Vorhersagen möglich

Hat ein Kunde bereits in der Vergangenheit Bestellungen getätigt, kann ein Muster auf Basis des bisherigen Kaufverhaltens identifiziert werden. Aber selbst ohne historische Kaufdaten sind zuverlässige Vorhersagen möglich: Dazu wertet der Algorithmus verschiedene Informationen aus: Wie geht der Käufer mit E-Mails um und worauf klickt er? Wie bewegt er sich auf der Webseite, in der App oder im Onlineshop? Welche Produkte und Produktkategorien schaut er sich an und welche legt er in den Warenkorb?

Auch Plattformen wie Google und Facebook unterstützen das Marketing: Für die Bildung sogenannter „Lookalike Audiences" nutzt Facebook beispielsweise existierende Gruppen von „Gold-Kunden" oder „regelmäßige Website-Besucher", um diese mit Usern ähnlicher Attribute abzugleichen. Diese Gruppen von potenziellen Neukunden erhalten ähnliche Werbekampagnen, um sie für das Unternehmen zu gewinnen. Dafür nutzen Facebook und Google AI-basierte Algorithmen, welche identische Zielgruppen bilden sollen.

Daten, Wahrscheinlichkeiten und Zusammenhänge

KI berechnet die Wahrscheinlichkeit, ob ein bestimmtes Kundenverhalten (wieder) auftritt. Sind bestimmte Muster in den Daten zu erkennen, nutzt die KI dies und trifft Entscheidungen auf einer Eins-zu-eins-Basis. Ein KI-Marketing-Tool ist in der Lage, eine Korrelation zwischen verschiedenen Datenpunkten herzustellen. So erkennt sie beispielsweise, dass um den 14.

Februar vermehrt Blumen gekauft werden und verschickt automatisiert passende Kampagnen an potenzielle Käufer. Benötigt werden dafür aber aussagekräftige und große Mengen an Daten.

In der Vergangenheit beruhten Entscheidungen und Kampagnen auf der Erfahrung des Marketers. Dieser konnte bei einem kleinen Kundenkreis wiederkehrende Ereignisse und einfache Zusammenhänge schnell selbst analysieren. Die ausgeführten Kampagnen beruhten sozusagen auf seinem Bauchgefühl und wurden auf eine Vielzahl von Kunden angewendet. Doch heute sind Datenanalyse und Vorhersage im Marketing ein komplexes System: viele Kanäle, Datenpunkte sowie unklare Zusammenhänge. Eine KI-basierte Datenanalyse ermöglicht dafür eine genaue Aussage über Korrelationen. Nur so kann sichergestellt werden, dass für jeden einzelnen Kunden die optimale Entscheidung getroffen wird.

Statt wie bisher Entscheidungen auf Kampagnenebene zu treffen, muss das Marketing nun einen Aktionsplan entwickeln, Maßnahmen vorbereiten und KPI-basierte Entscheidungen treffen sowie diese Faktoren in Form von Strategieentscheidungen in die KI-Plattform einarbeiten. Dies können beispielsweise Faktoren wie die Budgethöhe oder bestimmte Zielsetzungen sein. Nur mit einer entsprechenden Datenbasis und der Anleitung durch den Menschen kann das Tool effektiv arbeiten und bestmögliche Ergebnisse erzielen.

Algorithmen unterstützen bei der Datenanalyse
Die Auswertung von großen Datenmengen stellt heute dank KI kein Problem mehr dar. Um diese den Zielen entsprechend zu nutzen, müssen jedoch die passenden Daten gesammelt werden. Im Marketing fallen darunter beispielsweise Kaufhistorie, Web-Verhalten, Inhalte des Warenkorbs, Klick- oder Öffnungsrate von E-Mails – also jede Interaktion des Käufers mit dem Unternehmen in messbaren Kanälen. Daraus resultiert die zentrale Frage im modernen Marketing: Welche Daten müssen wie miteinander verknüpft sein? Um ein vollständiges Kundenprofil zu erstellen, sind alle vom Kunden verursachten Daten relevant. Zur Analyse bieten sich viele Modelle an. Gemein haben sie, dass alle einfließenden Daten Einfluss auf das Ergebnis haben.

Viele der sich heute im Einsatz befindenden Algorithmen sind bereits erprobt und werden seit mehreren Jahren zur Datenanalyse herangezogen. Doch vollständig selbstlernende Algorithmen sind noch relativ neu. Der Unterschied liegt darin, wie sie eingesetzt werden.

Es werden immer mehr vollständig selbstlernende Algorithmen eingesetzt

Beispielsweise können KI-Algorithmen das Tagging von Texten und Bildern extrem beschleunigen und so den händischen Prozess ablösen. Ebenso kann die KI Stimmungen in sozialen Medien (Social Listening) analysieren. Auch beim intelligenten Clustern von Zielgruppen ist eine KI-basierte Mustererkennung hilfreich. Diesen Techniken liegen Erkenntnisse aus der Analyse vieler Kundendaten zugrunde. Eine individuelle Differenzierung findet nicht statt. Sollen Erkenntnisse über das einzelne Individuum gewonnen werden, bildet ein komplexerer Algorithmus die Grundlage. In diesem Fall sind die Datenpunkte deutlich kleiner und vielfältiger. Auch der Aufwand der Analyse ist höher, da Machine-Learning-Technologien zum Einsatz kommen.

Der Bayesian-Bandit-Algorithmus [1]: Um künstliche Intelligenz auch im Marketing zielführend zu nutzen und effektive Marketinglösungen zu entwickeln, müssen die verschiedenen Algorithmen für jeden einzelnen Use Case auf ihre Effektivität hin getestet werden. Dafür wird die Vorhersagekraft dieser Algorithmen mit der Realität abgeglichen, also die False-Positive mit der True-Positive Rate verglichen. Dies kann vollständig auf Basis historischer Daten erfolgen. Ein anschauliches Beispiel, wie Machine-Lerrning-Algorithmen im Marketing funktionieren können, bietet der Bayesian-Bandit-Algorithmus.

Der Algorithmus nutzt vorhandene Informationen für eine effektive Optimierung

Um die bestmöglichen Gewinn- oder auch Conversion-Wahrscheinlichkeit zu errechnen, nutzt der Algorithmus bereits vorhandene Informationen, um ein Problem aus einer vordefinierten Menge an Optionen zu optimieren. Anstatt bei null zu starten und jede mögliche Option auszuprobieren, verwendet der Algorithmus bereits bekannte Wahrscheinlichkeiten aus vergangenen Experimenten. Diese werden mit der Größe des „Samples", also der Menge durchgeführten Experimente, zusammengeführt. Je mehr Experimente für eine bestimmte Option durchgeführt wurden, desto besser ist die Qualität der Vorhersage über die jeweilige Wahrscheinlichkeit der Option. Für jedes neue Experiment gilt: Wähle eine zufällige Option aus und im nächsten Schritt die Option mit der momentan höchsten errechneten Gewinnwahrscheinlichkeit.

Nehmen wir beispielsweise den idealen Versandzeitpunkt für eine E-Mail: Der Algorithmus würde dabei regelmäßig Experimente zu zufällig gewählten Zeitpunkten durchführen. Ziel ist es, Daten über Erfolgsfälle und Misserfolge aufzuzeichnen (Öffnung/keine Öffnung der E-Mail, weiß und schwarz im Schaubild dargestellt). Dieser Test wird solange durchgeführt, bis der Zeitpunkt mit der höchsten Wahrscheinlichkeit für die Öffnung ermittelt wurde. Ist der ideale Zeitpunkt ermittelt, wird dieser nur so lange genutzt, bis die Wahrscheinlichkeit, in diesem Fall Öffnungsrate, wieder unter das festgelegte Niveau fällt.

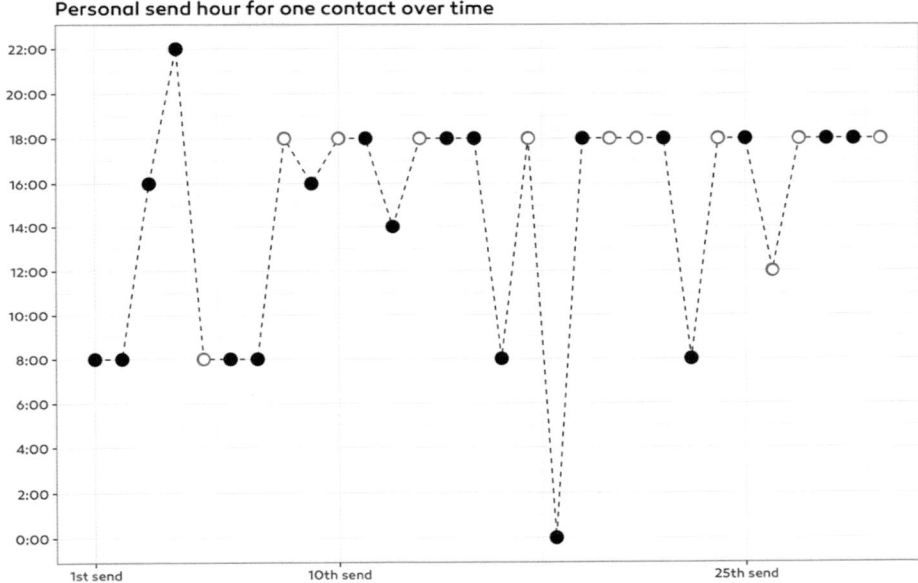

Abb. 1: Experimente für den Versandzeitpunkt für eine einzelne Person. Schwarz: keine Öffnung. Weiß: Öffnung.

Wie wirkt sich AI-Marketing aus?

Das Ziel der Nutzung von künstlicher Intelligenz im Marketing ist es, dem Kunden ein personalisiertes Kauferlebnis zu bieten, sowohl im online als auch im stationären Handel. Der hohe Automatisierungsgrad und verschlankte Prozesse – ermöglicht durch KI – bieten auch den Marketern selbst sowie den Unternehmen enorme Vorteile.

Die neue Rolle des Marketers

Der Einsatz von künstlicher Intelligenz sorgt für eine effiziente sowie intelligente Automatisierung von Marketingkampagnen. Dadurch verändern sich auch die Aufgaben des Marketers grundlegend: Eine Revolution zurück zu den Wurzeln ist im Gange. Wenn KI die mühsamen, sich wiederholenden Aufgaben wie Segmentierung und

Data Mining übernimmt, dann haben Marketingtreibende wieder mehr Zeit, um Strategien und relevante Inhalte zur Unterstützung von Geschäftsstrategien zu erstellen. So können sie sich wieder den kreativen Inhalten ihrer Arbeit widmen. Der Marketer entwickelt sich also vom operativen „Umsetzer" zum strategischen und originellen Planer.

Optimierter Kundennutzen: Beratung wie Handel

Eine fehlende individuelle Kundenansprache sorgt für unzufriedene Kunden. Heute werden die Inhalte mit KI pro Kanal und pro Person individuell abgestimmt. Incentives werden zum richtigen Zeitpunkt über den passenden Kanal an den Kunden ausgegeben, um sicherzugehen, dass das Angebot den Kunden auch wirklich erreicht. Der Kunde fühlt sich so persönlich vom Unternehmen angesprochen und wertgeschätzt, ebenso wie im stationären Handel. Der Verkäufer kennt die Wünsche seines Kunden durch häufige Besuche und getätigte Käufe. Aus dieser Erfahrung heraus berät er ihn.

Im E-Commerce übernimmt diese Beratung heute die Maschine. Sie wertet das Kundenverhalten schnell und analytisch aus, ähnlich dem Verkäufer. Dies geschieht in erster Linie durch das Verständnis, welche Inhalte für die Person relevant sind. Die Kundenansprache entwickelt sich also von einer „One-to-many"- zu einer „One-to-one"-Kommunikation, bei welcher sich die Kunden individuell beraten und betreut fühlen.

Kosteneinsparungen und höhere Umsätze

Die Automatisierung und Individualisierung der Kundenansprache sorgt auch für einen optimierten Einsatz von Kampagnenbudgets: Ohne KI wurden häufig „Alles-oder-nichts-Entscheidungen" getroffen. Das heißt, es wurden Voucher vergeben, die das Unternehmen eigentlich hätte einsparen können, da einige Kunden ohnehin zum Kauf bereit waren. Auch bereits inaktive Kunden können mit einem Incentive reaktiviert werden. In diesen Fällen wird eine geringere Marge zugunsten einer Reaktivierung in Kauf genommen.

> Je personalisierter und passgenauer der Content, desto erfolgreicher die Kampagne

Die KI-optimierten und automatisierten Prozesse bieten die Möglichkeit, die Arbeitskraft für kreative, intelligente Kundenbindungsstrategien aufzuwenden. Die Wahrscheinlichkeit, dass E-Mails geöffnet werden oder dass Incentives erfolgreich sind, ist umso höher, je personalisierter und passgenauer der Content ist. Die genauen Vorhersagen zum Kundenverhalten, basierend auf den KI-Datenanalysen, sorgen dann für eine längerfristige Kundenbindung, steigende Umsätze und einen messbaren ROI.

AI-Marketing in der Zukunft

Dem Kunden einen umfassenden Service zu bieten, ihn individuell zu adressieren und zum richtigen Zeitpunkt die passenden Angebote zu unterbreiten, ist der Schlüssel für Unternehmen, wenn sie wettbewerbsfähig bleiben möchten. In Zukunft müssen Unternehmen den Schritt der Digitalisierung wagen, neue Technologien zur Effizienzsteigerung nutzen und angestaubte Datensilos bereinigen. Denn noch heute definieren die meisten Marketingabteilungen die Kundengruppe, den Zeitpunkt, den Inhalt und die Kanäle selbst – ausgeführt auf Kopfdruck von veralteten, nicht automatisierten Marketingtools. Künstliche Intelligenz ist die Antwort auf den Trend der Personalisierung im Marketing. In Zukunft wird die KI manuelle Prozesse übernehmen und Marketingabteilungen können sich wieder strategisch ausrichten.

Dies belegt auch eine Studie aus dem Jahr 2017: Die „Building Trust and Confidence: AI Marketing Readiness in Retail and e-Commerce"-Studie [2] untersuchte die heutige Anwendung von künstlicher Intelligenz im Marketing. 92 Prozent der Befragten gehen davon aus, dass künstliche Intelligenz das Potenzial hat, eine höhere Kundenzufriedenheit und Mehrwerte für Nutzer zu schaffen. Auch sind 72 Prozent der Befragten der Ansicht, dass sich die Aufgaben und Rollen des Marketers grundlegend verändern werden.

Die Studie zeigt allerdings eine Lücke zwischen dem Potenzial heutiger AI-Marketinglösungen und der tatsächlichen Anwendung der Technologie im reellen Tagesgeschäft. Nur die Hälfte (50 Prozent) der Befragten geben an, eine KI-Marketingstrategie zu haben und diese auch umzusetzen. 71 Prozent der Teilnehmer gehen davon aus, dass die Nutzung von KI ein hohes technisches Know-how erfordert. Tatsächlich geben 75 Prozent der Befragten an, dass sie nur schwer mit der digitalen Transformation Schritt halten können.

Nur 50 Prozent gaben an, eine KI-Marketing-strategie zu haben

Hier setzen moderne Lösungen für KI-Marketing an: Die Nutzeroberflächen sind einfach zu bedienen und die Anwender benötigen kein tief greifendes technisches Verständnis. KI-basierte Tools erleichtern so den Arbeitsalltag in Marketingabteilungen in mehrerlei Hinsicht. Die Aufgaben und Rollen des Marketers verändern sich grundlegend und positiv: Strategie, Kreativität und Inhalte werden wieder relevant. So kann sich die Kundenansprache zukünftig zu einer individuellen „One-to-one"-Kommunikation entwickeln. Unternehmen profitieren von geringen Streuverlusten und effizienteren Kampagnen, etwa durch

Die Aufgaben und Rollen der Marketers verändern sich

gezielt gesetzte Kaufanreize. Kunden erhalten personalisierte Angebote, individuell zugeschnitten auf Interesse, Zeitpunkt und Situation.

Die Technologie wird sich dabei auch in den nächsten Jahren noch deutlich weiterentwickeln und den Marketer dazu befähigen, strategischer zu arbeiten: Customer-win-back oder Kundenreaktivierung oder Aktionen bei Warenkorbabbruch. Zukünftig werden Inhalte, Incentives und Texte getrennt und kanalunabhängig angelegt. Auch Automationsstrecken werden aus manuell vordefinierten Punkten zu maschinengetriebenen Entscheidungspunkten: Anstatt Wartezeiten, Kanäle und Entscheidungsbäume vorzudefinieren, werden diese Entscheidungen in maschinengetriebene Entscheidungen umgebaut. Auf Basis einer stetig wachsenden Datengrundlage werden moderne AI-getriebene Systeme Entscheidungen eigenständig in Echtzeit treffen. Dazu ziehen sie neben historischen Kaufdaten und RFM-Scorings auch externe Faktoren wie beispielsweise das Wetter oder soziale Events heran. Auch der Mobile-first-Trend zeigt, dass einfach konsumierbare, personalisierte Echtzeitangebote weiterhin wegweisend im Marketing sind und die Kundenbindung stärken.

Literatur

[1] Website Lazy Programmer: https://lazyprogrammer.me/bayesian-bandit-tutorial/, – Zugriff 25.07.2018

[2] Forrester Research Inc., Building Trust and Confidence: AI Marketing Readiness in Retail and e-Commerce, Website Emarsys: https://www.emarsys.com/app/uploads/2018/01/Emarsys-Forrester-AI-Marketing-Readiness11Jul17.pdf, – Zugriff 25.07.2018

Kaum ein Thema bewegt die Marketingbranche derzeit so sehr wie die Einsatzmöglichkeiten Künstlicher Intelligenz (KI). Ob Sprach- oder Bilderkennung, Chatbots oder verhaltensbasierte Vorhersagen – KI birgt ein enormes Potenzial und kann die Branche grundlegend verändern.

KI birgt ein enormes Potenzial

Doch auch wenn der Hype groß ist: Eine Onlinebefragung von rund 200 Marketingmanagern der Hochschule SRH/International Management University in Berlin ergab, dass nur etwas mehr als ein Viertel der Befragten bereits KI im Marketing einsetzen und gerade einmal sieben Prozent KI intensiv nutzen. Die Gründe dafür sind vielfältig, einer dürfte jedoch das begrenzte Wissen sein. So schätzen die Umfrageteilnehmer ihren eigenen Wissenstand auf einer Skala von 1 (sehr gering) bis 7 (sehr hoch) im Durchschnitt nur mit 3,8 ein, den des gesamten Marketingteams sogar nur mit 2,9 [1].

Gerade mal sieben Prozent nutzen KI intensiv

Was steckt also hinter dem Buzzword Künstliche Intelligenz und wie sehen die Möglichkeiten für den Einsatz von KI in der Praxis aus?

Was ist künstliche Intelligenz?

Die Erklärung des Begriffs ist schwierig, da es bereits für den Begriff „Intelligenz" keine eindeutige Definition gibt. Im Gabler Wirtschaftslexikon wird KI als die „Erforschung intelligenten Problemlösungsverhaltens" und die „Erstellung intelligenter Computersysteme" definiert. KI „beschäftigt sich mit Methoden, die es einem Computer ermöglichen, solche Aufgaben zu lösen, die, wenn sie von einem Menschen gelöst werden, Intelligenz erfordern" [2]. Oder anders ausgedrückt: Aufgaben, die eigentlich den Einsatz menschlicher Intelligenz erfordern, werden mithilfe von Technologien erfüllt, die menschliche Intelligenz simulieren.

KI ist ein Teilbereich der Informatik und lässt sich in verschiedene Teilgebiete aufteilen, unter anderem Machine Learning (ML), wissensbasierte Systeme, Mustererkennung, Robotik, Natural Language Processing (NLP) und maschinelles Lernen. Dabei gilt ML als eine der vielversprechendsten und erfolgreichsten Disziplinen der KI [3].

Soweit die theoretischen Grundlagen. Doch welcher konkrete Nutzen lässt sich daraus für das Marketing ableiten? Und in welchen Bereichen des Marketings kommt KI schon heute zum Einsatz?

Einsatz von KI im Marketing

Die Menge an verfügbaren Daten wächst seit Jahren rasant und wird in den nächsten Jahren weiter steigen. So gehen Prognosen davon aus, dass das Volumen der weltweit jährlich generierten digitalen Datenmenge bis 2025 auf 163 Zettabyte steigen wird (im Vergleich: 2016 waren es 16,1 Zettabyte) [4]. Und auch vor dem Marketing macht diese Entwicklung keinen Halt. In der Praxis bedeutet das: Ohne entsprechende intelligente Softwarelösungen lassen sich die enormen Datenmengen gar nicht handhaben.

Hyper-Personalisierung

Dies ist besonders für den Bereich der Personalisierung von Bedeutung. KI-Lösungen helfen dabei, große Datenmengen in Echtzeit zu verarbeiten und dem Kunden personalisierte Informationen zu bieten. Anwendung findet die sogenannte Hyper-Personalisierung schon heute, beispielsweise bei der individuellen Zusammenstellung von Newsletter-Inhalten oder im Fall von persönlichen Angeboten und Empfehlungen in Onlineshops [5].

Intelligentes Tracking ermöglicht „taggen" der Nutzer

Mithilfe intelligenter Algorithmen ist es möglich, Nu ihres Verhaltens zu „taggen" und entsprechende Rückschlüsse zu ziehen, sodass Empfehlungen und personalisierte Angebote in Echtzeit ausgespielt werden können [6].

Chatbots

Ein anderer vielversprechender Einsatzbereich von KI im Marketing sind sprachgesteuerte persönliche Assistenten, wie zum Beispiel Chatbots. Dabei werden intelligente Bots für die Kommunikation mit dem Kunden eingesetzt. Mit jedem Gespräch, das der Bot führt, kann er seine Kommunikationsfähigkeiten verbessern und auf diese Weise Kunden immer individueller betreuen. Chatbots findet man mittlerweile auf vielen Websites. Als besonders erfolgsversprechend gilt die Technologie „M" von Facebook, die im Rahmen der Messenger-App verfügbar ist [7].

Automatisierung von Prozessen

Marketing Automation ist schon in vielen Unternehmen angekommen und aus dem modernen Onlinemarketing nicht mehr wegzudenken. So haben in einer 2017 durchgeführten internationalen Studie unter mehr als 420 Marketingprofis des SaaS-Unternehmens Liana Technologies fast 80 Prozent der Umfrageteilnehmer angegeben, dass sie mit dem Konzept der Marketing Automation vertraut sind, mehr als ein Drittel nutzen die Technologie regelmäßig [8].

KI kann im Bereich der Marketing Automation besonders im Bereich der Segmentierung von Nutzen sein. Bestimmte Muster sind für das menschliche Gehirn kaum erkennbar, während ein KI-System diese mühelos erkennen und Kunden in entsprechende Segmente unterteilen kann – zum Beispiel basiert auf deren Verhalten, Interessen, demografischen Merkmalen et cetera. Und auch im strategischen Bereich kann KI für eine Verbesserung sorgen. Während Marketer heute oftmals recht willkürlich über Versandzeitpunkte entscheiden, ist es mit KI möglich, die Aussendungen zu der vom jeweiligen Empfänger bevorzugten Zeit vorzunehmen – individuell und ohne manuelle Arbeit.

KI kann Muster erkennen

Zielgerichtete Onlinewerbung

Insbesondere auf die effektivere Nutzung von Budgets bezogen ist der Einsatz von KI im Bereich des Advertisings interessant. Mithilfe einer semantischen Kontextanalyse kann zum Beispiel ausgeschlossen werden, dass die eigenen Anzeigen neben unseriösen Angeboten erscheinen oder dass Kunden immer und immer wieder dieselbe Anzeige für ein Produkt sehen, obwohl sie dieses schon längst gekauft haben. Ein weiterer Pluspunkt: KI sorgt dafür, dass auch andere Aspekte wie die Kaufhistorie oder Ort und Zeit Berücksichtigung finden, sodass personalisierte Angebote zu einem für den Kunden idealen Zeitpunkt ausgespielt werden können [9].

Content-Marketing

Das Schreiben von Texten erfordert Kreativität – und deren Imitation gehört zu den größten Herausforderungen, denen sich die KI-Forschung gegenübersieht. Dennoch kommt KI bereits in der Produktion von Texten zum Einsatz. So können mit „Wordsmith" (einer Software-Plattform) schon heute automatisierte Sport- und Finanzberichte erstellt werden und Medien wie die New York Times oder Forbes setzten die Technologie bereits ein. Im deutschen Sprachraum ist es die Nordwest-Zeitung, die mithilfe von KI zum Beispiel automatische Wettervorhersagen für 300 verschiedene Postleitzahlengebiete erstellt.

Beispiel Washington Post: Heliograf

Die Washington Post ist schon einen Schritt weiter: Mit „Heliograf" hat sie ein eigenes KI-System entwickelt, das zukünftig dazu in der Lage sein soll, eigenständig auch anspruchsvolle Artikel zu kreieren. Während der Olympischen Spiele in Rio wurde eine erste Version von Heliograf eingesetzt, um Artikel, Tweets und Blogbeiträge zu schreiben, während des US-Wahlkampfes 2016 wurde eine weiterentwickelte Version zur Unterstützung der Journalisten genutzt. Die Vorgehensweise war dabei folgende: Das KI-System wurde mit Textbausteinen für verschiedene Wahlergebnisse „gefüttert", die von Journalisten erstellt worden sind und gleichzeitig an eine Datenbank angebunden. Das System hat dann die relevanten Daten ausgewählt, mit den jeweiligen Textbausteinen abgeglichen und selbstständig verschiedene Textversionen veröffentlicht [10].

KI wird also bereits in der Content-Kreation eingesetzt, allerdings nur in beschränktem Maß und mit menschlicher Zuarbeit. Dass sich dies schon bald ändern wird und ein KI-System eigenständig umfangreiche Artikel schreiben kann, sieht Juha-Mikko Ahonen, AI Officer von Liana Technologies, nicht. Er ist der Meinung, dass KI bei der Erstellung von Content nur in den Bereichen gut funktioniert, für die eine umfangreiche Datengrundlage vorhanden ist und die nach eindeutigen Regeln funktionieren, wie zum Beispiel Sport-Events. Dafür sind jedoch umfangreiche standardisierte Datensammlungen nötig. Dass ein KI-System völlig selbstständig komplexe Artikel – zum Beispiel zu Marketingthemen – verfasst, sieht er aktuell nicht. Denn: Der Aufwand, alle dafür notwenigen Daten zu sammeln und das System damit zu füttern, übersteige den Aufwand dafür, den Beitrag einfach selbst zu schreiben [11].

Dynamische Preisgestaltung

Bei der dynamischen Preisgestaltung geht es darum, dass für dasselbe Produkt unterschiedliche Preise verlangt werden, um so den maximalen Gewinn zu erwirtschaften. Gerrit Kahl vom Deutschen Forschungszentrum für künstliche Intelligenz ist sogar der Meinung, dass Onlineshops erfassen, mit welchem Endgerät Kunden den Shop besuchen und die Gestaltung der Preise entsprechend anpassen: Nutzt jemand ein teures Endgerät, zahlt er mehr. Und auch die Ortung kann dafür sorgen, dass höhere Preise verlangt werden, wenn zum Beispiel deutlich wird, dass jemand keinen schnellen Zugang zum stationären Handel hat und daher auf den Onlineshop angewiesen ist [12].

Weitere Aspekte, die die Preisgestaltung beeinflussen können, sind die Browser-Historie und das Surfverhalten. Google hat bereits 2012 ein Patent angemeldet, das digitale Inhalte, wie beispielsweise E-Books oder Videos, mit dynamischen Preisen versieht. Kehrt ein User nach einem ersten Besuch zu einem Video zurück und zeigt auf diese Weise Interesse, kann ein kleiner Nachlass dafür sorgen, dass er zugreift [12].

Ausblick

Die KI ist im Marketing angekommen – zumindest in der Theorie. Viele Prozesse ließen sich mit dem Einsatz intelligenter Systeme schon heute erheblich verbessern, die Umsetzung in der Praxis lässt aber noch auf sich warten. Der eingangs erwähnte geringe Wissensstand ist dabei nur einer der Gründe, warum Unternehmen zögern.

Umsetzung in der Praxis lässt auf sich warten

So wird in einer Forrester-Studie unter 100 Marketingentscheidern deutlich, dass zwar 92 Prozent der Befragten glauben, dass KI die Kundenzufriedenheit verbessern und Mehrwerte schaffen kann, aber mehr als die Hälfte über keine Datenmanagementstrategie verfügt – die Grundlage für den Einsatz von KI-Systemen. 71 Prozent der Umfrageteilnehmer sind der Meinung, dass KI-Technologien besonderes technisches Know-how voraussetzen und ebenso viele meinen, dass sie nur etwas für Analytiker beziehungsweise Wissenschaftler sind und es keine KI-Tools gibt, die einfach in der Anwendung sind [13].

Ahonen ist anderer Ansicht und schätzt die Situation so ein, dass der Einsatz von KI im Marketing ein Umdenken erfordert – auf ähnliche Weise, wie das Internet vor Jahren für die Digitalisierung des Marketings gesorgt hat. Damals sei die Skepsis gegenüber neuen Marketing-Technologien ebenso groß gewesen wie heute gegenüber KI-Systemen. Mit der ständigen Weiterentwicklung würden die Tools aber immer intuitiver, sodass auch Marketer sie ohne Weiteres anwenden könnten. Grundvoraussetzungen seien allerdings, dass man sich mit der Thematik beschäftigen und entsprechende Strategien entwickeln müsse. Das gelte allerdings auch für andere Bereiche des Marketings und sollte ohnehin Bestandteil der Arbeit eines jeden Marketingteams sein [11].

Dass fast 90 Prozent der Marketer in der Umfrage der Hochschule SRH dem Einsatz von KI im Marketing aufgeschlossen gegenüberstehen [1], sieht er positiv, denn dieses Umfrageergebnis zeige, dass das Thema seinen anfänglichen Schrecken verloren hat. Es gehe ja nicht darum, den Marketer durch einen Roboter zur ersetzen und ihn damit überflüssig zu machen, sondern darum, seine Arbeit zu vereinfachen und die Qualität von Marketingmaßnahmen im Sinne des Kunden zu verbessern. Seiner Einschätzung nach wird mit dem zunehmenden Einsatz von KI der Aufwand für manuelle Routinearbeiten abnehmen und Marketer werden infolgedessen mehr Zeit haben, sich kreativen Prozessen zu widmen [11].

Literatur

[1] *Website des Horizont-Magazins: https://www.horizont.net/tech/nachrichten/Studie-Erst-ein-Viertel-aller-Unternehmen-nutzen-KI-im-Marketing-167143 – Zugriff 26.06.2018*

[2] *Website der Springer Gabler | Springer Fachmedien Wiesbaden GmbH: https://wirtschaftslexikon.gabler.de/definition/kuenstliche-intelligenz-ki-40285/version-263673 – Zugriff 26.06.2018*

[3] *Webseite der Computerwoche: https://www.computerwoche.de/a/was-sie-ueber-maschinelles-lernen-wissen-muessen,3329560 – Zugriff 27.06.2018*

[4] *Website der Statista GmbH: https://de.statista.com/statistik/daten/studie/267974/umfrage/prognose-zum-weltweit-generierten-datenvolumen/ – Zugriff 27.06.2018*

[5] *Website CMO by Adobe: https://www.cmo.com/de/articles/2018/5/2/warum-kunstliche-intelligenz-im-marketing-alles-verandert.html?origref=https%3A%2F%2Fwww.google.fi%2F#gs.gaPuUa4 – Zugriff 28.06.2018*

[6] *Website der Neuen Mediengesellschaft Ulm mbH: https://www.internetworld.de/onlinemarketing/expert-insights/kuenstliche-intelligenz-potenziale-fuers-e-mail-marketing-1108170.html – Zugriff 03.07.2018*

[7] *Website der Neuen Mediengesellschaft Ulm mbH: https://www.internetworld.de/onlinemarketing/realitaet-zukunft-so-ki-im-marketing-eingesetzt-1234897.html – Zugriff 28.06.2018*

[8] *Webseite der Lianatech GmbH: https://www.lianatech.de/media/guides-whitepapers/die_vorteile_und_herausforderungen_von_marketing-automation_lianatech.pdf – Zugriff 28.06.2018*

[9] *Website des Horizont-Magazins: https://www.horizont.net/tech/kommentare/Ausblick-2018-5-Anwendungsbeispiele-fuer-Kuenstliche-Intelligenz-im-Marketing-162904 – Zugriff 02.07.2018*

[10] *Website des Verbands Deutscher Zeitschriftenverleger e.V.: https://vdz-akademie.de/kuenstliche-intelligenz-wenn-software-zum-journalisten-wird/ – Zugriff 02.07.2018*

[11] Interview mit Juha-Mikko Ahonen, AI Officer von Liana Technologies, durchgeführt am 02.07.2018

[12] Website der Frankfurter Allgemeinen Zeitung: http://www.faz.net/aktuell/finanzen/meine-finanzen/geld-ausgeben/dynamische-preise-das-ende-des-einheitspreises-13522679.html – Zugriff 03.07.2018

[13] Website der WIN-Verlag GmbH & Co. KG: https://www.e-commerce-magazin.de/forrester-studie-zeigt-kuenstliche-intelligenz-ist-im-e-commerce-angekommen – Zugriff 03.07.2018

Weiterführende Literatur

„The Elements of Artificial Intelligence" – freier Onlinekurs der Universität Helsinki https://www.elementsofai.com/

„Wie Manager KI zu ihrem Werkzeug machen" – https://www.wiwo.de/erfolg/management-der-zukunft/kuenstliche-intelligenz-wie-manager-ki-zu-ihrem-werkzeug-machen/20907208.html

„Künstliche Intelligenz im Marketing – wohin führt der Weg?" https://www.lianatech.de/neuigkeiten/liana-technologies-blog-blog/artikel/kunstliche-intelligenz-im-marketing-wohin-fuhrt-der-weg.html

Optimierte Preissetzung auf KI-Basis

Dunja Riehemann

2

Automatisierte, KI-basierte Preisoptimierung ist aktuell ein heißdiskutiertes Thema im Handel: Intelligent eingesetzt, kann ein daraus resultierendes, dynamisches Preismanagement das Geschäft und die Margen eines Händlers signifikant verbessern. Möglich sind nicht nur Zuwächse bei Umsatz und Gewinn, sondern auch beim Markenimage und der Customer Experience. Somit stellt eine konsequente Umsetzung einer überzeugenden Preisstrategie ein Schlüsselfaktor für nachhaltiges Wachstum dar. Dieser Artikel weist die Herausforderungen der Märkte auf, geht auf die bisherigen Strategien der Händler ein und zeigt im Anschluss, welche Vorteile eine automatisierte Preisstrategie, auch international, mit sich bringt.

Den richtigen Preis zur richtigen Zeit am richtigen Ort

Der Wettbewerb im Handel schläft nicht. Im Gegenteil: Er wartet stets mit aggressiven Preis- und Werbeaktionen auf. Während sich der Kunde grundsätzlich über Schnäppchen freut, sind Rabatte für Händler ein rotes Tuch und richtig teuer: Denn fast ein Viertel des Gesamtumsatzes geht Unternehmen durch Preisreduzierungen verloren. Grund dafür ist folgender: Sie erfolgen meist viel zu hoch und am Ende der Saison: Dabei werden Preisreduzierungen nicht anhand der Preiselastizität für jeden einzelnen Artikel (zum Beispiel Farben und Größen im Bereich Fashion) und Filiale berechnet. Somit sind die Preise nicht entlang der genauen Nachfrage ausgerichtet.

Viele Händler wenden zudem auch eine Reihe von Strategien ohne fundierte Basis an, die nicht optimal funktionieren. Zum Beispiel berücksichtigt eine Erhöhung des Selbstkostenpreises zwar die Margen, aber nicht das profitable Wachstum oder die Bereitschaft der Kunden, einen bestimmten Preis zu zahlen. Auch die Unterbietung der Wettbewerbspreise führt zu schwindenden Profiten und einem Preisverfall. Das sogenannte Odd-Pricing (99-Cent-Preise) basiert auf längst überholten Annahmen zum Kaufverhalten. Vielen Unternehmen

http://www.marketing-boerse.de/Experten/details/Dunja-Riehemann

fehlen also die richtigen Instrumente, um die Preisgestaltung systematisch und wissenschaftlich anzugehen.

Viele Einzelhändler haben ihre Vertriebskanäle erweitert

Um dem Wettbewerb entgegenzuwirken, haben viele Einzelhändler ihre Vertriebskanäle erweitert, damit sie neue Zielgruppen ansprechen können. Einige haben regionale Sortimente eingeführt, um so die gebietsweise unterschiedlichen Bedürfnisse der Kunden besser zu erfüllen. Die daraus resultierende Komplexität der Kanäle und des Produktsortiments macht jedoch die Gestaltung der Preise noch schwieriger. Oftmals hat es auch zur Folge, dass sich die Sortimentsmanager beim Abschriftenmanagement nur auf die wichtigsten Teile konzentrieren oder nach einem pauschalen Gießkannenprinzip agieren.

Herausforderungen im Lebensmittel- und Modehandel

Das Preismanagement gestaltet sich sowohl im Lebensmittel- als auch im Modehandel zunehmend schwierig. Für eine strategische Preisgestaltung müssen Lebensmittelhändler die Preisentscheidungen immer mit den strategischen Geschäftszielen wie Umsatz oder Gewinn abstimmen. Hinzu kommt die eingangs beschriebene zunehmende Komplexität: Dazu führen nicht nur regionale Sortimente, sondern auch die wachsende Anzahl von Filialen und Kanälen.

Diese Faktoren beeinflussen die Preisgestaltung und Nachfrage signifikant, beispielsweise durch unterschiedliche Wettbewerbspreise und Sortimentsgestaltung vor Ort. Der allgemein hohe Marktdruck im Lebensmittelhandel macht zudem agile Preisänderungen notwendig. Nur so können Händler in einem dynamischen Wettbewerbsumfeld bestehen. Eine der größten Herausforderungen hier ist daher die genauen Auswirkungen der Preise auf den Abverkauf zu identifizieren und die Preisentscheidungen mit den Zielen des Bestandsmanagements in Einklang zu bringen.

Abb. 1: Festlegung der strategischen Ziele [1].

Auch im Fashion-Bereich haben sich die Dinge verändert. Für Modehändler ist es nicht einfach, mit den hohen Erwartungen der Kunden Schritt zu halten und ihnen ein perfektes Omnichannel-Einkaufserlebnis zu bieten. Das betrifft auch die Preisgestaltung, die auf alle Kanäle abgestimmt sein muss. Der Modemarkt ist heute geprägt von einem immer härteren Wettbewerb und immer kürzeren Produktlebenszyklen: Über zehn Kollektionswechsel im Jahr sind keine Seltenheit mehr.

Preisgestaltung muss auf allen Kanälen abgestimmt sein

Das zeigt auch eine aktuelle Studie von Blue Yonder [2]: Traditionelle Kaufzyklen spielen im schnelllebigen Modehandel keine Rolle mehr. Denn ein saisonales Einkaufsverhalten der Verbraucher gehört der Vergangenheit an. Im Gegenzug haben Kunden heutzutage immer eine hohe Rabatterwartung: 42 Prozent der Verbraucher warten mit einem Kauf gezielt auf entsprechende Reduzierungen, nur zwölf Prozent kaufen direkt bei Kollektionsstart. So kommt es auch, dass 43 Prozent der weltweiten Kleidungskäufe durch Rabatte ausgelöst werden. 25 Prozent der Käufer weltweit kaufen Kleidung nie zum vollen Preis, sondern warten gezielt auf Saisonverkäufe und Discounts. Für 37 Prozent der Konsumenten ist ein Preisabschlag sogar wichtiger als ein niedriger Einstiegspreis.

Traditionelle Kaufzyklen spielen im Fashion-Bereich keine Rolle mehr

Dabei ist aber mehr als die Hälfte der Konsumenten mit 5 bis 15 Prozent Nachlass bereits zufrieden. Aus diesem Grund sind Einkaufszyklen von bis zu acht Monaten im Voraus nicht mehr zeitgemäß. Der Händler muss die Ware also in kürzester Zeit abverkaufen, weil dann schon die nächste Kollektion in die Läden kommt. Um hier mithalten zu können, ist eine dynamische Artikel-Bepreisung notwendig, ohne dabei die Gewinnmargen aus den Augen zu verlieren.

Wachsende Retourenquoten für Modehändler problematisch

Aber auch die wachsenden Retourenquoten machen Modehändlern zu schaffen: Im Onlinehandel führt sie zu steigenden Kosten. Ein Grund für die hohe Quote sind auch Online-Preisvergleiche der Kunden nach dem Einkauf: 42 Prozent der Käufer in Deutschland vergleichen online die Preise der Produkte, während sie im stationären Handel einkaufen. Händler stehen heute also vor der Herausforderung, ihre Preisstrategien in Einklang mit einer schwer planbaren Nachfrage sowie den Rabatterwartungen der Kunden zu bringen und dabei ihre Margen abzusichern. Mit einer falschen Preisgestaltung riskieren Händler also Umsatzverluste.

Was also müssen Händler für ein erfolgreiches und effizientes Preismanagement tun? Sie benötigen eine individuelle Preissteuerung auf Artikelebene, also Preisempfehlungen auf einer granularen Ebene: pro SKU (Stock Keeping Unit/Artikelnummer), pro Filiale und pro Tag. Diese Empfehlungen müssen dabei auch einer ganzheitlichen Preisstrategie folgen, damit sich der Händler mit den Preisen erfolgreich vom Wettbewerb abhebt und somit die Kunden von sich überzeugt und auch langfristig an sich bindet.

Smarter Pricing – optimale Preissetzung mithilfe KI

Die Preisgestaltung ist also ein wichtiger strategischer Hebel für jeden Einzelhändler und zudem hat sich gezeigt, dass eine weniger aggressive und kontinuierliche Preisgestaltung effektiver ist. Häufige, kleinere Schritte über den gesamten Produkt-Lifecycle erhöhen die Margen und die Abverkaufsquoten. Diese Granularität bei einer individuellen und automatisierten Preissteuerung ermöglichen heutzutage moderne Technologien wie Machine Learning und Künstliche Intelligenz (KI). Daten sind die wichtigste Grundlage, auf der die datengetriebenen Entscheidungen, Machine Learning und KI-Modelle basieren. Datenqualität spielt deshalb für automatisierte Preisgestaltung eine

Datenqualität entscheidend

entscheidende Rolle. Sind die Daten gut in Schuss, stellen sie einen riesigen Wert für Unternehmen dar.

Daten sind für Unternehmen sehr wertvoll

Bei einer automatisierten Preisgestaltung werden täglich optimierte Preise berechnet und dafür der Zusammenhang zwischen Preisänderung und Nachfrageverhalten gemessen – also die sogenannte Preiselastizität ermittelt. So können jederzeit unter Berücksichtigung einer Vielzahl von Faktoren die richtigen Preise bestimmt werden – und zwar auf granularer Ebene: für jeden einzelnen Artikel, in jeder Farbe und Größe, für jeden Standort oder Kanal. Auf Basis dieser Ergebnisse werden über den gesamten Verkaufszyklus bis hin zu Preisabschlägen und Schlussverkauf umsatz- oder gewinnsteigernde Preise automatisiert festgelegt.

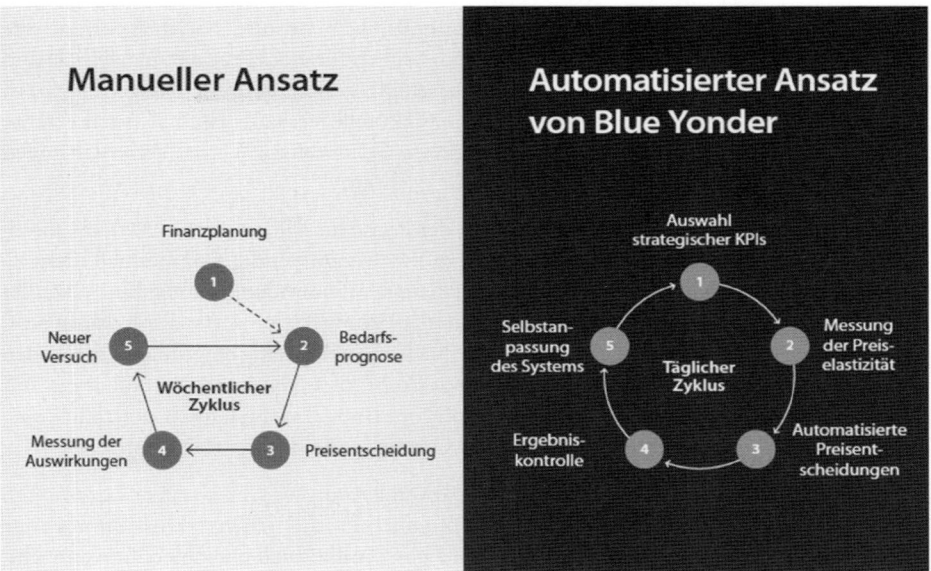

Abb. 2: Manueller und Automatisierter Ansatz im Vergleich [1].

Dabei werden nicht nur sämtliche Umsatz- und Produktstammdaten analysiert, sondern auch Verkaufsaktionen und die Geschäftsstrategie in die Analyse mit einbezogen. So verkaufen zum Beispiel preisorientierte Modehändler strategisch begründet eine hohe Stückzahl bei geringeren Margen und Premiummarken geringe Stückzahlen bei höherer Marge. Weitere wichtige Faktoren wie das Wetter, besondere Ereignisse wie aktuell die Fußballweltmeisterschaft oder Ferien werden ebenfalls berücksichtigt. Damit werden eine Validierung und dynamische Optimierung Tausender oder gar millionenfacher Preise pro Tag möglich.

Zwei Funktionen der automatisierten Preisoptimierung

Grundsätzlich gibt es zwei verschiedene Funktionen einer automatisierten Preisoptimierung: Bei der regulären Preisgestaltung, dem sogenannten Base Pricing, handelt es sich um die optimale Bepreisung von Standardartikeln, die täglich neu gesetzt wird. Diese Funktion ermöglicht Einzelhändlern, die richtigen Preise im Einklang mit ihren Geschäftszielen, der Konsumentennachfrage und den Marktbedingungen festzulegen. Sie erlaubt eine einheitliche und nachfrageorientierte Preissetzung, bei der die Preise täglich für jedes Produkt, jede Filiale und jeden Kanal anhand von präzisen Preisabsatzzusammenhängen angepasst werden. Dabei werden sowohl aktuelle Verkaufsdaten als auch externe Faktoren wie Wettbewerbspreise, Ferienzeiten, Wetter, Veranstaltungen oder Verkaufsaktionen berücksichtigt.

Base Pricing optimiert die Bepreisung von Standardartikeln, die täglich neu gesetzt werden

Das dynamische Festsetzen der Preise für Millionen von Artikel-, Filial- und Vertriebskanalkombinationen ist aufwendig und manuell nicht zu bewältigen. Mit einer automatisierten Preisfindung können Einzelhändler ihre Sortiments- und Finanzplanungsziele unter Einhaltung von Preisregeln und -vorgaben erreichen. Gleichzeitig empfinden die Kunden die automatisiert analysierten Preise als angemessen, weil die Preise auf die Kundennachfrage abgestimmt sind. Zudem handelt es sich um eine skalierbare Lösung für eine Omnichannel-Preisgestaltung.

Markdown Pricing hat wichtige Hebelwirkung

Das Markdown Pricing, der Abverkauf von Ware bis zu einem bestimmten Zeitpunkt, hat für einen profitablen Produktlebenszyklus eine wichtige Hebelwirkung. Hierbei wird ganz individuell entschieden, wann und wie oft Artikel reduziert werden, um den Abverkauf innerhalb eines bestimmten Zeitraums zu gewährleisten. Gewinn- oder umsatzoptimierte Preisnachlässe sowie vorausschauendes Wissen zum Verkauf und zum Lagerbestand hilft Händlern, ihre Ware innerhalb eines bestimmten Zeitraumes abzuverkaufen. Sie profitieren von einer höheren operativen Effizienz und einer besseren Customer Experience.

Nicht erfüllte Erwartungen führen zu Unzufriedenheit beim Kunden

Denn Studienergebnisse zeigen, dass nicht erfüllte Erwartungen bei Rabattaktionen häufig für hohe Unzufriedenheit bei Kunden sorgen – insbesondere, wenn die entsprechenden Produkte (75 Prozent), bestimmte Größen (76 Prozent) oder Farbvarianten (65 Prozent) nicht mehr verfügbar sind [2]. Markdown Pricing berücksichtigt neben Verkaufsdaten und Bestandsinformationen auch aktuelle Marktbedingungen.

Die Lösung liefert auf Basis dieser Informationen konsistente Preisentscheidungen, die sich aktuell am geplanten Zeitpunkt des Abverkaufs, den Bestandszielen und dem Markenversprechen orientieren. Denn häufige oder starke Sale-Aktionen können dem Markenimage schaden. Mit optimierten Preissenkungen können Einzelhändler ihr Markdown effizient gestalten, ohne die Performance auf Artikel- oder Sortimentsebene zu gefährden. So entstehen eine schnelle Wertschöpfung, also mehr Umsatz und höhere Margen, sowie eine Verbesserung des Abverkaufs und des Lagerumschlags.

Häufige und starke Sale-Aktionen können dem Markenimage schaden

Automatisierte Preisgestaltung

Die Vorteile anhand von Konsumentennachfrage, Markentreue oder dem Wettbewerbsverhalten optimierten Preisen für jeden Vertriebskanal und jedes Produkt liegen auf der Hand: Unternehmen können damit gleich mehrere Ziele erreichen. Neben der Verbesserung der Customer Experience steigern Unternehmen damit ihren Gewinn um bis zu fünf Prozent und ihren Umsatz um bis zu 15 Prozent.

Täglich automatisierte Entscheidungen erhöhen zudem die Flexibilität und Unternehmen können deutlich schneller auf Marktveränderungen reagieren. Zwei Aspekte tragen dazu bei: Die Lösung bietet eine automatische Reaktion auf entsprechende Einflussfaktoren individualisiert und über das komplette Sortiment an. Darüber hinaus können strategische Änderungen durch eine Anpassung der entsprechenden Preisstrategie konsistent und automatisiert umgesetzt werden. Ein weiterer Pluspunkt: Die Verkaufs- und Bestandsoptimierung erfolgt entlang des gesamten Produktlebenszyklus. Die schnelle Umsetzung führt zu höheren Margen, einem optimalen Lagerumschlag und ermöglicht eine Reduzierung der Lagerbestände um bis zu 20 Prozent. Innerhalb wenigen Wochen erzielen Unternehmen mit einer KI-basierten Preissetzung deshalb messbare Ergebnisse sowie einen Return on Investment.

Unternehmen können schneller auf Markt-veränderungen reagieren

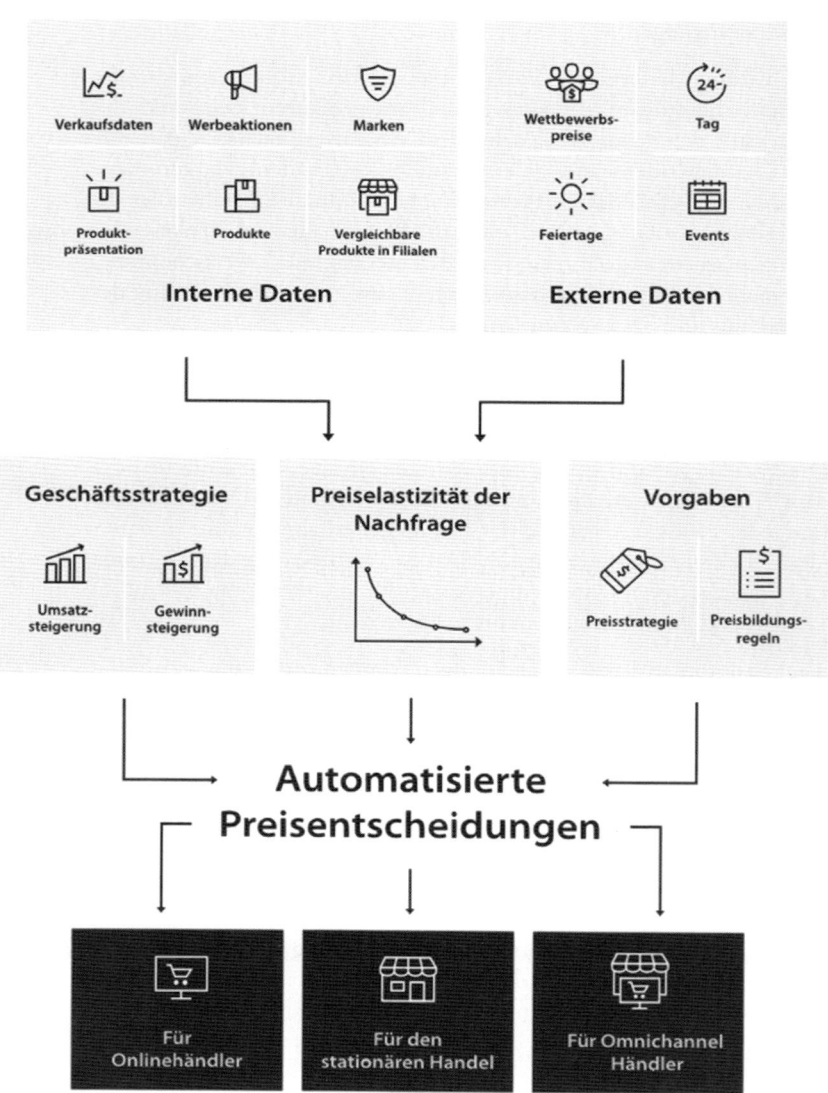

Abb. 3: Automatisierte Preisentscheidungen [3].

Best Practice: Base Pricing bei Otto

Der Multichannel-Anbieter Otto bietet seinen Kunden auf otto.de eine enorme Warenvielfalt, was eine hohe Systemkomplexität mit sich bringt. Früher führte Otto daher nur vereinzelte Preisoptimierungen ohne Systemansatz durch. Da die Anforderungen an ein intelligentes Preismanagement heute aber ungleich höher sind, setzt das Unternehmen seit längerer Zeit für valide Prognosen über die Abverkaufsmengen der kommenden Tage auf Machine-Learning-Lösungen, und zwar über verschiedene Sortimente hinweg: Herren- und Damenmode, Bettwäsche und Frottee, Haus- und Heimtextil, Multimedia und Electronics.

Auch hier wird der Zusammenhang zwischen Preisänderung und Nachfrageverhalten (Preiselastizität) analysiert. Basierend auf einer Reihe von Preis-Mengen-Paaren kann Otto die Preiselastizität für jeden Artikel präzise bestimmen. Die genaue Kenntnis der Preiselastizität ermöglicht es, den idealen Preispunkt für ein Produkt gemäß der gewählten Preisstrategie zu finden. Für den optimalen Preis werden täglich zahlreiche variierende Einflussfaktoren gemessen: Verfügbarkeit, Darstellung, der Wettbewerb und seine Preise, Saison, Wochentag, Jahres- und Tageszeit, Wetter sowie Channel. So konnte Otto seine Kundenzufriedenheit steigern, den Abverkauf steuern, die Lagerbestände reduzieren sowie letztlich mehr Umsatz und Gewinn erzielen. Gleichzeitig hat Otto die bereits angesprochene Retourenquote durch marktgerechtere Preise gesenkt.

Otto analysiert Zusammenhang zwischen Preisänderung und Nachfrageverhalten

Best Practice: Markdown Pricing bei Ernsting's Family

Ernsting's family ist einer der größten Cross-Channel-Anbieter im deutschen Textileinzelhandel. Das Unternehmen nutzt eine Lösung zur automatisierten Optimierung der Abschriften für ein Bekleidungssortiment entlang des gesamten Produktlebenszyklus, für rund 1800 Filialen in Deutschland und Österreich sowie für alle Absatzkanäle. Die KI-Lösung ermittelt für Ernsting's family automatisch die optimale Preisreduzierung für jedes einzelne Produkt – in jeder Größe und Farbe. Sie setzt dabei automatisiert die definierte Strategie des Einzelhändlers unter Berücksichtigung der Kundennachfrage und der Bestandssituation um. Die Herausforderung liegt dabei vor allem in dem schnelllebigen und saisonabhängigen Produktlebenszyklus: Alle zwei Tage erhalten die 1800 Stores neue Produkte aus den zwölf Monatskollektionen. Der Abverkauf der Produkte muss in den durchschnittlich 160 qm großen Stores daher möglichst schnell erfolgen.

Alle zwei Tage erhalten 1800 Stores neue Produkte aus zwölf Monatskollektionen

Ziel einer fünfmonatigen Testphase war es, den Test-Artikelbestand innerhalb einer definierten Anzahl von Tagen zu verkaufen. Mit der KI-Lösung erreichte Ernsting's family im Rahmen der Testsortimente eine deutliche Steigerung des Umsatzes und zugleich der Handelsspanne. Im Testzeitraum wurden Bekleidungssortimente aus den Bereichen Damen und Kinder herangezogen. Von Juli bis November 2017 legte Ernsting's family die Preise dieser Sortimente in 50 deutschen Testfilialen mithilfe der KI-Lösung fest.

Im direkten Vergleich mit 50 Referenzfilialen zeigte sich, dass mithilfe der Price Optimization die Kollektionen wesentlich schneller abverkauft und so Platz für neue Ware geschaffen werden konnte. Tatsächlich wurde das Ziel, 90 Prozent eines Artikels in einem festgelegten Zeitraum abzuverkaufen, nicht nur erreicht, sondern konnte sogar übertroffen werden. Hinzu kam außerdem eine deutliche Steigerung der Handelsspanne – ein Ergebnis, das Ernsting's family davon überzeugte, die Price-Optimization-Lösung ab Mai 2018 für sein gesamtes Sortiment in allen deutschen und österreichischen Filialen sowie im Onlineshop einzusetzen.

Mit KI-Lösung können Kollektionen schneller abverkauft werden

Internationale Preisgestaltung

Ein wichtiger Faktor, der bei einer internationalen Preisgestaltung berücksichtigt werden muss, ist das subjektive Preisempfinden: Was in Hochpreisländern als angemessener Preis empfunden wird, sehen Kunden in anderen Ländern durchaus anders. Auch wenn sich Deutsche mit den gleichen Wohnaccessoires einrichten wie Nordamerikaner und bei den gleichen Handelskonzernen kaufen wie Kunden in Japan, werden Preise in den einzelnen Ländern doch völlig unterschiedlich wahrgenommen.

Früher wurde die gesamte internationale Preisgestaltung eines Unternehmens von der Zentrale aus gesteuert und es gab für jeden einzelnen Markt eine Preisumrechnungstabelle mit Auf- und Abschlagskalkulation. Künstliche Intelligenz kann nun dabei helfen, das jeweilige subjektive Preisempfinden präziser als durch die persönliche Einschätzung des Händlers zu ermitteln. Dafür wird die Preiselastizität nun dank KI pro Land individuell und anhand vieler Daten genau berechnet.

KI kann subjektives Preisempfinden pro Land präziser berechnen

Best Practice: Internationale Preisgestaltung bei bonprix Russland

Mit Blue Yonder Price Optimization steuert bonprix die Preise in seinen internationalen Kernmärkten automatisiert. Ein Beispiel ist Russland, wo das Modeunternehmen durch den Einsatz von künstlicher Intelligenz sowohl seinen Umsatz als auch seinen Gewinn steigern konnte. Neben dieser Zielsetzung wollte bonprix durch Machine Learning wertvolle Erkenntnisse gewinnen, um die Preissetzung im Land weiter zu optimieren: Statt starrer Preisumrechnungstabellen setzt das Unternehmen heute auf eine automatisierte KI-Lösung, die eine artikelbezogene, marktgerechte, flexible Preissteuerung für die verschiedenen Märkte und Sortimente speziell für den russischen Markt ermöglicht. Wichtig ist bonprix, dass die neue Technologie letztendlich einen eindeutigen Deckungsbeitrag leistet. Bereits nach einem viermonatigen A/B-Test zeigte sich eine Zunahme der verkauften Artikel im zweistelligen Prozentbereich sowie eine deutliche Umsatz- und Warenrohertragssteigerung.

bonprix steigert Umsatz und Gewinn mit KI

Fazit

Der Einsatz künstlicher Intelligenz birgt viele Möglichkeiten für eine optimierte Preisgestaltung. Abhängig von den Zielen kann die Funktion der automatisierten Preisoptimierung an die Unternehmensstrategie angepasst werden. Dabei wird eine große Menge von Daten – sowohl interner als auch externer Quellen – und Faktoren (Geschäftsstrategie und Vorgaben wie Preisstrategie und -bildungsregeln) berücksichtigt. Bei einer immer höheren Anzahl von Artikeln, mehr Filialen und Kanälen sowie immer schnelleren Sortimentswechseln und höheren Kundenerwartungen ist diese manuell nicht mehr effizient möglich.

Intelligente Algorithmen ermöglichen Händlern heute sehr präzise Prognosen und automatisierte Preisentscheidungen, die nicht nur die Profitabilität, sondern auch die Lagerhaltung, das Markenimage sowie die Customer Experience verbessern. Doch eine Preisoptimierung hat nicht nur zur Folge, dass der Profit des Händlers optimiert wird. KI hilft auch große gesellschaftliche Probleme anzugehen, zum Beispiel die Lebensmittelverschwendung zu reduzieren: Wenn dank optimaler Preissetzung die Nachfrage der Kunden präzise analysiert wird, bleiben weniger Produkte im Laden zurück beziehungsweise es werden gar nicht erst zu viele Produkte produziert, wenn die Datenanalyse für den gesamten Produktzyklus angewendet wird.

Literatur

[1] Blue Yonder Broschüre: Die Lösung für Einkauf und Vertrieb: Price Optimization, https://www.blue-yonder.com/sites/default/files/by-de-broschuere-price-optimization.pdf – Zugriff 18.07.2018

[2] Blue Yonder (2018). Studie „Optimale Preis statt permanenter Rabatte, https://www.blue-yonder.com/de/neue-preisstrategien-fuer-den-modehandel – Zugriff 18.07.2018

[3] Blue Yonder. https://www.blue-yonder.com/de

KUNDENSEGMENTE UND PERSONAS DEFINIEREN

3

Personas – Was ist das, wie mache ich es und worauf muss ich achten?
Jura Schoeder, Claudio Felten

3

Im Zeitalter fortschreitender Individualisierung gilt auch im Kundenmanagement mehr denn je: Nicht alle Kunden sind gleich. Wer in der Kundenansprache zugleich effektiv und effizient sein möchte und für seine Zielgruppe wirklich relevant sein will, setzt offensichtlich nicht auf das Prinzip „Schrotflinte", sondern stellt sich auf die unterschiedlichen Erwartungen, Bedürfnisse und Präferenzen spezifischer Kundensegmente ein. Es braucht also ein präzises Verständnis der Kunden auf aggregierter Ebene, um relevante Muster zu erkennen und darauf einzugehen, ohne unzulässig zu verallgemeinern und wichtige Nuancen zu übersehen. Für diese Aufgabe haben sich Personas als Werkzeug erfolgreich durchgesetzt, wobei zwischen zwei wesentlichen Ansätzen zu unterscheiden ist:

Prinzip „Schrotflinte" hat ausgedient

- **Marketing Persona:** Im Marketing bereits länger bekannt, werden Personas als visuelle „Übersetzung" datengetriebener Segmentierungsmodelle angewendet. Dabei sind statistische Modelle Grundlage, mit denen spezifische Gruppen (Segmente) mit gleichen Merkmalen identifiziert werden, die gleichzeitig zwischen den Gruppen signifikante Unterscheidungen möglich machen. Angestrebt wird eine jeweils eindeutige Zuordnung aller Kunden/potenziellen Kunden – in der Realität lassen sich Überschneidungen und ein relevanter „Rest" selten vermeiden.

Unterscheidung in Marketing Persona und Design Persona

Um diese Datenmodelle auch für Nicht-Statistiker verständlich und nutzbar zu machen, werden dann diese Segmente „personalisiert". Die Gruppen erhalten einen Namen, ein Gesicht, wesentliche Merkmale werden hervorgehoben – bleiben gleichzeitig aber fiktive Beispiele abstrakter Datenmodelle. Marketing Personas erklären Kundenverhalten sehr gut, aber in der Regel nicht das „warum" dahinter. Auch bleiben Marketing Persona oft auf die Initialisierungs- oder Sales-Phase der Kundenbeziehung beschränkt (Buyer Personas). Bekannte übergeordnete Marketing Persona sind zum Beispiel die Käufer- und Lifestyle-Typologien aus der Marktforschung.

- **Design Persona:** Als Teil der „Customer Journey Mapping"-Methodik geht die Entwicklung von Personas den umgekehrten Weg. Bewusst werden typische Kundengruppen aus einer eher subjektiven Wahrnehmung beschrieben und dabei Augenmerk auf Faktoren gelegt, die in Datenmodellen eher selten verfügbar sind: Emotionen, Motivationen, Bedürfnisse der Adressaten und daraus resultierende Schmerzpunkte in der Kundenbeziehung – verknüpft mit klassisch soziodemografischen Merkmalen und weiteren im jeweiligen Business relevanten Datenpunkten. Erst in der weiteren Verwendung empfiehlt es sich natürlich auch bei diesem Ansatz, getroffene Annahmen mithilfe vorhandener statistisch auswertbarer Daten zu validieren und zu qualifizieren – insbesondere, wenn es darum geht, sicherzustellen, dass keine relevanten Kundengruppen vergessen wurden. Design Personas erzählen eine Geschichte und helfen, den Endnutzer über die gesamte Customer Journey zu verstehen (Customer Persona).

Beide genannten Ansätze haben aus Sicht der Autoren ihre Berechtigung und sollten abhängig vom gewünschten Unternehmensziel entsprechend eingesetzt werden. Marketing Personas sind verallgemeinernd und auf Kerneigenschaften angelegt, Design Personas sind individualisierend und präzisierend. Für Unternehmen mit einem höheren Persona-Reifegrad empfiehlt es sich sogar, die Silos aufzubrechen und beide Ansätze zu integrieren. Aus dem aktiven Kundenmanagement kommend und dem Grundlagencharakter des Beitrags entsprechend werden wir uns im Folgenden auf die Personas aus Customer-Journey-Perspektive konzentrieren und diese detaillierter betrachten.

Beide Persona-Ansätze können integriert werden

Personas: Definition, Herkunft, Abgrenzung & Zweck

Personas – im antiken Rom als Begriff für Theatermasken zur Unterstützung der zu spielenden Rolle – sind Nutzermodelle, die Menschen einer Zielgruppe in ihren Merkmalen charakterisieren, und können als Stellvertreter für diese und als eine Art Blaupause eines typischen Kunden gesehen werden. Sie werden in Kundensprache beschrieben, sind so detailliert wie möglich, ohne den Kontext zur Aufgabe zu verlieren und so spezifisch wie möglich, ohne dabei reale Kunden abzubilden (anonymisiert). Personas bekommen einen Namen und demografische Merkmale zugewiesen und haben einen Beruf, Hobbys, Familie und einen Freundeskreis. Sie bekommen durch Fotos ein Gesicht. Sie sind extrem real und damit auch „anfassbar" für alle Menschen in und außerhalb der

Personas werden durch spezifische Kundenansprachen zum Leben erweckt

Organisation. Wer einmal mit Personas gearbeitet hat wird feststellen, dass der Kunde und die Beziehung zu ihm für die Organisation damit nicht mehr abstrakt, sondern empathisch ist.

Personas sind ein Kind der Softwareentwicklung

Mit seinem Buch „The Inmates Are Running the Asylum" von 1998 gilt Alan Cooper [1] allgemein als Ursprung der Design Personas in der Form, wie sie heute angewendet werden. Er selbst sagt, er habe schon 1983 seine erste Persona namens „Kathy" entwickelt. Während der Softwareentwicklung habe Cooper immer wieder fiktive Dialoge mit „Kathy" gehalten. So konnte er die Funktionen seiner Software priorisieren und identifizieren, welche Funktionen besonders häufig genutzt werden würden. Heute sind Personas nicht nur in der Softwareentwicklung im Einsatz, sondern auch in anderen Unternehmensbereichen wie dem Customer Experience Management.

1983 entwickelte Alan Cooper seine erste Persona „Kathy"

Personas geben Zielgruppen ein Gesicht

Zielgruppen werden in der Regel mangels verfügbarer Datenbasis nach (sozio-)demografischen Merkmalen definiert. Ihre Bezeichnung (zum Beispiel Sinus-Milieus) ist zumeist analytisch orientiert und damit eher praxisfern. Alleine aus demografischen Merkmalen lassen sich aber Bedürfnisse und Verhalten nur schwer ableiten. Ozzy Osbourne und Prinz Charles haben zum Beispiel die gleichen soziodemografischen Merkmale (Alter, Geschlecht, Einkommen, Vermögen, Wohnsituation et cetera) – und doch ist die Annahme mehr als berechtigt, dass beide eher wenig gemeinsame Interessen und Präferenzen verbinden dürfte (außer ihren Vorlieben für Urlaub in den Bergen und Hunde).

Personas gehen über diese demografische Merkmale hinaus. Die Erarbeitung von Wünschen und Einstellungen macht den Kunden greifbar, die Zielgruppe wird humanisiert und damit wird eine Persona zum fiktiven Stellvertreter dieser Zielgruppe.

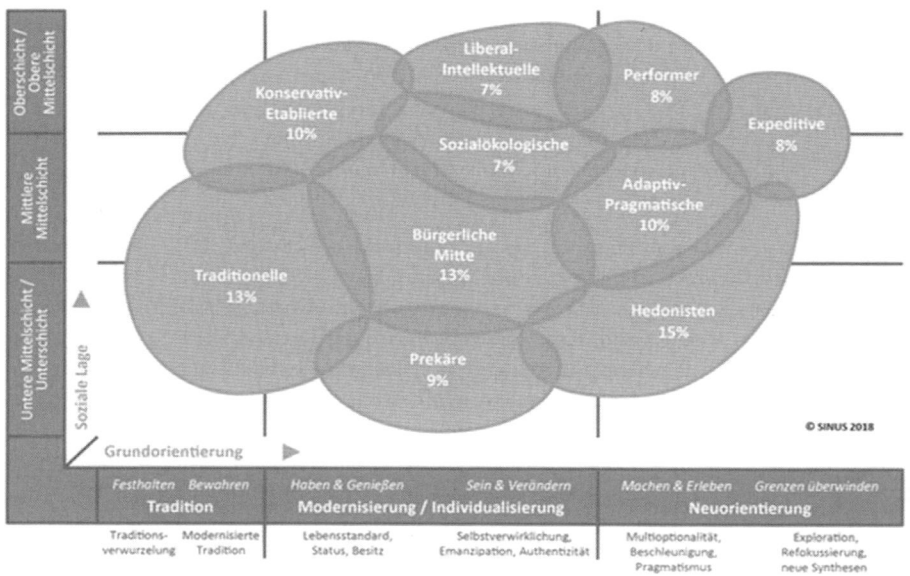

Abb. 1: „Sinus-Milieu" [2].

Personas: Bestandteile und Bauanleitung

Design Personas haben fünf wesentliche Bestandteile, die abhängig von Einsatzzweck, Unternehmen und Branche unterschiedlich ausdetailliert werden können:

1. Charakteristika/Demografie
   a) Für den Anwendungszweck relevante demografische Informationen wie Alter, Wohnort, Familie, Herkunft, soziale Situation et cetera, die die Zielperson beschreiben und helfen, Gruppen mit vergleichbaren Kunden/Interessenten zu bilden.
   b) Informationen, die die Zielperson als Persönlichkeit beschreiben, wie zum Beispiel besonderes Fachwissen, besondere Fähigkeiten oder Erfahrungen. Dies ist insbesondere im B2B-Kontext sinnvoll, wenn es darum geht, Bedürfnisse aus der jeweiligen Rolle heraus zu verstehen, die sich von privaten Zielen und Motivationen unterscheiden können

2. Persönliche Ziele und Aufgaben

Was macht die Zielperson privat, also wenn sie nicht als Kunde/ Interessent/Ansprechpartner agiert? Hobbys, persönliche Interessen, gegebenenfalls Ehrenamt sind hier genauso interessant wie persönliche Lebensziele materieller oder immaterieller Art (zum Beispiel „das Haus am See" oder „Beitrag zum Schutz der eigenen Umwelt"). Sehr schnell lassen sich hier Anknüpfungspunkte identifizieren, wie Marketing auf kreative Art zielsicher in für die Zielperson überraschenden Momenten ansetzen kann.

Es lassen sich sehr schnell Anknüpfpunkte identifizieren

3. Persönliche Motivation & Treiber

Was treibt die Zielperson, was motiviert sie, Entscheidungen zu treffen. Welche positiven oder negativen Faktoren können für diese Person auf eigene Entscheidungen einwirken, die relevant für die Kundenbeziehung sind oder sein könnten. Was schafft positive Emotionen, an die angeknüpft werden kann? Was kreiert negative Emotionen, die vermieden werden sollten?

4. Anforderungen & Bedürfnisse

a) Wie informieren die Kunden sich und wie umfangreich ist das Informationsbedürfnis? Wie bereitet die Zielperson üblicherweise Entscheidungen vor, geht sie einfach auf Google und geht zum Restaurant, das in der Suche als erstes aufpoppt. Oder werden die fünf Optionen mit besten Bewertungen umfangreich verglichen und eine Entscheidung anhand der Detailinformationen auf der eigenen Website (Atmosphäre, Speisekarte, verfügbare Zahlmethoden et cetera) getroffen?

b) Welche Erwartungen und Bedürfnisse hat der Kunde hinsichtlich Produkten, Services, Kanälen? Abgeleitet aus den zuvor genannten Zielen, Aufgaben, Motivationen und Treiber ergeben sich typische Erwartungen und Bedürfnisse, die als wesentliche Entscheidungskriterien determinieren, wie wahrscheinlich eine positive Kundenbeziehung zustande kommt.

5. Einstellung zum Unternehmen

Welche Meinung hat die Zielperson vom Unternehmen? Gibt es bereits eine Vorgeschichte? Welche Erfahrungen wurden bisher gemacht? Welche Emotionen sind mit diesen Erfahrungen verbunden? Woher bekommt die Zielperson Input für die Beurteilung des Unternehmens (zum Beispiel Kollegen, Fachforen oder spezifische Zeitschriften)?

Die Erstellung der Personas erfolgt als pragmatischer, iterativer Hands-on-Ansatz: Im Rahmen des Customer Journey Mapping hat es sich bewährt, in gemeinsamen Workshops Personas durch die Mitarbeiter im Unternehmen erarbeiten zu lassen. Erfahrung zeigt, dass das notwendige Wissen und Verständnis sehr wohl vorhanden ist – es müssen nur den Richtigen die richtigen Fragen gestellt werden.

Alle relevanten Fachbereiche sollten bei der Erstellung der Personas repräsentiert sein

Deshalb kommt es darauf an, in diesen internen Workshops eine gute Mischung von Teilnehmern sicherzustellen: Alle relevanten Fachbereiche – also natürlich Vertrieb, Marketing, Service – sollten repräsentiert sein, aber gern auch vermeintlich „kundenferne" Abteilungen wie Rechnungswesen, Produktion oder IT. Hierarchie sollte eher keine Rolle spielen. Wichtig ist hingegen, „Kunde" denken zu können und bereit zu sein, sich auf den mit der Methode verbundenen Perspektivwechsel einzulassen. Und noch viel wichtiger: Gehen Sie pragmatisch vor und arbeiten Sie mit dem, was verfügbar ist statt sich von gegebenenfalls identifizierten Lücken aufhalten zu lassen. Personas sind „lebende Dokumente", die als Werkzeug mit zunehmendem Erkenntnisgewinn weiterentwickelt werden können und sollen.

Als Input wird genutzt, was verfügbar ist, und hilft, die Perspektive des Kunden zu verstehen: Eine Persona wird nach Möglichkeit aus Daten und Informationen von sowohl internen als auch externen Quellen erstellt.

Ein zweistufiger Ansatz wird empfohlen

Insbesondere im Design-Ansatz empfiehlt sich dabei ein zweistufiger Ansatz: Erste Erstellung in den genannten Workshops anhand intern durch die Mitarbeiter verfügbarer Informationen und nachfolgend eine Anreicherung mit relevanten externen Daten zur weiteren Qualifizierung und Validierung.

a) Interne Daten und Informationen sind zuallererst all das Wissen, dass eigene Mitarbeiter mit und ohne direkten Kundenkontakt über die Kunden haben. Was wird dem Kundenservice im täglichen Kontakt gesagt? Wie erleben Außendienstmitarbeiter die typischen Zielpersonen im Einsatz? Welche Probleme eskalieren regelmäßig? Aber auch: Welche Aktionen kreieren positives Feedback? Darüber hinaus macht es absolut Sinn, auf Daten aus dem eigenen CRM-System, Erkenntnissen aus Umfragen und der kontinuierlichen Auswertung von Kundenfeedback zu berücksichtigen. Oft reicht das vollkommen aus.

b) Externe Daten bieten sich in all ihrer verfügbaren Vielfalt an, entwickelte Personas weiterzuentwickeln. Das können Marktdaten vom statistischen Bundesamt, eigene Zielgruppenanalysen oder Marktbeschreibungen sein oder statistischen Analysen zu Kundenverhalten und so weiter. Dabei kommt es darauf an, die aggregierte, deskriptive Perspektive des „externen Beobachters" zu verlassen und relevante Erkenntnisse in die Kundenperspektive zu transferieren.

c) Gibt es Datenlücken oder Unsicherheiten über die Hypothesen, ist unbedingt eine Validierung der Ergebnisse mit echten Kunden durchzuführen (siehe den Abschnitt „Die Fallstricke?").

Wichtig:

1. Genauso wie sich diese Daten laufend verändern und an neue Gegebenheiten anpassen, verändern sich gegebenenfalls Situation, Bedürfnisse und Wahrnehmung der Zielpersonen und müssen entsprechend Personas regelmäßig überprüft und gegebenenfalls angepasst werden.

2. Neben dem Design und dem Updating von Personas muss die Organisation lernen, wie Personas im Tagesgeschäft bestmöglich genutzt werden.

3. Mittelfristig müssen Regeln, Prozesse und Tools eingesetzt werden, um die CRM-Daten mit den Personas zu verbinden („Matchen") sowie Kriterien oder Fragen, um Personas zu identifizieren.

Sonderfall B2B

Personas beschreiben exemplarisch spezifische, typische Kunden um Bedürfnisse auf individueller Ebene zu verstehen und für effektives Marketing zu nutzen. Diese Methodik kann auch in B2B-Geschäftsbeziehungen angewendet werden – und ist dort vielleicht noch viel wirkungsmächtiger. Wenn wir in B2B und insbesondere bei sogenannten „Buying Centern" gern in anonymen Rollen denken, wird ausgeblendet, dass diese Rollen natürlich auch von Menschen ausgefüllt werden. Es ist absolut notwendig, einerseits Bedürfnisse, Erwartungen und Verhaltensweisen auf der Ebene der unterschiedlichen Rollen

Personas in Beziehungen zwischen Unternehmen

im Unternehmen zu verstehen und auch zu differenzieren. Dafür lassen sich Personas entwickeln, die die verschiedenen Rollen in einer Geschäftsbeziehung auf aggregierter Ebene beschreiben: Fachexperten, Einkauf, Technik, Entscheider und so weiter.

Und diese Rollen-Personas lassen sich dann zusätzlich noch weiter ausdifferenzieren, um bei Bedarf auch innerhalb einzelner Rollen unterschiedliche Personas – jetzt wieder auf individueller Kundenebene – zu beschreiben und entsprechend zu verstehen. Im Ergebnis kann innerhalb eines mehrstufigen Angebotsprozess effektiv auf die Anforderungen der relevanten Rollen im jeweiligen Schritt eingegangen werden. Und gleichzeitig wird das Verständnis verankert, dass auch einzelne Rollen zwar typisch aber keinesfalls homogen besetzt sind.

Auch Einkäufer sind zum Beispiel – es mag überraschen – Menschen mit individuellen Bedürfnissen, die im Angebotsprozess wichtig sein können und entsprechend verstanden werden sollten. Eine aktuelle Studie der Kollegen von cintell zeigt, dass die persönlichen Treiber und Motivatoren sowie Ängste und Herausforderungen neben der Rolle im Prozess sowie den eigenen Präferenzen wesentliche Persona-Elemente erfolgreicher Designs sind.

Included in personas	Exceeds Goals	Meets Goals	Misses Goals
Demographic information	68,8%	60,9%	**90,0%**
Role in buying process	87,5%	**69,6%**	80,0%
Buying preferences	81,3%	60,9%	40,0%
Hobbies & interests	37,5%	26,1%	50,0%
Organizational goals & priorities	75,0%	56,5%	50,0%
Drivers & motivators	**93,8%**	47,8%	40,0%
Fears & challenges	87,5%	56,5%	50,0%
Associations	37,5%	8,7%	20,0%
Content topic preferences	37,5%	17,4%	20,0%
Kpi/success metrics	43,8%	30,4%	30,0%
Personality traits	43,8%	34,8%	40,0%

Abb. 2: Relative Häufigkeit von Informationsbestandteilen in unterschiedlich erfolgreichen Persona-Implementierungen [3].

Wie viele Personas brauche ich? Wann weiß ich, dass diese gut sind?

Generell gilt: Personas sind dann gut, wenn sie ihren Zweck erfüllen. Zuallererst sollte klar sein, wofür die Persona erstellt wird – davon hängen Inhalt, Format und vor allem Detailebene sehr ab. Diesen Zweck sollte die Persona dann offensichtlich erfüllen, um gut zu sein. Personas sind dann gut, wenn sie 100 Prozent vom Kunden gedacht und spezifisch für das Geschäftsmodell des Unternehmens sind. Personas werden in den Worten der Kunden beschrieben – keine internen Begriffe, Prozesssichten, Org-Kürzel et cetera. Am Ende ist es aber wie bei allen Themen in der BWL: Es gibt keine objektiven Maßstäbe, ob man das Optimum wirklich erreicht hat oder Gesetze. Legen Sie einfach los, machen Sie Erfahrungen und entwickeln die Personas dann entsprechend weiter.

Personas sind gut, wenn sie den Zweck erfüllen

Leichter zu beantworten ist die Frage „Wie viele?"

Solange wir Personas und Customer Journeys noch nicht komplett datengetrieben und automatisiert entwickeln können (dann wäre die Antwort: so viele wie man Kunden hat) und der Hauptzweck der Persona darin liegt, in Unternehmen kundenorientiertes (oder wie im Englischen kundenzentriertes) Denken, Entscheiden und Handeln zu implementieren, gilt die Faustregel: So wenig wie möglich und nötig! Im B2C-Geschäft gilt als Orientierung, circa 80-90 Prozent der relevanten Zielgruppen abgedeckt zu haben. Das schaffen Sie aus unserer Erfahrung mit circa vier bis sechs in sich verschiedenen Personas. Wenn Sie damit nicht auskommen, sollten Sie ihre Marktdefinition überprüfen!

So wenig Personas wie möglich und nötig

Bei B2B-Beziehungen sollten a) alle unterschiedlichen Rollen und b) innerhalb der einzelnen Rollen zwei bis drei abgrenzbare Personas beschrieben sein. Danach nimmt die Wahrscheinlichkeit, noch relevante neue Informationen und Perspektiven zu entdecken, so deutlich ab, dass der entsprechende Mehraufwand nicht gerechtfertigt ist.

B2C und B2B haben andere Anforderungen

Die Fallstricke?

Die Stärke der Design-Personas ist es, neben datenbasierten Informationen auch Bedürfnisse, „Schmerzen" in der Geschäftsbeziehung und Erwartungen der Kunden und Interessenten, also Emotionen abzubilden. Die Herausforderung: Wie finde ich Emotionen heraus? Wann sind diese relevant versus einfach nur störender „Noise"? Und wie schaffe ich es, aus diesen Emotionen objektivierbare Handlungen abzuleiten? Einfache Antworten gibt es auch hier nicht.

Starten Sie mit
der Befragung
Ihrer Mitarbeiter
Wichtig ist vielmehr, sich bei der Anwendung des Instruments „Persona" immer wieder genau diese Fragen zu stellen und Annahmen entsprechend bewusst und aktiv zu hinterfragen. Der Startpunkt ist jedoch sehr einfach: Fragen Sie Ihre Mitarbeiter. Insbesondere Kollegen mit regelmäßigem Kundenkontakt (insbesondere Service und Außendienst) wissen in der Regel sehr genau, wie es den Kunden geht, welche Schmerzen sie haben, welche Emotionen sie in welcher Phase der Geschäftsbeziehung zeigen – im schlimmsten Fall werden sie jeden Tag angeschrien und können ganz genau sagen, was Kunden frustriert.

Ähnlich ist es mit der berühmten Klischeefalle. Immer wieder gibt es den Moment in Workshops, in denen sich die Teilnehmer bewusst sind, wie sehr sie gerade für bestimmte Kundengruppen bekannte Klischees reproduzieren. Das Dilemma: Klischees haben sehr oft einen richtigen Kern, der genau dem entspricht, was mit Personas beschrieben werden soll – typische Verhaltensweisen spezifischer Zielgruppen. Und in der Beschreibung von Personas ist es üblich, Charakteristika bewusst zu überzeichnen, um relevante Informationen und resultierende Ableitungen zu identifizieren.

Gleichzeitig besteht immer die Gefahr, durch Reproduktion allgemeiner Vorurteile (zum Beispiel „ÖPNV-Nutzer können sich kein Auto leisten."; „Alle Frauen telefonieren gern" et cetera) zu falschen Annahmen zu kommen und im Kern Kunden dann doch nicht so zu verstehen, wie es notwendig und erwünscht ist.

Auch hier hilft vor allem eines: Annahmen immer wieder und aktiv hinterfragen. Erfahrung zeigt, dass in gut gemischten Teilnehmergruppen bei den Workshops schnell auch Mitarbeiter dabei sind, die getroffene Annahmen auf den Prüfstand stellen. Diese Diskussionen sind wichtiger Bestandteil des Erarbeitungsprozesses und ein guter Indikator, dass Sie nicht in diese Falle tappen.

Hier zeigt sich jedoch auch, weshalb es sinnvoll ist, diese Aktivitäten zu Beginn im Unternehmen selbst zu starten und eigene Kunden nicht zu früh zu beteiligen. Dies mag nicht intuitiv erscheinen – immerhin geht es um ein Instrument für mehr Kundenorientierung. Überlegen Sie sich einfach, wie Sie selbst reagieren würden, wenn Sie in einer großen Tiefe analysiert werden und Annahmen getroffen werden, die gegebenenfalls überzeichnete Charakteristika und Klischees beinhalten – zutreffend und gleichzeitig vielleicht nicht unbedingt schmeichelnd.

Natürlich ist es immer ratsam, die Ergebnisse zum Beispiel auf Basis von Fokusgruppen und Kundeninterviews zu validieren. Aber Achtung: Standardverfahren helfen hier nicht, sondern es sollten elaboriertere Verfahren wie zum Beispiel Means End- oder Conjoint analytische Methoden zum Einsatz kommen.

Der größte Fallstrick in der Praxis liegt aber – wie bei allen Change-Themen – in den Organisationen selbst (siehe nächsten Abschnitt „Praxis, Herausforderungen und andere Ansätze"): Wenn die Personas nicht durchgängig in der Organisation akzeptiert und verwendet sowie keine Maßnahmen ergriffen werden, die den Menschen und Unternehmensbereichen Hilfestellung bei der Verwendung der Personas geben, dann werden die Personas ihr großes Potenzial nicht entfalten.

Die größten Fallstricke in der Praxis liegen in der Organisation selbst

Die Methodik ist im Wesentlichen eine Reduktion verfügbarer Daten mit dem Ziel Muster zu erkennen, die für ein effizienteres und effektiveres Marketing genutzt werden können. Vorsicht vor unzulässigen Rückschlüssen auf einzelne Individuen. So selbstverständlich es scheinen mag: Einer Gruppe zugeordnet zu sein bedeutet maximal, ein gewisses Maß an Übereinstimmung. In der individuellen Kommunikation kommen Sie nicht umhin, weiterhin persönlich und bezogen auf die Einzelperson zu kommunizieren und gegebenenfalls zu Rückschlüssen zu kommen, die nicht verallgemeinerbar sind.

In der Praxis, Herausforderungen und andere Ansätze

Historisch sind die hier besprochenen Design Personas als Bestandteil des Customer Journey Mapping entwickelt worden. Hier geht es darum, zu verstehen, was Kunden oder potenzielle Kunden auszeichnet und hieraus ableiten, wie sich diese durch die Kundenreise hindurch typischerweise verhalten. Identifiziert werden können einerseits Möglichkeiten, die Kundenerfahrung an relevanten Touchpoints besser zu machen und damit die Kundenbeziehung auszubauen. Andererseits können auf diesem Weg auch Potenziale aufgedeckt werden, durch innovative Ansätze bestehende Lücken kreativ zu schließen oder Gesamtkundenerfahrungen komplett neu zu gestalten und sich damit einen Wettbewerbsvorteil zu erarbeiten. Da Produkte und Services Teile der Journey sind, greifen auch viele Teilmethoden – wie zum Beispiel das Design Thinking – und nach wie vor deren Ursprung, die Softwareentwicklung (User Personas) auf das Persona-Konzept zurück.

Design Personas als Basis für die Customer Journey

Personas als Instrument der Kundenorientierung und Customer Experience Management: Generell sind Personas ein hervorragendes Instrument, um Kundenorientierung im Unternehmen als Bestandteil der Kultur zu verankern und auszubauen. Die einfach verständliche Art, „echte Kunden" inhaltlich und auch grafisch darzustellen, hilft Mitarbeitern, sich innerhalb ihrer eigenen Verantwortung in Kunden hineinzuversetzen und bessere, auf Kunden ausgerichtete Produkte, Service, Prozesse und so weiter zu entwickeln. Dafür ist es sehr empfehlenswert, entwickelte Personas so aufzubereiten, dass diese im Rahmen allgemeiner interner Kommunikation (Boards, Newsletter et cetera) effektiv eingebaut werden können, um diese kontinuierlich präsent zu halten. Demzufolge sind Personas fester Bestandteil von Customer-Experience-Management-Programmen als aktueller Ausprägung der Kundenorientierung.

Personas im CRM verankern: Wenn die Qualität verfügbarer Daten es zulässt, ist es empfehlenswert, zum Beispiel im CRM Prospects, Leads und Kunden die definierten Personas zuzuordnen. Dies hilft einerseits bei der Validierung und weiteren Qualifizierung. Vor allem ermöglicht es jedoch insbesondere Marketing, Vertrieb und Service-Teams, im täglichen Kontakt noch präziser zu entscheiden, welche Angebote für individuelle Kunden relevant sind (X-/Upselling) oder welche Kundenansprache wann die richtige ist und welche Erwartungen an einen „perfekten Service" bestehen. Wichtig: Hier gelten natürlich die bekannten Regeln zur Speicherung und Verarbeitung von personenbezogenen Daten. Bitte genau prüfen, welche Daten Sie speichern dürfen und wollen sowie wie diese verknüpft sein sollen.

Personas in der externen Kommunikation: Da gute Personas präzise Abbilder der Zielgruppe sind, gibt es viele erfolgreiche Anwendungen dieser Prototypen und deren Visualisierung in der externen Kommunikation. Voraussetzung dafür ist, dass im Charakter der Persona kein ausgeprägter, von der Persona stark abweichender Fremdbildbezug vorhanden ist.

Organisationelle Verankerung und Daten sind die größten Herausforderungen: In einer Untersuchung von 2016 hat cintell neben Erfolgsfaktoren vor allem auch herausgearbeitet, was die größten Herausforderungen für Unternehmen mit der Anwendung von Personas sind:

Vier Herausforderungen für Unternehmen mit der Anwendung von Personas

1. Unternehmen als Gesamtorganisation müssen Personas als wertvolles Instrument annehmen.

2. Teams müssen lernen, Personas in ihrer täglichen Arbeit aktiv einzusetzen.
3. Gewonnene Erkenntnisse müssen mit quantitativen Daten validiert werden.
4. Externe Daten zur Erarbeitung von Personas werden benötigt.

Hier bestätigt sich einerseits die Erfahrung der Autoren aus dem übergeordneten Customer Experience Management: Wichtig für den erfolgreichen Einsatz der Werkzeuge für mehr Kundenorientierung ist das Buy-in des Top-Managements sowie die Verankerung in der Unternehmenskultur. Gleichzeitig wird jedoch der Datenverfügbarkeit und -qualität eine Bedeutung zugesprochen, die aus unserer Erfahrung hilfreich jedoch nicht zwingend notwendig ist – insbesondere, wenn es darum geht, mit dem Werkzeug „Persona" im Unternehmen erste Erfahrungen zu sammeln und erste Erfolge zu erreichen. Letzteres hilft – so unsere Beobachtung aus Projekten – erheblich, die notwendige Aufmerksamkeit und Akzeptanz im Gesamtunternehmen schnell zu erreichen.

Kundenbeziehungen basieren auf Emotionen und sind mehr als die Summe einzelner „Jobs": Wenn wir Personas als ein Instrument betrachten, Kundenbedürfnisse zu verstehen und diesen entsprechend gerecht zu werden, finden sich natürlich schnell auch andere Ansätze, die von sich sagen, diese Aufgabe noch besser zu erfüllen. Dies trifft aktuell insbesondere auf den „Job to be done"-Ansatz (J2bd) von Clayton M. Christensen zu [4]. Grundthese ist, dass selbst individuelle Kunden zu unterschiedlichen Zeitpunkten divergierende Interessen und Bedürfnisse haben und es deshalb darauf ankommt, diese spezifischen Aufgaben zu erkennen und zu erfüllen. „Er/sie hat eine zu erledigende Aufgabe und wählt das Produkte oder die Dienstleistung danach aus, welche(s) den ‚Job' am besten erledigt."

„Job to be done"-Ansatz berücksichtig die unterschiedlichen Zeitpunkte

Wenn es nur darum geht, einzelne Produkte oder Dienstleistungen kundenorientiert zu entwickeln und erfolgreich zu vermarkten, ist dieser Ansatz extrem tragfähig. Geht es jedoch um Kundenbeziehungen zum Unternehmen beziehungsweise zur Marke als Ganzes, basieren diese auf der Summe aller Teilerfahrungen, positiven wie negativen Emotionen, die zu einem Gesamtbild aggregiert werden sowie allen Kontexten, in denen das stattfindet. Insofern ist der J2bd kein alternativer, sondern ein komplementärer Ansatz, da unterschiedliche Jobs unterschiedliche Kontexte darstellen, die bei ihrer Existenz unbedingt Teil der Persona sind.

☑ Checkliste

- ☐ Stellen Sie sicher, dass Sie einen starken Promotor für das Thema haben.

- ☐ Definieren Sie das Ziel und die Struktur der Persona-Entwicklung.

- ☐ Sammeln und fangen Sie alle Menschen und Themen im Unternehmen beziehungsweise Unternehmensbereichen ein, die mit dem Konzept (und auch keinen Alternativen) arbeiten sollen.

- ☐ Entwickeln Sie Personas zuerst mit dem Wissen Ihrer eigenen Mitarbeiter.

- ☐ Stellen Sie sicher, dass Mitarbeiter aus allen wichtigen Bereichen des Unternehmens und insbesondere mit eigenen Kundenerfahrungen beteiligt sind.

- ☐ Seien Sie pragmatisch – arbeiten Sie mit Informationen, die verfügbar sind.

- ☐ Formulieren Sie Personas immer in Kundensprache.

- ☐ Validieren Sie Personas mit weiteren verfügbaren internen sowie externen Daten.

- ☐ Überlegen Sie genau, wann der richtige Zeitpunkt ist, Kunden aktiv einzubeziehen.

- ☐ B2B: Denken Sie in zwei Ebenen – Rollen und Personen, die diese Rollen typischerweise ausfüllen.

- ☐ Hinterfragen Sie identifizierte Emotionen und reproduzierte Klischees aktiv und immer wieder.

- ☐ Bereiten Sie Personas grafisch so auf, dass jeder Mitarbeiter schnell ein Verständnis und eine Verbindung zu der Persona aufbauen kann und sorgen Sie für Sichtbarkeit und Präsenz der Personas im Unternehmen.

- ☐ Unterstützen Sie die Organisation bei der Nutzung der Personas.

- ☐ Verbinden Sie CRM-Daten und Personas.

- ☐ Teilen Sie regelmäßig Erfolge aus der Nutzung der Personas im Unternehmen.

- ☐ Kundenbedarfe ändern sich. Überprüfen Sie Ihre Personas regelmäßig.

Fazit

Brauchen Sie Personas? Wenn Kundenorientierung in Ihrem Unternehmen fest verankert ist und durchgängig gelebt wird, Sie Ihren Kunden die richtige Experience bieten, Sie mit Neukundengewinnung, Kampagnenerfolgen, Retention und Kundenentwicklung zufrieden und erfolgreich sind: vielleicht nicht. Ansonsten sollten Sie darüber nachdenken. Das Schöne daran: Das Konzept und seine Methoden sind bewährt; mit Aufwand verbunden, aber nicht komplex; und schon der Weg ist ein Teil des Ziels. Viel Erfolg!

Persona-Konzept und seine Methoden sind bewährt

Literatur

[1] Cooper, A. (1998/2004): The Inmates Are Running the Asylum – Why High Tech Products Drive Us Crazy and How to Restore the Sanity. 2004, 2nd edition, Sams Publishing (Verlag).

[2] Sinus (2018): Sinus-Milieus® Deutschland. https://www.sinus-institut.de/ sinus-loesungen/sinus-milieus-deutschland/ – Zugriff 07.08.2018

[3] cintell (2016): Benchmark-Studie B2B: Understanding B2B Buyers – The 2016 Benchmark Study. http://cintell.net/2016-benchmark – Zugriff 07.08.2018

[4] Christensen, C. M. (2017): Besser als der Zufall - Jobs to Be Done – die Strategie für erfolgreiche Innovation. 1. Aufl., Plassen Verlag.

Welche Unternehmen können es sich schon leisten, nicht regelmäßig neue Interessenten (Leads) zu generieren und diese zu Kunden zu entwickeln. Das war schon immer eine große Herausforderung für Unternehmen. Aber unter dem Einfluss der Globalisierung ist diese Aufgabe nicht gerade einfacher geworden.

Die Digitalisierung hat das Kaufverhalten verändert

Erschwerend kommt dazu, dass die Digitalisierung, das Internet und die Social-Media-Plattformen das Kaufverhalten drastisch verändert haben. Potenzielle Interessenten suchen, bewerten und entscheiden heute anders als früher. 80-90 Prozent aller Käufe im B2B werden heute schon durch eine Webseite beeinflusst. Das heißt natürlich nicht unbedingt, dass das Walzwerk oder die Anlage im Internet gekauft werden. Aber die Recherche, die Meinungsbildung und die Auswahl der Anbieter finden überwiegend im Internet statt. SiriusDecisions – ein Marktforschungs- und Beratungsunternehmen – hat ermittelt, dass 67 Prozent der Führungskräfte bei der Suche nach einer neuen Lösung zuerst Onlinesuchmaschinen nutzen [1].

Noch bedeutender ist allerdings eine Zahl der Studie „Digital-Evolution im B2B-Marketing" [2]: Circa 60 Prozent des Kaufprozesses sind absolviert, bevor der Interessent Kontakt zum Vertrieb eines Anbieters aufnimmt. Wie gehen Unternehmen mit dieser Herausforderung um? Teilweise hilflos, teilweise mit Ignoranz. Nur wenige gehen diese Herausforderung mit Strategie und Plan an. Sie haben ihr Leadmanagement noch nicht oder nur unzureichend definiert und entsprechende Maßnahmen eingeleitet. Sie betreiben keine gezielte Interessentengenerierung oder nutzen nur die klassischen Wege zur Neukundengewinnung. Die klassischen Wege zur Neukundengewinnung (Outbound-Marketing), wie telefonische

Leadmanagement häufig noch nicht oder nur unzureichend definiert

Kaltakquise, Anzeigen funktionieren aber durch die Veränderungen im Kaufverhalten immer weniger und meist ineffizient.

Outbound-Marketing-Aktivitäten haben gemeinsam, dass

- sie den Empfänger unterbrechen und stören,
- der Empfänger in der Regel gerade keinen Bedarf für das Angebot hat,
- die Empfänger diese Nachrichten immer mehr und wirkungsvoller ausblenden,
- die Nachrichten meistens „Absender-zentriert" sind -> „Ego-Posting" [3],
- sie selten etwas anbieten, dass für den Empfänger im Moment der Sendung relevant oder hilfreich ist,
- die Konvertierungs- beziehungsweise Erfolgsquoten selten zufriedenstellend sind.

Das heißt nicht, dass diese Aktivitäten überhaupt nicht mehr für die Interessentengenerierung zu empfehlen sind. Sie liefern aber bessere Ergebnisse, wenn man sie in eine für das Unternehmen sinnvolle Leadmanagement-Strategie integriert und mit entsprechenden Inbound-Marketing-Aktivitäten (Wasserloch-Strategie) kombiniert. Modernes Outbound-Marketing baut auf den Profilen der Wunschkunden (Buyer Persona) auf und nutzt diese Informationen für eine optimierte Ansprache und das Angebot von relevanten Inhalten (Content-Marketing). Wie können sich Unternehmen auf die Veränderungen im Kaufprozess einstellen, neue Interessenten (Leads) generieren und ihre Marktpräsenz optimieren? Modernes Leadmanagement ist die Antwort.

Der Begriff Leadmanagement, also das Management der Interessenten von der Generierung bis zum Abschluss, ist nicht neu. Aber erst seit wenigen Jahren gewinnt er durch die Veränderungen im Kaufverhalten und die Möglichkeiten, die die „neuen" Medien und Plattformen bieten, eine ganz neue Bedeutung. Produkte beziehungsweise Plattformen für Leadmanagement, Inbound-Marketing oder Marketing-Automation bieten Unternehmen sehr gute Möglichkeiten, den Lead-Prozess zu optimieren und zu automatisieren.

Plattformen bieten gute Möglichkeiten, den Lead-Prozess zu optimieren

Definition Leadmanagement

Leadmanagement umfasst alle Maßnahmen, von der Strategie und Zielsetzung, über die Leadgenerierung bis zur Entwicklung der Interessenten zum Kauf beziehungsweise Abschluss. Wurde ein Interessent zum Kunden entwickelt, kann der Prozess auch wieder von Neuem beginnen. Hat der Kunde Potenzial für ein hochwertigeres (Up-Selling-) oder anderes (Cross-Selling-)Angebot, wird er wieder zum Lead für einen neuen Kaufprozess.

Ist der Interessent Kunde, kann der Leadmanagement-Prozess neu beginnen

Um diese Möglichkeiten zu nutzen, müssen sich Unternehmen aber mit der Leadmanagement-Methode beschäftigen, sie für ihre Anforderungen adaptieren und den Prozess in der eigenen Organisation implementieren.

Der Leadmanagement-Prozess

Generell gliedert sich der Leadmanagement-Prozess in vier Phasen:

- Strategie/Konzeption
- Leadgenerierung
- Lead-Entwicklung
- Abschluss/Kauf/Bestellung

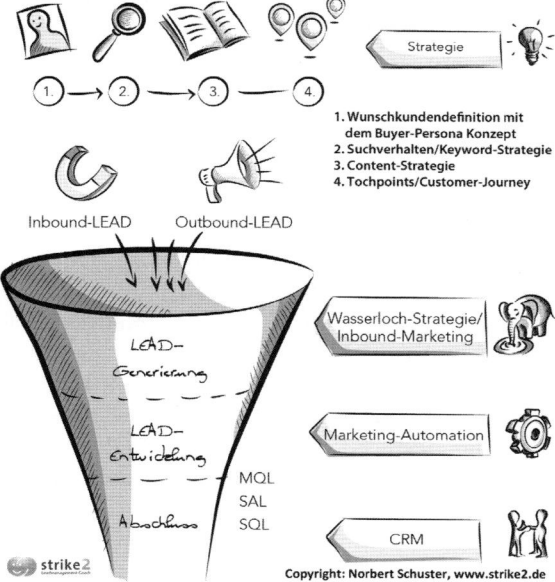

Abb. 1: Leadmanagement-Prozess [4]

Leadmanagement Strategie / Konzept

Die Strategie- beziehungsweise Konzeptionsphase ist wichtig, um die Ziele, das Umfeld und die Herausforderungen Ihres Unternehmens zu erfassen. Sie gliedert sich in die vier Elemente:

- Wunschkundendefinition und Profilierung / Buyer Persona
- Suchverhalten der Buyer Persona / Keyword-Analyse
- Inhalte und Mehrwerte / Content-Marketing
- Kundenkontaktpunkte / Touchpoints

Leadgenerierung

Kombinieren Sie Inbound- mit Outbound-Marketing-Maßnahmen, um mehr und bessere Leads zu generieren. Achten Sie dabei aber bitte auf die passende Buyer-Persona-Ansprache und die Relevanz der angebotenen Inhalte.

Die Wasserloch-Strategie

In dieser Phase kommt die Wasserloch-Strategie zum Tragen. Was hat ein Wasserloch mit Neukunden zu tun? Stellen Sie sich vor, Sie wären ein Fotograf und hätten den Auftrag, Elefanten in freier Wildbahn zu fotografieren. Was tun Sie, um diesen Auftrag zu erfüllen? Sie können durch den Busch, die Savanne und den Dschungel laufen, bis Sie einen Elefanten gefunden haben. Dann bekommen Sie Aufnahmen von einem Elefanten. Im übertragenen Sinn: Sie haben mit einer Outbound-Maßnahme (telefonische Kaltakquise und Co.) einen neuen Interessenten generiert. Der Nachteil: Wenn Sie weitere Elefanten fotografieren beziehungsweise Interessenten gewinnen möchten, beginnt der Vorgang von vorn und Sie wissen nicht, ob Sie jedes Mal das Glück haben, einen Elefanten mit akzeptablem Zeitaufwand und Ressourceneinsatz zu finden.

Sorgen Sie dafür, dass die Kunden zu Ihnen kommen

Vielleicht erahnen Sie schon das Konzept der Wasserloch-Analogie. Statt auf die Suche beziehungsweise „Jagd" zu gehen, sorgen Sie dafür, dass die Elefanten zu Ihnen kommen. Die erfolgversprechendste Methode: Sie bauen ein Wasserloch und sorgen dafür, dass die Elefanten den Duft des Wassers schnuppern. Sie können sogar noch Schilder mit einem großen blauen „W" aufstellen und so auf Ihr Wasserloch hinweisen. Das funktioniert bei dem großen gelben „M" eines bekannten Fastfood-Herstellers auch wunderbar. Wenn Sie ein Wasserloch bauen möchten, müssen Sie sich zwar erst einmal um Themen kümmern, die vordergründig nichts mit Elefanten zu tun haben (Loch graben und so weiter) und Sie bekommen wahrscheinlich in den ersten Tagen auch noch keinen Elefanten zu Gesicht.

Wenn Ihr Wasserloch aber fertig ist, sehen Sie jeden Tag Elefanten. Sie sehen kleine und große Elefanten. Sie sehen Elefanten in den verschiedensten Lichtstimmungen und in den verschiedensten Konstellationen. Eventuell werden Sie sogar feststellen, dass Ihr Wasserloch auch andere Tiere anzieht. Aber vielleicht kann man ja auch mit Bildern von Giraffen Geld verdienen?

Ein weiterer Vorteil dieser Methode ist, dass Sie diesen Prozess DSGVO (Datenschutzgrundverordnung) konform aufsetzen können und so Leads mit Opt-in (Erlaubnis, dem Empfänger Inhalte per E-Mail senden zu dürfen) generieren können, die Sie auch für weitere Prozesse oder Kampagnen nutzen können. Um den Opt-in nicht zu verlieren, sollten Sie aber unbedingt auf die Relevanz Ihrer Inhalte und die Frequenz Ihrer Aussendungen achten. Ihr wichtigstes Wasserloch kann Ihre Webseite sein. Stärken können Sie den Wasserlocheffekt (Inbound-Marketing) mit einem Blog und Social-Media-Präsenzen. Das Wasser im Wasserloch steht für Ihren Content, der für Ihre Wunschkunden relevant, hilfreich oder unterhaltend sein sollte.

Kampagne DSGVO konform aufsetzen

Interessenten-Entwicklung

Nach der Generierung von Leads geht es in dieser Phase darum, dass das Marketing den Interessenten solange individuell, aber automatisiert qualifiziert, bis er „reif" für die Übergabe an den Vertrieb ist und den Status MQL (Marketing Qualified Lead) erreicht. Dafür nutzen Sie relevanten Content und Interessenten-Entwicklungsprozesse in der Marketing-Automation-Plattform.

Abschluss/Verkauf/Bestellung

Wurde der Interessent an den Vertrieb übergeben und hat der Vertrieb den Lead akzeptiert, erlangt er den Status des SAL (Sales Accepted Lead) und wird nun durch den Vertrieb qualifiziert und bis zum Abschluss entwickelt. Zur Qualifizierung im Vertrieb können Sie zum Beispiel die klassischen B.A.N.T.-Kriterien nutzen.

B.A.N.T.-Kriterien:

- B = Budget
  Hat der Interessent das Budget beziehungsweise darf er über das Budget entscheiden?

- A = Authority
  Sprechen Sie mit der richtigen Person, dem Entscheider? Welche Rolle hat er im Buying-Center des potenziellen Kunden?

- N = Need
  Hat der Interessent akutes Interesse und haben Sie die richtige Lösung für ihn?

- T = Time
  Wann wird der Interessent kaufen beziehungsweise bestellen?

Leadmanagement im Vertrieb

Marketing und Vertrieb müssen zusammenarbeiten

Modernes Leadmanagement unterstützt nicht nur das Marketing. Der Leadmanagement-Prozess muss durchgängig im Vertrieb weitergeführt werden. Wurde der Lead vom Marketing/Marketing Automation an den Vertrieb/CRM-System übergeben, beginnt der zuständige Vertriebsmitarbeiter mit der Betreuung und Qualifizierung. So erreicht der Lead den Status „SQL – Sales qualified Lead". Diese Phase SQL kann sich je nach Unternehmen und Vertriebsbereich beispielhaft in diese Einzelschritte im Vertriebsprozess gliedern:

- Erstkontakt
- Bedarfsanalyse
- Präsentation
- Engineering
- Angebotserstellung/Forecast
- Teststellung
- Wiedervorlage
- Kauf/Abschluss
- After Sales
- Wiederkauf
- Up-/Cross-Selling

Sales Automation/Funnel Management

In einigen dieser Phasen kann der Vertrieb mit relevantem Content durch das Marketing unterstützt werden. Die Content-Bausteine kann der Vertrieb direkt in der Kommunikation mit dem Interessenten nutzen oder durch die Marketing-/Sales-Automation-Plattform ausspielen lassen. In diesem Fall werden die Content-Bausteine entsprechend des Stadiums des Interessenten im Vertriebsprozess automatisch oder getriggert durch den Vertriebsmitarbeiter durch die Marketing-Automation-Lösung ausgespielt.

Marketing/Vertriebs-Alignment

Basis für ein erfolgreiches Leadmanagement ist die enge Zusammenarbeit von Marketing und Vertrieb und eine entsprechende Leadmanagement-Strategie. Die alten „Kämpfe" zwischen Marketing und Vertrieb sind kontraproduktiv.

Vertrieb über Marketing	Marketing über Vertrieb
„Das Marketing malt doch nur bunte Bilder und organisiert Events."	„Der Vertrieb fährt doch nur in der Gegend herum."
„Das Marketing liefert uns keine oder schlechte Leads."	„Der Vertrieb kümmert sich nicht um unsere Leads, die wir mit viel Mühe generiert haben."
„Das Marketing weiß nicht, was wir im Vertrieb benötigen."	„Der Vertrieb pickt sich doch nur die Perlen heraus."

Diese Grabenkämpfe helfen Unternehmen nicht, ihre gesetzten Ziele zu erreichen. Das Marketing und der Vertrieb müssen an einem Strang, in eine Richtung ziehen. Der gemeinsamen Definition und Profilierung von Wunschkunden kommt dabei eine wichtige Bedeutung zu. Wichtig sind aber auch die Vereinbarungen über die Stufen des Verkaufsprozesses, die Parameter für die Übergabe der Leads vom Marketing an Teleprospecting und/oder den Vertrieb und die Reaktionszeiten. Diese Parameter dokumentieren Marketing und Vertrieb am Besten in Form eines „Service Level Agreements" (SLA).

Den Wunschkunden definieren

Wunschkundendefinition

Ein gutes Instrument, um Marketing und Vertrieb auf ein erfolgreiches Leadmanagement einzustimmen, ist die gemeinsame Definition von Wunschkunden. Die klassische Zielgruppendefinition reicht für ein erfolgreiches Leadmanagement nicht aus. Das Buyer-Persona-Konzept eignet sich aber sehr gut, um den idealen Interessenten beziehungsweise den Wunschkunden zu definieren. Das Buyer-Persona-Profil muss aber aussagekräftig sein. Ein „Einseiter" mit allgemeinen Informationen wie „Peter ist Mitte 40, ist verheiratet und hat zwei Kinder, fährt gerne Cabrio, hört Klassik, ..." ist nicht zielführend. Ein detailliertes Buyer-Persona-Profil hat einen Umfang von circa sechs bis acht DIN-A4-Seiten und enthält Informationen, von denen man Content, Prozesse und Aktivitäten ableiten kann.

Das Buyer-Persona-Konzept ist ein Käufermodell, das typische beziehungsweise gewünschte Kunden beschreibt. Wenn ich Ihnen 50 Personen in Ihren Meeting-Raum „beamen" könnte, welchen Kundentypus hätten Sie gerne? Wer würde am einfachsten, am schnellsten, am wahrscheinlichsten bei Ihnen kaufen beziehungsweise Sie beauftragen? Bei welchem Kundentypus hätten Sie den höchsten Deckungsbeitrag? Wählen Sie am besten einen bestehenden Kunden aus, von dessen Typus Sie gerne mehr gewinnen möchten. Oder wählen Sie einen Kundentypus, den Sie bisher noch nicht erreicht haben. Nutzen Sie einen Namen und ein Bild als „Platzhalter". Das kann ein bestehender Kunde (Sabine Wagner, Marketingleiterin bei der XY Software AG) sein. Oder definieren Sie einen „Platzhalter" wie zum Beispiel „Kurt Konstrukteur", „Ingo Ingenieur" oder „Peter Produktionsleiter". Das hilft Ihrem Team, das „Ego-Posting" zu verhindern und sich auf die Buyer Persona einzustellen.

Definition Ego-Posting

Der Begriff „Ego-Poster" beziehungsweise „Ego-Posting" ist eine Wortkreation, der das Verhalten von vielen Unternehmen und Personen im Internet und in den Social-Kanälen beschreibt. Leicht erkennbar am intensiven Gebrauch der Worte: „ich", „wir", „unsere" und so weiter und einer Auflistung von Features und Kaufaufforderungen. Der Ego-Poster schreibt und postet nur aus der Ego-Perspektive. Er kommuniziert nur über die eigenen Produkte, Vorzüge und Angebote ohne Bezug zu seinen Wunschlesern beziehungsweise Wunschkunden (Buyer Persona).

Das Ego-Poster schreibt nur aus der Ego-Perspektive

Sammeln Sie detaillierte Informationen über Ihre Wunschkunden/Buyer Personas, zum Beispiel

- Profil: Position, Branche, Firmengröße
- Verantwortungsbereich
- Persönlichkeitsmerkmale
- Verhaltenspräferenzen und Motivatoren
- Schmerzpunkte und Motivstruktur
- Suchverhalten und Schlüsselwörter
- Kaufprozess und Entscheidungskriterien

und erstellen Sie daraus aussagekräftige Profile. Die gesammelten Daten sollten Sie aber auf jeden Fall auch mit „echten" Vertretern der Buyer Persona verifizieren. Dazu können Sie telefonische Interviews, Besuche, Events oder Kundentage nutzen. Kommunizieren Sie Ihre Buyer-Persona-Profile intern beispielsweise in Form von Postern und Präsentationsfolien.

Abb. 2: Beispiel Buyer-Persona-Profil-Präsentation [5]

„Marketing sollte schon immer die Kunden verstehen. In Zeiten von Internet und Social Media reicht es aber nicht mehr aus, nur Empathie und Einfühlungsvermögen für den Kunden aufzubringen. Marketing muss für den Prozess vom „Cold to Close" profundes Wissen über die potenziellen Kunden und ihr Stadium im Kaufprozess aufbauen." [6]

Content-Marketing – Inhalte und Mehrwerte

Aus den gesammelten Informationen über Ihre Buyer Persona(s) können Sie im nächsten Schritt ableiten, welche Inhalte und Mehrwerte Sie erstellen und platzieren sollten. Wenn diese Inhalte und Mehrwerte für Ihre Persona(s) relevant und attraktiv sind, helfen sie Ihnen dabei:

- von Ihren Wunschkunden gefunden zu werden,
- anonyme Webseitenbesucher zu „bekannten" Interessenten zu konvertieren,
- Ihre Kampagnen und Aktionen zu optimieren,
- Ihre Leads durch den Verkaufstrichter bis zur „Vertriebsreife" zu entwickeln,
- Ihren Vertrieb noch besser auf Ihre Wunschkunden einzustellen und so die Abschlussquote zu erhöhen.

Viele Unternehmen erstellen und platzieren Inhalt, die nicht für die adressierte Buyer Persona oder das jeweilige Stadium im Kaufprozess geeignet sind. Die Inhalte befassen sich überwiegend mit dem Unternehmen und den Angeboten des Unternehmens. Für die Leadgenerierung ist es aber viel zielführender, Inhalte anzubieten, die weiter vorne im Kaufprozess ansetzen. So erreichen Sie viel mehr potenzielle Interessenten und diese auch noch im frühen Stadium des **Den Kunden** Kaufprozesses. Ein weiterer Vorteil bei diesem frühen Abholen der **„abholen"** Interessenten ist es, dass in diesem frühen Stadium des Kaufprozesses Ihre Marktbegleiter wahrscheinlich noch nicht präsent sind.

Je nach Buyer Persona(e) können Sie folgende Formate nutzen:

- Leitfaden/Ratgeber
- Whitepaper
- Video
- Podcast
- Application Note

- Anwenderbericht
- Leitfaden zur Auswahl einer Lösung

Touchpoints

Ein wichtiger Teil Ihrer Leadmanagement-Strategie sind die Kanäle, in den Sie aktiv werden und Ihre Inhalte platzieren. Platzieren Sie Ihre Inhalte dort, wo sich Ihre Buyer Persona bewegt und informiert. Basis für alle Leadgenerierungsmaßnahmen ist Ihre Firmenwebseite. Dort beeinflussen Sie, wie Sie von den Suchmaschinen gefunden werden und ob Ihre Wunschkunden den Kontakt zu Ihnen aufbauen möchten. Je nach Umfeld und Buyer Persona(s) können folgende Kanäle beziehungsweise Plattformen auch sinnvoll für Ihre Leadgenerierung sein:

- Firmen- oder Themen-Blog
- Social-Media-Kanäle – im B2B-Bereich bevorzugt Xing
- Newsletter-Marketing – next Level E-Mail-Marketing
- Standalone Newsletter
- SEA/AdWords
- Videoportale – YouTube, vimeo & Co.
- VideoPush-System – zum Beispiel www.vmailservices.com
- Pressearbeit – Presseportale
- Fachportale

Interessentenentwicklung – Lead-Nurturing

In dieser Phase des Leadmanagement-Prozesses geht es darum, den Interessenten bis zur „Vertriebsreife" zu entwickeln. Nur die wenigsten Leads sind nach der Konvertierung schon „reif" für den Kontakt mit dem Vertrieb. Ich nenne das auch den „Grüne-Bananen-Effekt". Der Interessent interessiert sich für ein Thema oder einen Produktbereich, will sich aber meist erst einmal „nur informieren". Nimmt der Vertrieb in dieser Phase schon Kontakt auf, kann er den Interessenten unter Umständen „überfordern" und stuft den Lead dann als „schlecht" ein. Dabei mangelt es in dieser Phase oft nicht an der Qualität der Leads. Sie werden einfach nur zu früh und falsch angesprochen. Die Bananen benötigen ja auch die Reifezeit während des Transports von der Plantage bis in unsere Obstregale, um zu reifen und ihre gelbe Farbe zu entwickeln.

Lead nicht zu früh und falsch ansprechen

125

Diese „Lead-Reifung" beziehungsweise Lead-Entwicklung erreichen Sie mit „Lead-Nurturing". Mit Lead-Nurturing bieten Sie Ihrem Interessenten die passenden, relevanten Informationen zum richtigen Zeitpunkt im Kaufprozess an und entwickeln ihn bis zur „Kauf- beziehungsweise Vertriebs-Reife". Idealerweise läuft dieser Prozessschritt automatisiert ab. In dieser Phase kommen die Marketing-Automation-Systeme zum Einsatz. In den verschiedenen Stufen des Nurturing-Prozesses können Sie bei Ihren Interessenten weitere Daten erfragen (Progressive-Profiling) und so das Interessentenprofil immer weiter zu vervollständigen. Außerdem können Sie dem Interessenten relevanten Content zu zum Beispiel Themen- oder Produktbereichen anbieten und ihn sich so quasi selbst qualifizieren lassen.

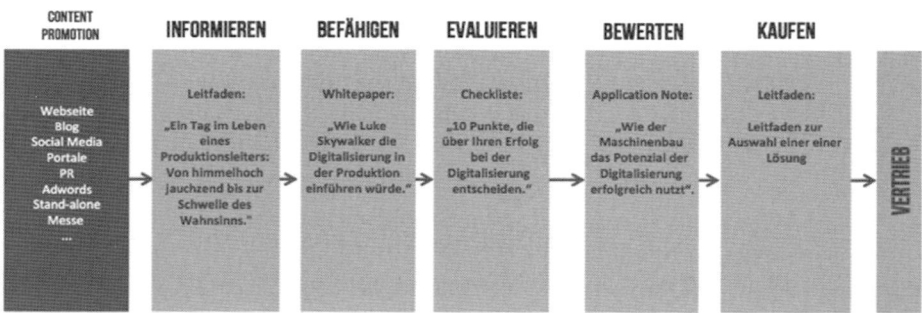

Abb. 3: Beispiel Lead-Nurturing-Prozess

Interessenten-Qualifizierung – Lead-Scoring

Haben Sie einen guten Lead generiert, wenn die E-Mail-Adresse auf ein Dax-Unternehmen schließen lässt? Oder ist es ein „schlechtes" Lead, wenn der Interessent eine anonyme Mailadresse nutzt? Die Mailadresse gibt Ihnen keinen Aufschluss über die Qualität Ihrer Interessenten. Die meisten Leads werden von Unternehmen nicht oder nur unzureichend bearbeitet. Entscheidend sind das Profil und das Engagement des Interessenten. Passt die Position, die Branche, die Firmengröße und so weiter – das explizite Scoring? Und lässt das Engagement des Interessenten auf ein ausreichendes Interesse schließen? Darüber gibt Ihnen das implizite Scoring Aufschluss. Dieses zweidimensionale Lead-Scoring-Modell gibt Ihnen Aufschluss über das Potenzial eines Interessenten für Ihren Abschlusserfolg. Es steuert die automatisierte Übergabe des

Scoring gibt Aufschluss über das Potenzial des Kunden

Interessenten vom Marketing an den Vertrieb beziehungsweise von der Marketing-Automation-Lösung zum CRM-System.

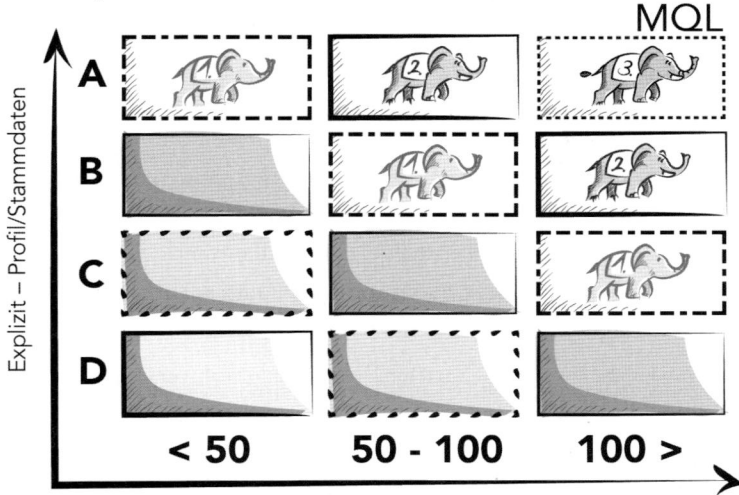

Abb. 4: Lead-Scoring-Modell [7].

Systeme und Plattformen

Die vollumfängliche und effiziente Umsetzung aller zuvor beschriebenen Schritte des Leadmanagement-Prozesses können nicht manuell erfolgen. Hierfür eignen sich entsprechende Leadmanagement- beziehungsweise Marketing-Automation-Softwareplattformen. Diese Plattformen helfen Unternehmen, Workflows und Kampagnen zu definieren und die Prozesse automatisiert und auswertbar zu betreiben.

Marketing-Automation-Plattformen unterstützen Sie beispielsweise bei:

- Kampagnenhandling
- Generierung und Entwicklung von Interessenten (Lead-Nurturing)
- Leadqualifizierung und Leadbewertung (Lead-Scoring)
- Leadsteuerung (Lead-Routing)
- Tracking, Messung und Reporting von Aktivitäten
- Anbindung an CRM-Systeme

Fazit

Mit modernem Leadmanagement:

- Generieren Sie mehr, bessere Leads.

- Führen Sie die richtigen Interessenten (Leads) durch den Verkaufstrichter (Funnel) zum gewünschten Ergebnis: Auftrag/Kauf/Bestellung.

- Betreuen Sie auch Ihre B- und C-Kunden automatisiert, individuell und erkennen Verkaufschancen rechtzeitig.

- Nutzen Sie Ihr Up-/Cross-Selling-Potenzial optimal.

- Entwickeln Sie mehr qualifizierte Interessenten bis zur Vertriebsreife.

- Kümmert sich Ihr Vertrieb um die erfolgversprechendsten Interessenten.

- Erhöhen Sie Ihre Vertriebseffizienz und generieren mehr Umsatz.

- Werden Ihre Marketing- und Vertriebsaktivitäten transparenter und der Beitrag zum Unternehmenserfolg messbar.

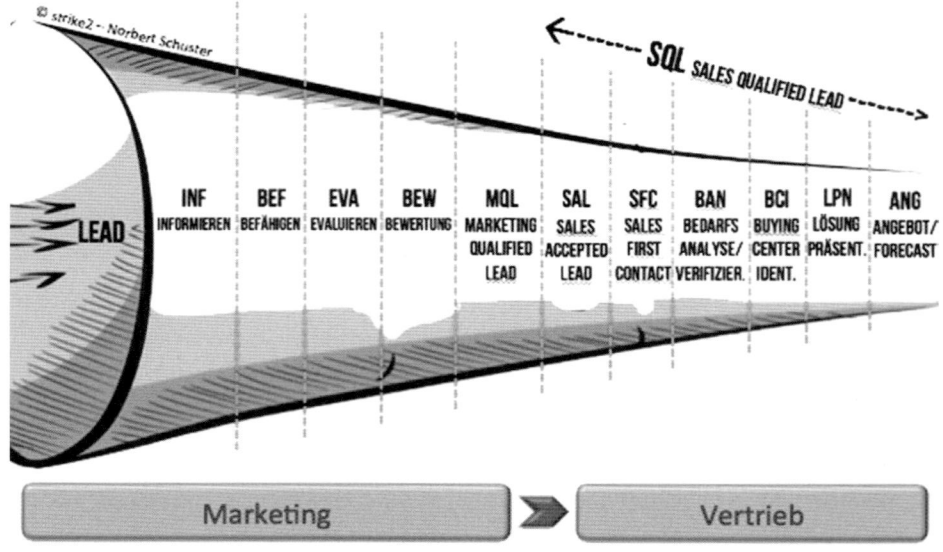

Abb. 5: „Advanced Leadmanagement Funnel" [7]

Handlungsempfehlung für erfolgreiches Leadmanagement

1. Starten Sie mit Plan und Strategie! – Dabei sollten Vertrieb und Marketing (eventuell auch Service und Produktmanagement) am Tisch sitzen.

2. Definieren Sie, wen Sie erreichen möchten. Die klassische Definition der Zielgruppe alleine reicht dafür nicht aus! Definieren Sie Ihre Wunschkunden mit dem Buyer-Persona-Konzept.

3. Erstellen Sie relevante und attraktive Inhalte für Ihre Wunschkunden – Leitfäden, Checklisten, Whitepaper, E-Books und so weiter.

4. Nutzen Sie Ihre Website, Ihren Unternehmens-Blog und die für Ihre Wunschkunden relevanten Touchpoints, um Reichweite aufzubauen und Ihre Inhalte zu verteilen.

5. Achten Sie darauf, dass Sie anonyme Webseitenbesucher zu „bekannten" Interessenten konvertieren. Tauschen Sie Ihre Inhalte gegen die Daten (Name, E-Mail) und das Opt-in des Interessenten.

6. Überlegen Sie, wie Sie Ihre Interessenten mit relevanten Inhalten durch den Verkaufstrichter entwickeln können. Bauen Sie dazu die entsprechenden Lead-Nurturing-Kampagnen auf.

7. Definieren Sie in Ihren SLAs (Service Level Agreements), wer, was, wann und wie in Ihrem Leadmanagement-Prozess zum gemeinsamen Erfolg beisteuern muss.

8. Entwickeln Sie Ihr Lead-Scoring-Modell und definieren Sie, wie Sie Interessenten und ihre Aktivitäten bewerten und wann der Interessent von der Marketing- in die Vertriebsbetreuung übergeben wird!

9. Bauen Sie ein effizientes Lead Routing auf, um Ihre Vertriebsmitarbeiter bestmöglich auf den Interessenten vorzubereiten und den potenziellen Kunden optimal zu betreuen.

10. Messen Sie, welche Aktivitäten, welche Ergebnisse produzieren und optimieren Sie die Aktivitäten entsprechend.

Literatur

[1] *Three Myths of the "67 Percent" Statistic, https://www.siriusdecisions.com/blog/three-myths-of-the-67-percent-statistic – Zugriff 18.07.2018*

[2] *Digital-Evolution im B2B-Marketing, https://www.cebglobal.com/marketing-communications/digital-evolution.html – Zugriff 18.07.2018*

[3] *Strike2: Ego-Posting, http://www.strike2.de/themen/glossar/ego-poster-egoposting/ – Zugriff 18.07.2018*

[4] *Strike2: Der Leadmanagement-Prozess, http://www.strike2.de/themen/leadmanagement/der-lead-management-prozess/ – Zugriff 18.07.2018*

[5] *Fotolia.com: © industrieblick. https://de.fotolia.com – Zugriff 06.08.2018*

[6] *Zitat von Julian Archer, SiriusDecisions*

[7] *strike2. http://www.strike2.de/ – Zugriff 30.07.2018*

Weiterführende Literatur

Schüller A./Schuster N.: Marketing-Automation für Bestandskunden: Mehr Umsatz mit der Wasserlochstrategie, Haufe Fachbuch, 2017.

Schuster N.: Leadmanagement Mit modernem Leadmanagement mehr qualifizierte Interessenten generieren und sie bis zum Abschluss entwickeln, marconomy EDITION. 2015.

Schuster N.: Die Inbound-Marketing-Methode, Books on Demand, 2012.

Relevanz im Content-Marketing

3

Claudia Hilker

Content-Marketing ist eine relevante Entwicklung für Unternehmen. Es basiert auf der Herausforderung, wirksame Inhalte zu planen und sie auf zielgruppenspezifische Kanäle zu teilen. Oftmals kämpft man in der Praxis zunächst noch mit grundsätzlichen Fragen:

- „Wir brauchen keine Content-Marketing-Strategie. Wir sind doch schon auf Facebook und posten da unsere Blog-Beiträge." Doch das reine Posten ohne Strategie wird keine unternehmerischen Erfolge bewirken.

  Posten mit Strategie

- Andere arbeiten mit blindem Aktionismus: „Wie erfolgreich unser Content-Marketing ist? Keine Ahnung, wir messen das nicht, aber der Erfolg kommt sicher noch."

So klingen die Vorbehalte gegen eine Strategieentwicklung in deutschen Unternehmen. Eine Content-Strategie kostet Ressourcen wie Zeit und Geld. Es müssen Kompetenzen erworben oder eingekauft sowie Strukturen und Prozesse angepasst werden.

Eine Content-Strategie kostet Ressourcen wie Zeit und Geld

Wie wird eine Content-Strategie definiert?
Eine Content-Strategie ist ein Handlungsleitfaden, der konzeptionelle, strukturelle und taktische Planungen für die Kommunikation von Themen und Inhalten für alle internen und externen Plattformen festlegt.

Die folgende Roadmap zeigt, dass die Entwicklung einer Content-Strategie sowohl zeitliche als auch finanzielle Ressourcen benötigt. Diese Voraussetzungen sollten Sie vor dem Start klären. Die Content-Marketing-Roadmap zeigt vier Meilensteine: 1. Content-Strategie, 2. Content-Planung, 3. Content-Umsetzung, 4. Content-Produktion (siehe Abbildung 1).

http://www.marketing-boerse.de/Experten/details/Claudia-Hilker

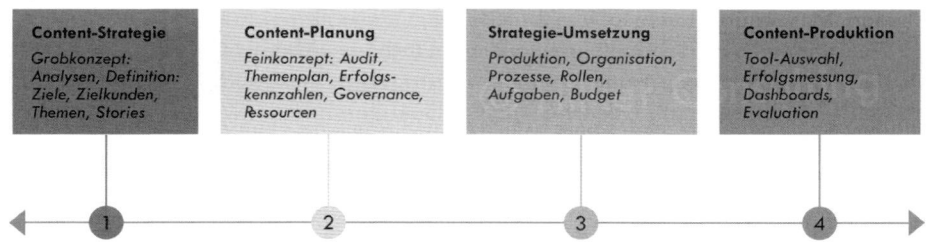

Abb. 1: Die Content-Marketing-Roadmap [1]

Content-Marketing-Strategie-Modell

Eine professionelle Content-Marketing-Strategie ist wichtig [2], weil nur mit einer Strategie unternehmerische Ziele im Content-Marketing erreicht werden können. Grundsätzlich ist eine gut durchdachte Content-Marketing-Strategie umso notwendiger,

- je mehr Mitarbeiter in den Prozess involviert sind,

- je größer die Anzahl der verschiedenen Formate ist und

- je unterschiedlicher die Zielgruppen und Themen sind.

Grundlage sind die Ziele, Zielgruppen, Botschaften und Inhalte

Die Grundlage für professionelles Content-Marketing sind die Ziele, Zielgruppen, Botschaften und Inhalte. Schließlich müssen Instrumente beziehungsweise Maßnahmen definiert werden, mit deren Hilfe die Inhalte den Rezipienten vermittelt werden sollen. Unverzichtbar ist außerdem, Effektivität und Effizienz der durchgeführten Maßnahmen im Rahmen der Evaluation zu messen und zu bewerten. Unternehmen sollten sich im Vorfeld einer Strategieentwicklung folgende Überlegungen machen:

1. Was interessiert die Zielgruppe? Damit Inhalte gegen die Konkurrenz bestehen, müssen Unternehmen ihre Kunden und Leser ganz genau kennen. Wer ist die Zielgruppe? Wofür interessiert sie sich? Und welche Fragen wollen die Kunden beantwortet haben?

2. Unternehmensziele: Die Ziele im Content-Marketing werden, wie für andere Bereiche ebenfalls, von den strategischen Unternehmenszielen abgeleitet. Für das Content-Marketing stehen zumeist das Gewinnen und Binden von Kunden ganz oben. Bei Neukunden heißt das in kleinen Schritten: mediale Kontakte aufbauen, Aufmerksamkeit gewinnen, relevante Informationen vermitteln sowie die Kaufbereitschaft erhöhen. Bei bestehenden Kunden gilt es, die Kommunikation aufzubauen, positive Erlebnisse zu schaffen und Loyalität zu fördern.

3. Zielkunden: Unternehmen müssen die Kundenbedürfnisse mit den Unternehmenszielen abstimmen. Zudem müssen Kompetenzen und Stärken zur Differenzierung herausgearbeitet werden, um sich von Mitbewerbern abzugrenzen.

4. Story Map: Neben den Zielen müssen Unternehmen auch ihre Story definieren, um die Unternehmensgeschichte nach außen zu tragen.

Die Story Map beinhaltet:
Zuhören, Mitreden und Akzente setzen. Beim Zuhören werden Social-Media-Kanäle beobachtet, Kundengespräche und Monitoring analysiert. Daran können Unternehmen erkennen, auf welchen Kanälen ihre Zielgruppe wie unterwegs ist. Mitreden meint dann die eigentliche Umsetzung von Content-Marketing, also das bewusste Streuen von Storys. Bei erfolgreichem Content-Marketing wird der Akzent in Form eines bleibenden Eindrucks hinterlassen.

Content-Marketing-Strategie-Entwicklung

Für die Strategieentwicklung sind neben der Analyse auch die Umsetzung und die Erfolgskontrolle relevant. Um eine Content-Marketing-Strategie zu erstellen, empfiehlt sich eine systematische Herangehensweise mit vier Phasen: 1. Analyse, 2. Strategie, 3. Umsetzung, 4. Kontrolle.

Vier Phasen der Herangehensweise

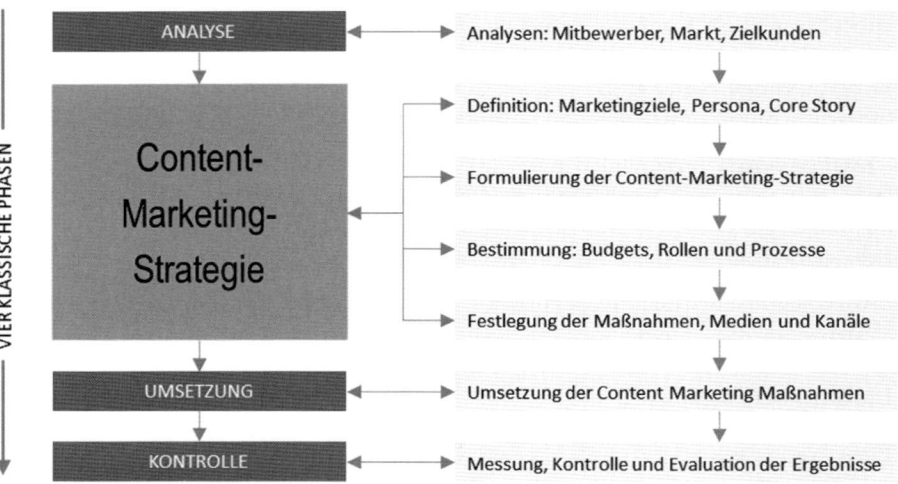

Abb. 2: Content-Marketing-Strategie Framework [3]

Die vier Phasen enthalten folgende zehn Schritte zur Content-Marketing-Strategieentwicklung:

1. Die Analyse von Zielen, Zielgruppen, Markt, Mitbewerber und Zukunftstrends.

2. SWOT-Analyse mit strategischer und taktischer Empfehlung.

3. Content-Audit, um vorhandenes Material zu verwerten.

4. Leitbild, Leitidee mit Botschaften und Kommunikationszielen sind das Herzstück.

5. Konzeption mit USP, Positionierung, Mehrwert für Nutzer sowie Messbarkeit mit KPIs.

6. Content-Produktion mit Prozessen, Aufgaben und Verantwortlichkeiten.

7. Content-Maßnahmen mit Storytelling, Leit-Storys und Plot.

8. Content-Management mit Inszenierung der Beiträge: Themen, Medien, Formate.

9. Guidelines und Governance mit Templates, Corporate Identity/Design.

10. Evaluation mit Monitoring, Dashboards, Tools und KPI-Messung.

Hochwertiger Content fördert die Kaufentscheidung

Die Studie „B2B Technology Content Survey Report 2014" von Eccolo Media belegt anhand einer Entscheiderbefragung, dass hochwertiger Content die Kaufentscheidung unterstützen kann [4].

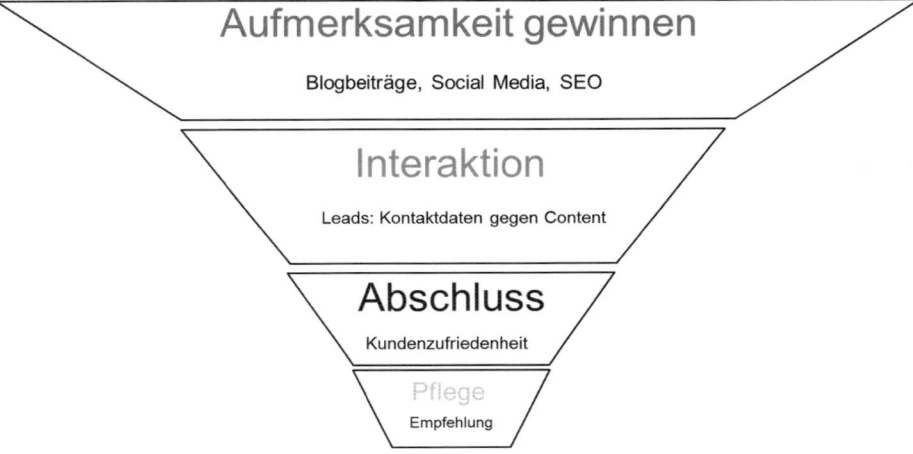

Abb. 3: Das Content-Marketing-Prinzip mit Vertriebstrichter

Die vertrieblichen Content-Marketing-Ziele sind durch folgende Maßnahmen erreichbar.

1. **Aufmerksamkeit:** Content-Angebote via Social Media, Blogs, Website.

2. **Leads:** Content gegen Kontaktdaten.

3. **Kunden:** Content mit Mehrwert bieten.

4. **Empfehlungsmarketing:** Kunden empfehlen Marke an Freunde.

Ebenfalls ist die Frage zu beantworten: „Make oder buy?" Wird auf einen externen Content-Strategen gesetzt oder steht intern ein Experte zur Verfügung? Zum Start ist es hilfreich, einen externen Strategen zu engagieren, der sein Wissen durch Konzeption, Beratung und Workshops weitergibt. Mit dieser Grundlage kann das Projekt-Team dann selbst die Aufgaben übernehmen.

Inhouse- oder externer Content-Stratege?

135

Strategische Ausrichtungen im Content-Marketing

Jedes Unternehmen benötigt eine individuelle Ausrichtung der Content-Marketing-Strategie, weil es der wesentliche Erfolgsfaktor ist. Miriam Löffler beschreibt in ihrem Buch „Think Content!" vier Phasen zur Erstellung einer erfolgversprechenden Content-Marketing-Strategie [5]:

1. Content-Audit: Bewertung des Angebotes mit dem bereits online gestellten Content

2. Content-Planung: Festlegung der Inhalte und Formate für die Zielgruppe

3. Content-Produktion: Definition der Zuständigkeiten, Qualitätskontrolle, Zeit, Kosten

4. Content-Management: Umsetzung, Management der Inhalte für die operativen Aufgaben.

Inhalte und Formate für die Zielgruppe festlegen

Beispiele für Paradigmen zur Entwicklung einer Content-Strategie können sein:

- Digital-First-Ansatz: Die Organisation der gesamten Kommunikation wird auf digitale Plattformen umgestellt, um zukunftsorientiertes Themenmanagement sicherzustellen und die Verlängerung von Inhalten in andere, auch analoge Formate zu erläutern.

- Integration und Zentralisierung: Integration auf der horizontalen und vertikalen Ebene, um mehr Synergien in der Produktion und Umsetzung zu erreichen. Eine zentrale Supervision und Lenkung von Themen sollte bereichsübergreifend die Kommunikation steuern.

- COPE-Ansatz (Create Once, Publish Everywhere): Durch eine konsequente Verlängerung digital erstellter Contents soll die Effizienz der Kommunikation gesteigert werden.

In Abbildung 4 sind 16 strategische Ansätze für das Content-Marketing vorhanden, die ich in meinem Buch „Content Marketing in der Praxis" näher erläutert habe.

1) Branding	2) Information	3) Kampagnen	4) Differenzierung
Image	Aufklärung	Aktionen	Positionierung
BMW, Mercedes	L'Oreal, Dr. Best	Starbucks, Oral B	Audi Superbowl Snapchat
5) Zielgruppengewinnung	6) Kontaktanbahnung	7) Service-Community	8) Lern-Community
Emotionale Ansprache	Markenbotschafter	User-generated-Content	Video-Tutorials
Parship, Elite-Partner	Commerzbank, Fielmann	Allianz/Bahn/Telekom hilft	Hornbach, Google-Akademie
9) Employer Branding	10) Vertriebsorientierung	11) Event-Marketing	12) Experten-Position.
Mitarbeiter	Inbound Marketing	Live-Streaming	Persönlichkeiten
Krones AG, Adidas	Haufe Verlag, SAS Soft.	Re:publica, Handelsblatt	Brian Solis, Robert Rose
13) E-Commerce	14) B2B-Bereich	15) Corporate Publishing	16) Storytelling
Produktorientierung	Kundenbeziehungen	E-Magazine	Komplexe Themen
Shops: Zalando, Otto	Telekom, IBM, Dell	Allianz Magazin: 1980	Coca Cola, Siemens

Abb. 4: Typische Content-Marketing-Strategien für Unternehmen [6]

Content-Marketing-Audit: Nutzen und Kriterien

Ein Content-Marketing-Audit ist eine Inventur bestehender Inhalte. Content muss mit einer systematischen Herangehensweise geprüft und im Anschluss bewertet werden. Ein gezieltes Vorgehen in der Analyse ermöglicht es, eine Übersicht über Quantität und Qualität der Inhalte zu gewinnen. Damit wissen Unternehmen auch, welche Aufgaben zu planen sind.

Qualität und Quantität des Contents

Babak Zand zeigt, dass interne und externe Analysen wiederum aus mehreren unterschiedlichen Analysen bestehen. Ohne diesen Schritt beruhen weitere Maßnahmen, zum Beispiel im Bereich der Content-Planung oder der Content-Produktion, lediglich auf Annahmen. Vor jeder Planung ist eine eingehende Content-Analyse von internen und externen Faktoren durchzuführen, welche für die Content-Strategie gebraucht werden, um zu bestimmen, welche Content-Arten erforderlich sind. Zum Überblick zeigt Abbildung 5 eine systematische Vorgehensweise im Content-Audit:

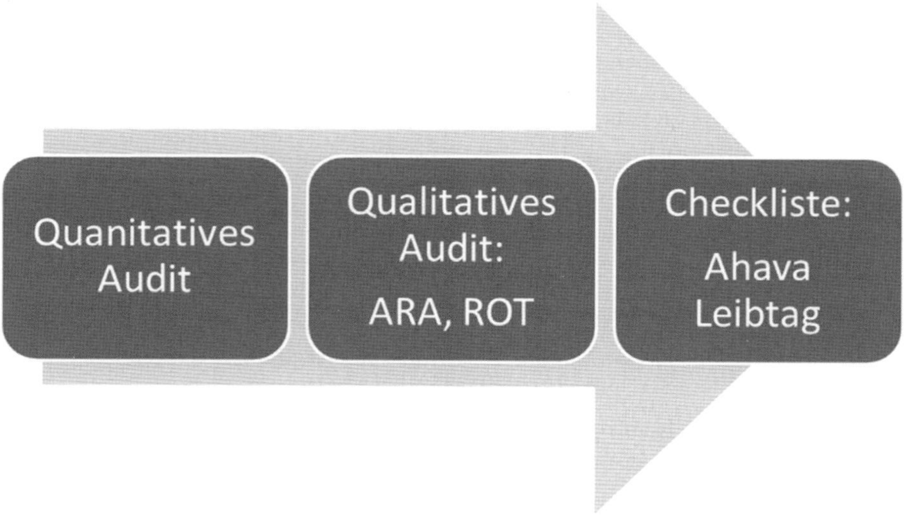

Abb. 5: Content-Marketing-Audit [7]

Content-Audit-Arten: quantitative und qualitative Methoden

Es gibt grundsätzlich zwei unterschiedliche Audit-Arten: quantitative und qualitative Content-Audits. Zunächst erfolgt der quantitative Content-Audit, danach der qualitative Audit. Der Übergang kann fließend sein. Je länger das Projekt dauert, desto mehr Daten liefert das Audit und desto genauere Aussagen können über das weitere Projekt bezüglich Kosten und Ressourcen getroffen werden. Das quantitative Content-Audit erfasst alle notwendigen metrischen Daten von Inhalten. Mit dem quantitativen Content-Audit beginnt das Auditverfahren. Es listet alle notwendigen Metadaten auf wie ID (Nummerierung der Pages), Link-Name (meist Titel des HTML-Dokuments), Dokumententyp (Produktseite, Kontaktformular, AGBs et cetera), Keywords, Meta-Tags, Format.

Je mehr Daten, desto genauere Aussagen können über Kosten und Ressourcen getroffen werden

Das qualitative Content-Audit im Ist- und Soll-Abgleich: Im Anschluss an das quantitative Audit folgt das qualitative, das heißt die inhaltliche Bewertung des Contents. Während in der quantitativen Analyse nur der Umfang der Arbeit grob umfasst wurde, liefert die Bewertung der Qualität der Inhalte Informationen, mit denen präzisere Aussagen über anfallende Kosten, Ressourcenbedarf und Zeitplan getroffen werden können.

Qualitative Analyseverfahren im Content-Audit: Content-Qualität muss messbar sein. Dazu gibt es einige Analyseverfahren, mit denen man qualitative Inhalte quantifizierbar macht. Bevor eine qualitative Analyse jedoch durchgeführt wird, muss das Verfahren definiert und standardisiert werden. Nur so wird sichergestellt, dass es zu vergleichbaren Analyseergebnissen kommt.

Content-Qualität muss messbar sein

5 Kriterien für wertvollen Content
Eine Checkliste

SIND DIE INHALTE | ENTHALTEN DIE INHALTE

Auffindbar
Kann der Nutzer die Inhalte finden?

- ☐ Eine h1-Markierung
- ☐ Mindestens zwei h2-Markierungen
- ☐ Meta-Angaben inkl. Titel, Beschreibung und ggf. Schlüsselwörter
- ☐ Links zu verwandten Inhalten
- ☐ Alternativtexte für Bilder

Lesbar
Kann der Nutzer die Inhalte lesen?

- ☐ Das Textprinzip der Umgekehrten Pyramide
- ☐ Gruppierte, gebündelte Inhalte
- ☐ Aufzählungen
- ☐ Nummerierte Listen
- ☐ Berücksichtigung der Stil-Vorgaben

Verständlich
Kann der Nutzer die Inhalte verstehen?

- ☐ Passende inhaltl. Formate (Text, Video etc.)
- ☐ Erkennbare Berücksichtigung der verschiedenen Nutzertypen
- ☐ Kontext
- ☐ Adäquates Verständnisniveau
- ☐ Individuelle Formulierungen für Bekanntes

Handlungsorientiert
Wird der Nutzer aktiv werden?

- ☐ Eine Handlungsaufforderung
- ☐ Eine Kommentierungsoption
- ☐ Eine Bitte, die Inhalte zu teilen
- ☐ Links auf verwandte Inhalte
- ☐ Ein klares Fazit dessen was zu tun ist

Empfehlenswert
Wird der Nutzer die Inhalte teilen?

- ☐ Emotionale Aspekte
- ☐ Einen Grund zum Weiterempfehlen
- ☐ Eine Aufforderung zum Teilen der Inhalte
- ☐ Leicht gemachte Optionen zum Teilen
- ☐ Personalisierung (z.B. Hashtags bei Tweets etc.)

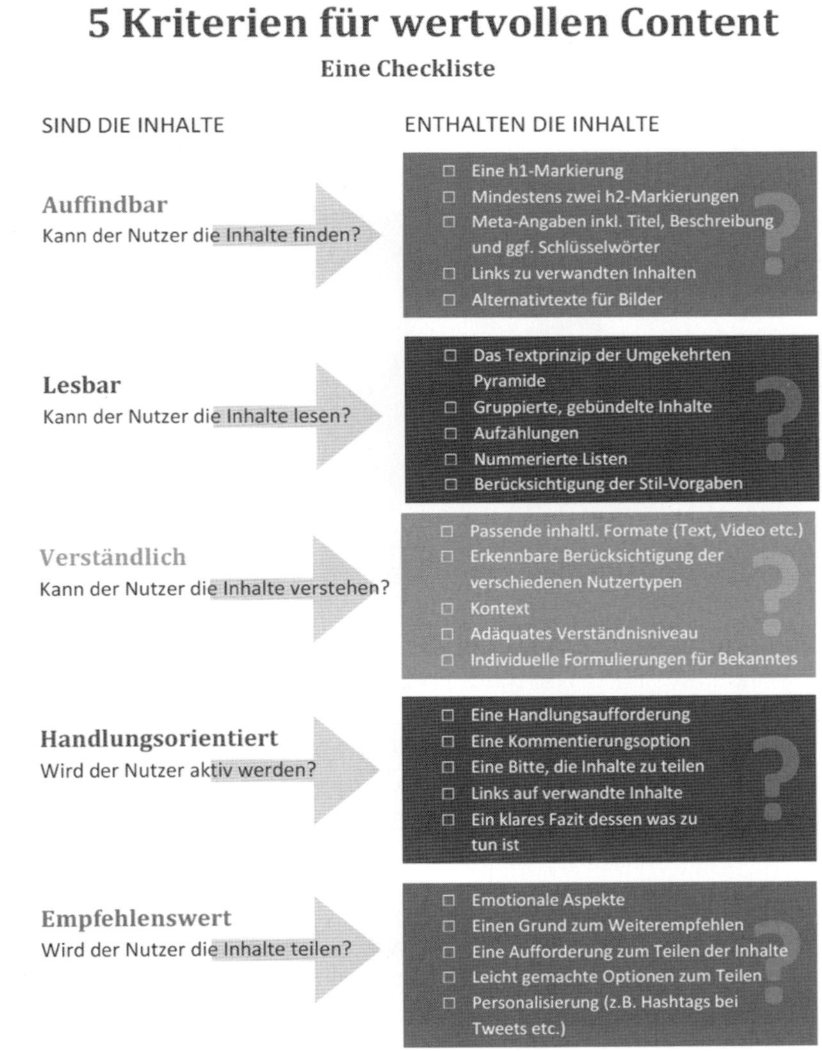

Abb. 6: Fünf Kriterien für wertvollen Content [8]

Content-Marketing-Strategie: Praxis-Beispiel Huf Haus

Es folgt das Praxisbeispiel Huf Haus, das zeigt, wie eine Content-Marketing-Strategie für ein Blog entsteht. Da es viele Blogs von Hausbesitzern oder Bauinteressierten gibt, war es besonders wichtig für das Reputationsmanagement von Huf Haus, eine eigene Plattform zu kreieren, auf der die Spielregeln festgelegt und wahrheitsgemäße Fakten vermittelt werden konnten. Das Thema Content-Marketing kam durch ein neues Blog-Projekt im Unternehmen Huf Haus auf.

Prima Klima – HUF Häuser aus Holz sind besonders wohngesund

Man sieht es ihnen auf den ersten Blick an – die modernen Fachwerkhäuser von HUF HAUS bestehen aus Holz und Glas. Durchschnittlich 30 Kubikmeter erlesener Fichte benötigt man für ein Gebäude mit 140 Quadratmetern Wohnfläche.

Abb. 7: Blog-Projekt Huf Haus [9]

Zielsetzungen von Huf Haus: Vor der Umsetzung war es wichtig, die Ziele festzulegen, die auch als Grundlage für die Content-Strategie dienen sollten.

- **Kernziel:** Positionierung für Themen rund um den Fertighausbau
- **Übergeordnete Ziele:** Leadgenerierung, Brand Awareness, Reputationssteigerung, Erhöhung der Sichtbarkeit bei Google

- **Informationsziele:** Unternehmen vorstellen, Sachverhalte und Prozesse erklären, Service-Informationen anbieten, Falschaussagen durch richtige Informationen korrigieren

- **Einstellungs- und Verhaltensziele:** Vertrauen fördern, Dialoge anregen, Kontaktaufnahme erreichen, User dazu bewegen, sich aus der Anonymität zu bewegen.

Entwicklung einer Customer Buyer Persona

Nach den Strategieausrichtungen erfolgt nun der Fokus auf die Zielgruppen. Die Erstellung der Customer Buyer Persona ist eine grundlegende Basis zum Gelingen der Content-Strategie. Damit wird Ihnen ein Instrument vorgestellt, das die Content-Produktion wesentlich vereinfacht.

Die Erstellung der Customer Buyer Persona vereinfacht die Content-Produktion wesentlich

---

Was ist eine Persona?

Unter einer Customer Buyer Persona versteht man einen detaillierten Charakter, der stellvertretend für die Zielgruppe steht. Es ist zu definieren, was sie beruflich macht, was ihre Hobbys sind, welche Probleme sie beschäftigen und was sie grundsätzlich umtreibt. Erst dann kann mithilfe des Brand Content die passende Lösung angeboten werden. Falls unterschiedliche Zielgruppen vorliegen, kann es natürlich auch mehrere verschiedene Customer Personas geben. Zur Veranschaulichung zeigt Abbildung 8 ein Beispiel für eine Customer Buyer Persona.

Online herrscht ein harter Kampf um die Aufmerksamkeit potenzieller Kunden. Die Grundlage für das Content-Marketing ist, dass der Content für die jeweilige Zielgruppe relevant ist. Daraus ergibt sich die Schlussfolgerung, dass es für die Entwicklung einer zielführenden Content-Marketing-Strategie von grundlegender Bedeutung ist, dass die Zielgruppe ausreichend bekannt ist. Meist müssen sich Unternehmen anfangs von der Idee verabschieden, alle Menschen gleichzeitig ansprechen zu können. Relevanz ist ein individueller Wert und zudem dynamisch geprägt.

Folgende Schritte helfen dabei, eine Customer Persona detailliert zu beschreiben:

- Nutzen Sie die Website-Analyse: Wer sind Ihre Besucher? Welche Keywords nutzen sie?

- Entwickeln Sie die Persona im Team.

- Analysieren Sie Ihre Social-Media-Kanäle: Bestimmung der Follower. Welche Fragen werden gestellt? Welche Diskussionen finden statt?

- Fragen Sie Ihre Zielgruppe: Befragen Sie Ihre Kunden. Führen Sie Interviews durch.

Maxi Mustermann

Marketing Mitarbeiterin eines mittelständischen Finanzdienstleister | 25 Jahre alt | Düsseldorf

Diesen Wandel einzuläuten erfordert viel Energie und Überzeugungskraft. Manchmal fühle ich mich wie ein Einzelkämpfer – einer gegen alle.

„Aktuell bin ich dabei, die alten Kommunikations- strukturen aufzubrechen und an die modernen Gegebenheiten anzupassen."

PROBLEME

Sie kämpft gegen veraltete und starre Strukturen. Die Geschäftsführung zweifelt Sinnhaftigkeit des Wandels an. Ständiger Kampf ums Budget und Schwierigkeiten Marketingwissen auf die Finanzbranche zu übertragen.

Persönliche Ziele

» Digitalisierung des Unternehmens meistern.

» Selbstbewusst und mit fachlicher Kompetenz für den Wandel einstehen und sich durchsetzen.

Lösungsmöglichkeiten

» Input bezüglich der Umsetzungsmöglichkeiten.

» Argumente für neue Investitionen (Best- Practice-Beispiele).

» Instrumente um Erfolge z. B. in Social Media zu messen.

Abb. 8: Beispielhafte Customer Persona [10]

Nutzen der Customer Buyer Persona

Mit der Erstellung der Persona(s) gewinnen Unternehmen Wissen über die Zielgruppe und können damit die Strategie entwickeln. Basierend auf den Problemen, Zielen und Bedürfnissen der Kunden können Unternehmen aufbauen und sich überlegen, was die Lösung dafür wäre. Dieses strategische Vorgehen hilft, den Content direkt auf die Zielgruppe auszurichten.

Von der Persona zur Content-Strategie: Basierend auf der Customer Persona kann mit der Content-Marketing Canvas der nächste Schritt eingeleitet werden: Anhand der folgenden sechs Punkte können auf die Zielgruppe abgestimmte Inhalte für die Content-Strategie entwickelt werden.

1. **Kontext:** Der Rahmen, für den der Content entwickelt werden soll, muss bestimmt werden.

2. **Customer Persona:** Der Name der Customer Persona wird schriftlich festgehalten.

3. **Interessen:** Einige Themen zu den Interessen, die die Brands bedienen, werden definiert.

4. **Bedürfnisse:** Die Themen der Persona werden zur Strategieentwicklung berücksichtigt.

5. **Vorteile und Antworten:** Anhand der Themenfelder Ideen/Vorteile werden Lösungen im Content-Marketing entwickelt, mit denen die Bedürfnisse der Persona gestillt werden können.

6. **Publikationen:** Die gesammelten Fragen und Antworten sollten zusammengefasst und passende Titel für neue Inhalte entwickelt werden.

Dieses strategische Vorgehen erfordert Aufwand für Analyse, Strategie und Konzeption. Jedoch zahlt sich der Aufwand am Ende durch Erfolge aus. Nun können Unternehmen mithilfe der Ergebnisse einen eigenen, abgestimmten Themenplan für das Content-Marketing erstellen. Die Erarbeitung einer Customer Buyer Persona sollte stets am Anfang einer Content-Marketing-Strategieentwicklung stehen. Die Customer Persona ist dementsprechend ein hilfreiches Instrument, um eine Zielgruppenanalyse durchführen zu können. Je fundierter und strukturierter zu Beginn gearbeitet wurde, desto höher sind die Aussichten auf erfolgreiche Ergebnisse.

Mit Analyse, Strategie und Konzeption zum Themenplan

Canvas: Die Content-Marketing-Strategie im Überblick

Die Content-Marketing Canvas von Claudia Hilker verfolgt das Ziel, ein Modell zu präsentieren, das bei der Erstellung der Content-Strategie hilfreich ist. Die Canvas Methode (oder auch Business Model Canvas) nach Alexander Osterwalder [11] hat grundsätzlich zum

Ziel, Geschäftsmodelle übersichtlich darzustellen und gegebenenfalls weiterzuentwickeln.

Das Original-Modell umfasst neun zentrale Schlüsselfaktoren: Kundensegment, Werteversprechen, Kanäle, Kundenbeziehungen, Einnahmequellen, Schlüsselressourcen, Schlüsselaktivitäten, Schlüssel-partner, Kostenpunkte. Die einzelnen Faktoren sind nicht isoliert, sondern im Zusammenhang zu betrachten. Das Canvas hilft, potenzielle Fehler aufzudecken und ein umfassendes Grundmodell zu erarbeiten. Abbildung 9 zeigt die Canvas-Content-Marketing-Strategie mit sieben Strategiefeldern, um die Arbeitsweise zu vereinfachen. Die sieben Strategiefelder werden in der Abbildung 9 visualisiert und mit zielführenden Fragen erläutert:

Canvas-Content-Strategie hilft potenzielle Fehler aufzudecken

1. **Customer Buyer Persona:** Welche Ziele und demografischen Merkmale haben sie?

2. **Problemanalyse:** Welche Probleme, Bedürfnisse und Fragen haben sie?

3. **Nutzenargumente:** Für welche Themen und Angebote interessieren sie sich?

4. **Medienplan:** Welche Medien und Formate favorisiert die Persona?

5. **Publikationen:** Für die Produktion der Kampagnen ist ein Zeitplan mit Details erforderlich.

6. **Content-Marketing-Kosten:** Ein bedeutender Bereich sind die Kosten, die das Content-Marketing verursacht. Sie entwickeln sich entsprechend der Durchführung des Content-Marketings.

7. **Content-Marketing-Controlling:** Zu guter Letzt muss entschieden werden, welche Kennzahlen für die Kontrolle und die Erfolgsmessung des Content-Marketings verwendet werden.

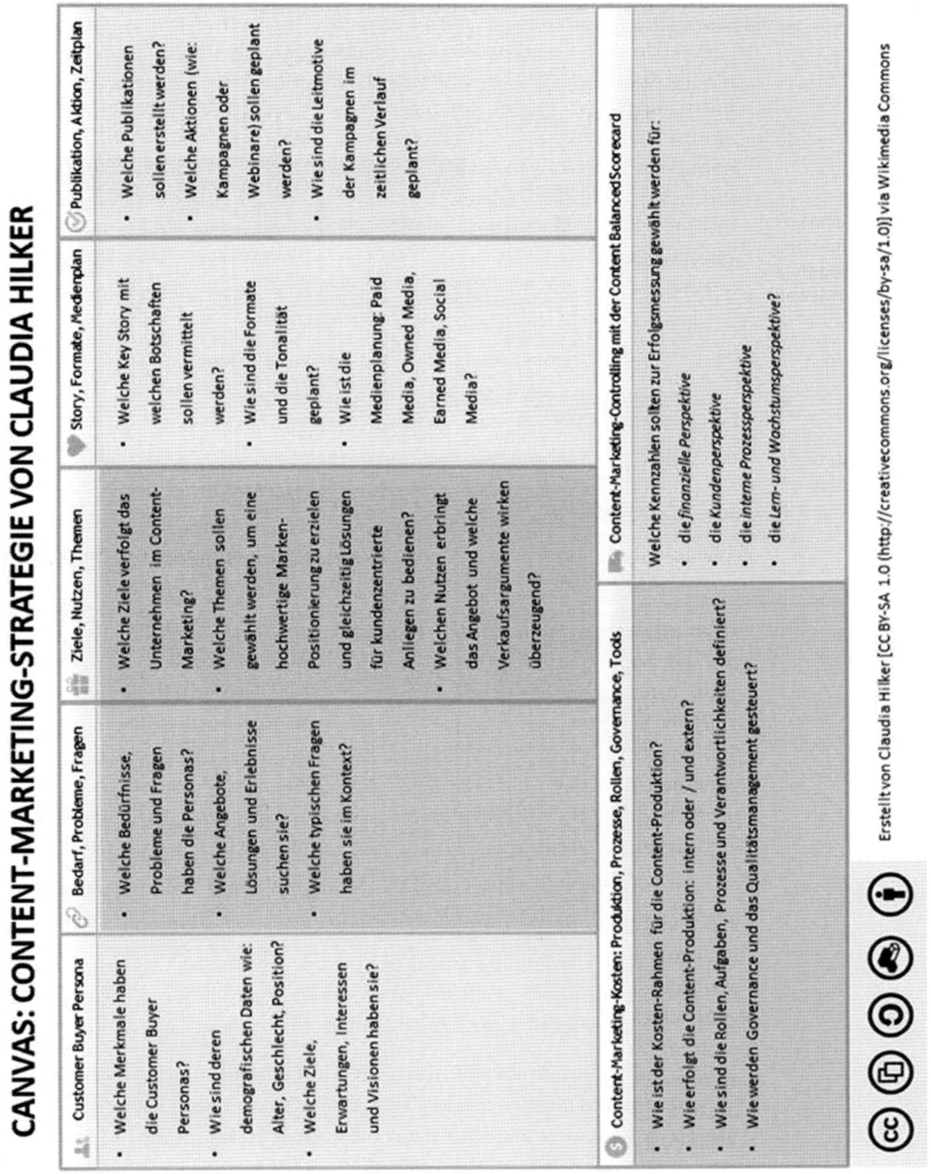
CANVAS: CONTENT-MARKETING-STRATEGIE VON CLAUDIA HILKER
Customer Buyer Persona
• Welche Merkmale haben die Customer Buyer Personas?
• Wie sind deren demografischen Daten wie: Alter, Geschlecht, Position?
• Welche Ziele, Erwartungen, Interessen und Visionen haben sie?
Bedarf, Probleme, Fragen
• Welche Bedürfnisse, Probleme und Fragen haben die Personas?
• Welche Angebote, Lösungen und Erlebnisse suchen sie?
• Welche typischen Fragen haben sie im Kontext?
Ziele, Nutzen, Themen
• Welche Ziele verfolgt das Unternehmen im Content-Marketing?
• Welche Themen sollen gewählt werden, um eine hochwertige Marken-Positionierung zu erzielen und gleichzeitig Lösungen für kundenzentrierte Anliegen zu bedienen?
• Welchen Nutzen erbringt das Angebot und welche Verkaufsargumente wirken überzeugend?
Story, Formate, Medienplan
• Welche Key Story mit welchen Botschaften sollen vermittelt werden?
• Wie sind die Formate und die Tonalität geplant?
• Wie ist die Medienplanung: Paid Media, Owned Media, Earned Media, Social Media?
Publikation, Aktion, Zeitplan
• Welche Publikationen sollen erstellt werden?
• Welche Aktionen (wie: Kampagnen oder Webinare) sollen geplant werden?
• Wie sind die Leitmotive der Kampagnen im zeitlichen Verlauf geplant?
Content-Marketing-Kosten: Produktion, Prozesse, Rollen, Governance, Tools
• Wie ist der Kosten-Rahmen für die Content-Produktion?
• Wie erfolgt die Content-Produktion: intern oder / und extern?
• Wie sind die Rollen, Aufgaben, Prozesse und Verantwortlichkeiten definiert?
• Wie werden Governance und das Qualitätsmanagement gesteuert?
Content-Marketing-Controlling mit der Content Balanced Scorecard
Welche Kennzahlen sollten zur Erfolgsmessung gewählt werden für:
• die finanzielle Perspektive
• die Kundenperspektive
• die interne Prozessperspektive
• die Lern- und Wachstumsperspektive?
Erstellt von Claudia Hilker [CC BY-SA 1.0 (http://creativecommons.org/licenses/by-sa/1.0)] via Wikimedia Commons

Abb. 9: Content-Marketing Canvas [12]

Reifegradmodell zum Content-Marketing

Alle reden vom Content-Marketing, aber manchmal fehlt der Überblick, wie der Status wirklich ist. Wie ist der Reifegrad Ihrer Content-Marketing-Strategie?

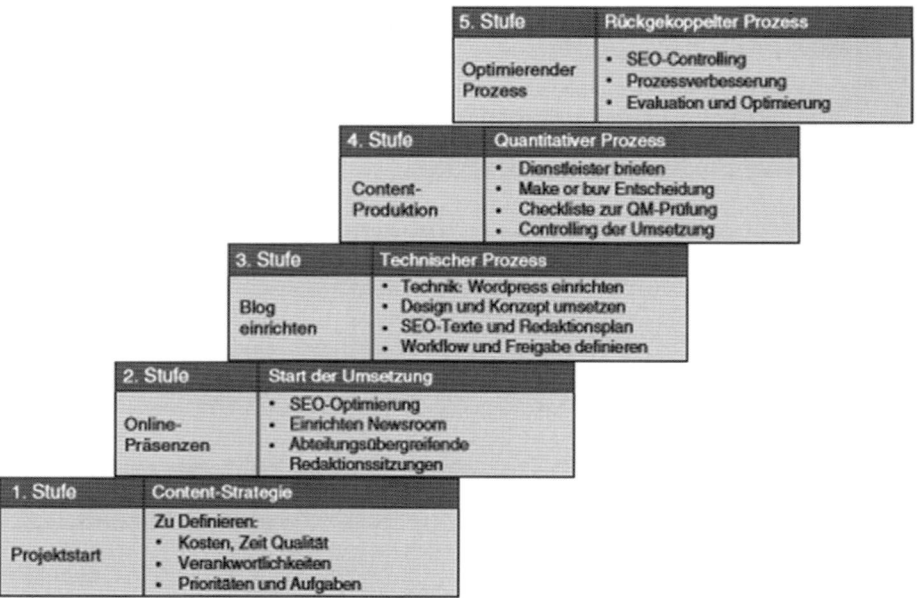

Abb. 10: Das Reifegradmodell [13]

Stufe 1: Es ist zu definieren, welche zeitlichen und finanziellen Ressourcen aufgebracht werden sollen und welche Ziele verfolgt werden. Aufgaben und Verantwortlichkeiten werden vergeben.

Stufe 2: Zur Umsetzung ist zu überlegen, wie die SEO-Optimierung der Onlinepräsenzen zielführend umgesetzt werden kann. Nach dieser Phase folgt die technische Umsetzung der Lösung.

Stufe 3: Zu diesem Zeitpunkt steht die Herstellung der technischen Gegebenheiten auf der To-do-Liste. WordPress für den Blog einrichten, Design und Konzepte umsetzen, die Überlegungen zu SEO und den Redaktionsplan finalisieren sowie Workflow- und Freigabeprozesse festlegen.

Stufe 4: Nachdem die strategischen und technischen Grundlagen geschaffen sind, steht nun die Content-Produktion im Fokus. Eine primäre Überlegung ist an dieser Stelle, ob die Content-Produktion selbst übernommen oder eingekauft werden soll.

Stufe 5: Zudem ist es wichtig, SEO-Controlling durchzuführen, wichtige KPIs zu messen und Prozessverbesserungsvorschläge zu entwickeln und umzusetzen. Durch diesen rückgekoppelten Prozess wird der Reifegrad des eigenen Contents stets weiterentwickelt.

Vorbereitungen einer Content-Marketing-Strategie

In der Vorbereitung einer Content-Marketing-Strategie geht es darum, die geeigneten Projektteilnehmer zu finden: Eine „Content Task Force" besteht aus Vertretern aller relevanten Bereiche in einem Unternehmen, zum Beispiel Vertrieb, PR, Marketing, Support, Unternehmenskommunikation, IT und Social Media. Später kommen weitere Experten ins Team, die zum Beispiel Tools und Prozesse integrieren. Auch das Team für die operative Umsetzung entwickelt sich erst später.

- Das Team sollte so groß sein, dass jeder Stakeholder im Unternehmen vertreten ist. Gleichzeitig sollte es so klein sein, dass die Gruppe arbeitsfähig bleibt.

- Strategie mit Nachhaltigkeit: Zuerst sollte „die ideale Welt" (nicht die utopische) definiert werden. Danach wird geschaut, wie realistisch konkrete Arbeitsschritte dahin aussehen. Der erste Schritt der Umsetzung der Strategie sollte einfach, machbar und logisch verständlich sein.

- Planen einer intelligenten Umsetzung: Neue Ideen brauchen Offenheit. Mit der neuen Denkweise ergeben sich neue Möglichkeiten: Marketers brauchen eine Mission mit Vision und Kreativität.

Das Team sollte so groß sein, dass jeder Stakeholder im Unternehmen vertreten ist

Wenn es eine professionelle Strategie gibt, dann ist die Chance groß, die sorgfältige Umsetzung mit qualifizierten Mitarbeitern zu erzielen. Diskutieren Sie im Workshop, was die Konkurrenz macht, wie Nutzer mit Inhalten agieren und welche Influencer [14] für den Erfolg relevant sind.

- **Nutzeranalyse:** Definieren Sie die Stakeholder des Unternehmens und analysieren Sie deren Nutzungsverhalten, um Rückschlüsse auf die zukünftige Content-Planung zu schließen.

- **Wettbewerbsanalyse:** Um eine strategische Entscheidung im Content-Marketing zu treffen, ist es notwendig zu wissen, welche Inhalte die Konkurrenz verwendet.

- **Web-Analyse:** Erkennen Sie durch Analysen, welche Inhalte bisher Top/Flop waren. Durch die Analysen kann man somit potenzielle Content-Assets entdecken.

- **Influencer-Analyse:** Influencer sind Personen, deren Meinung relevant in der Öffentlichkeit ist. Sie sollten in das Content-Marketing strategisch integriert werden.

Literatur

[1] Hilker, C. (2017): Content Marketing in der Praxis. Ein Leitfaden – Strategie, Konzepte und Praxisbeispiele für B2B- und B2C-Unternehmen. Springer Gabler Verlag. S. 72

[2] Hilker Consulting: Content-Marketing. https://www.hilker-consulting.de/leistungen/content-marketing/ – Zugriff 14.09.2018

[3] Hilker, C. (2017): Content Marketing in der Praxis. Ein Leitfaden – Strategie, Konzepte und Praxisbeispiele für B2B- und B2C-Unternehmen. Springer Gabler Verlag. S. 76

[4] B2B-Lead Generator (2014): Eccolo-Media: B2B Technology Content Survey Report: Content Marketing von HighTech-Unternehmen. http://www.grohmann-business-consulting.de/lead-generator/eccolo-media-b2b-technology-content-survey-report/ – Zugriff 14.09.2018

[5] Löffler, M. (2014): Think Content! Galileo Computing.

[6] Hilker, C. (2017): Content Marketing in der Praxis. Ein Leitfaden – Strategie, Konzepte und Praxisbeispiele für B2B- und B2C-Unternehmen. Springer Gabler Verlag. S. 86 ff. (Original-Quelle: Ahava Leibtag 2011, deutsche Fassung: Walburga Wolters, Berlin 2011)

[7] Hilker, C. (2017): Content Marketing in der Praxis. Ein Leitfaden – Strategie, Konzepte und Praxisbeispiele für B2B- und B2C-Unternehmen. Springer Gabler Verlag. S. 97

[8] Hilker, C. (2017): Content Marketing in der Praxis. Ein Leitfaden – Strategie, Konzepte und Praxisbeispiele für B2B- und B2C-Unternehmen. Springer Gabler Verlag. S. 100

[9] Hilker, C. (2017): Content Marketing in der Praxis. Ein Leitfaden – Strategie, Konzepte und Praxisbeispiele für B2B- und B2C-Unternehmen. Springer Gabler Verlag. S. 102

[10] Hilker, C. (2017): Content Marketing in der Praxis. Ein Leitfaden – Strategie, Konzepte und Praxisbeispiele für B2B- und B2C-Unternehmen. Springer Gabler Verlag. S. 89

[11] Pigneur Y., Osterwalder A. (2011): Business Model Generation: Ein Handbuch für Visionäre, Spielveränderer und Herausforderer. Campus Verlag.

[12] Hilker, C. (2017): Content Marketing in der Praxis. Ein Leitfaden – Strategie, Konzepte und Praxisbeispiele für B2B- und B2C-Unternehmen. Springer Gabler Verlag. S. 92

[13] Hilker, C. (2017): Content Marketing in der Praxis. Ein Leitfaden – Strategie, Konzepte und Praxisbeispiele für B2B- und B2C-Unternehmen. Springer Gabler Verlag. S. 93

[14] Hilker C. (2017): Wie funktioniert Influencer-Marketing? Hilker Consulting http://blog.hilker-consulting.de/wie-funktioniert-influencer-marketing – Zugriff 14.09.2018

Für jede Art von Kommunikation gilt: Ohne Relevanz keine Wahrnehmung. Relevanz ist das oberste Kriterium für Aufmerksamkeit. Welche Möglichkeiten haben Marken, dieses Ziel im digitalen Zeitalter zu erreichen? Vor lauter Buzzwords könnte einem schwindlig werden. Muss es aber nicht. Zwei der zentralen Begriffe lauten Funneldenken und Kundenfokussierung. Und bei genauerem Hinsehen entpuppen sich beide als zwei Seiten einer Medaille. Es geht immer darum, den Kunden mit seinen individuellen Bedürfnissen, Intentionen, Zielen, Motiven, Motivationen und Wünschen zu jedem Zeitpunkt entlang seiner Customer Journey optimal anzusprechen.

> Relevanz ist das oberste Kriterium für Aufmerksamkeit

Full-Funnel-Marketing

Datengetriebenes Marketing (englisch: Data Driven Marketing) ist der Schlüssel zum Erfolg. Dank der Fortschritte in der automatisierten Personalisierung stehen die Chancen für Marken so gut wie nie, mit programmatischem Marketing und ausgespielter Onlinewerbung ihre Zielgruppen zu erreichen. Und mit der wachsenden Datenqualität steigt auch die Kosteneffizienz: Jeder ausgegebene Werbeeuro landet zielsicher dort, wo er wirken kann. Im sogenannten Full-Funnel-Marketing wird eine Kundennähe in nie dagewesenem Maße über den gesamten Sales Funnel hinweg möglich.

> Datengetriebenes Marketing ist der Schlüssel zum Erfolg

Daten zusammenführen!

Grundvoraussetzung dafür ist die Zusammenführung aller online und offline verfügbaren Konsumenteninformationen in einer Data-Management-Plattform (DMP). Das umfasst kanal-, endgeräte- und anbieterübergreifende Daten, die dank Cross-Device-Tracking für eine eindeutige Zuordnung der Kundeninteraktion über Endgeräte hinweg sorgen. Hinzu kommen Offlinedaten wie In-Store-Besuche, Käufe, In-Store-Aktivitäten in Apps et cetera. So entsteht aus mehreren

> Daten werden in einer DMP zusammengeführt

Datenpunkten und -silos eine holistische Sicht auf den Endkunden und dessen Customer Journey, anhand derer sich Kaufwahrscheinlichkeiten mathematisch berechnen lassen. Diese können wiederum auf einzelne Kontaktpunkte heruntergebrochen werden. Kommen noch externe, aktuelle Daten über Markt, Wetter und Zeitgeschehen hinzu, erhält diese holistische Sicht auf den Kunden noch weitere Dimensionen. Davon profitieren nicht nur Kanäle wie Online- oder Displaywerbung, sondern die gesamte Markenkommunikation, also auch Audio, TV, Digital Out of Home (DOOH) und andere.

Die Datenschutzverordnung als Chance

DSGVO ist eine Chance für Unternehmen

Über allem schwebt natürlich die DSGVO. Diese lässt sich aber als Chance begreifen: Unternehmen können durch die Einhaltung das Vertrauen ihrer Kunden gewinnen. Wem gelingt es, mit dem hohen Datenaufkommen transparent und verantwortungsvoll umzugehen? Nur solchen Playern steht in Zukunft der Markt offen. Alle anderen müssen sich auf finanzielle Strafen in Höhe von bis zu vier Prozent ihres weltweit erzielten Umsatzes aus dem letzten Geschäftsjahr einstellen.

Was ermöglichen Virtual und Augmented Reality?

Virtual Reality und Augmented Reality, im Folgenden VR und AR genannt, werden immer ausgereifter. Noch gibt es keine starke Gerätedurchdringung für massentaugliche VR- oder AR-Anwendungen, doch die aktuellen Smartphones und die zugehörigen Betriebssysteme sind sehr weit verbreitet. Apple, Microsoft, Google, Facebook und Amazon haben massiv in beide Bereiche investiert und schon bis 2020 soll es AR-fähige Brillen geben, die von normalen Brillen nicht zu unterscheiden sind.

Ortsgebundene Werbung eignet sich gut für Augmented Reality

Die ortsgebundene Werbung, also das Location Based Advertising, ist wie gemacht für Augmented Reality, aber auch für das Content-Marketing bieten sich Chancen. Denkbar ist zum Beispiel, dass Nutzern Zusatzinformationen im Display angezeigt oder auf AR-Brillen ausgespielt werden. Im Bereich Virtual Reality werden Nutzer über VR-Brillen Shops besuchen, in denen sie sich wie in einem echten Laden umschauen, Produkte in die Hand nehmen können et cetera. Von den Unterhaltungs- und Tourismusbranchen können wir besonders eindrucksvolle Erfahrungen erwarten.

Was können künstliche Intelligenz und Blockchain?

Künstliche Intelligenz, im Folgenden KI genannt, kann uns heute schon Produkte empfehlen, als Chatbot Kundenservice leisten, Trainingspläne entwerfen, personalisierte Suchergebnisse ausspielen oder die Buchung und Ausspielung von Programmatic Advertising übernehmen. In Zukunft werden KIs besser übersetzen und damit Sprachbarrieren einreißen. Sie werden vorhersehen können, wann jemand mit welchem Produkt ein Problem hat, Empfehlungen per Gesichtserkennung aussprechen oder Inhalte wie diesen schreiben. KIs sind in der Lage, die unbeherrschbaren Datensätze zu durchdringen und einzelnen Kunden ein Gesicht zu geben, viel besser als jede Marktstudie das könnte. Da der Zukauf von Daten Dritter durch die DSGVO eingeschränkt wird, können KI-Algorithmen in Zukunft glänzen. Ein weiteres Feld: Indem KIs Kampagnen und Maßnahmen auswerten, geben sie wertvolle Hinweise über Performance und Empfehlungen für künftige Optimierungen.

KIs werden Sprachbarrieren einreißen

Auch die Blockchain wird bedeutende Umwälzungen vorantreiben. Die Blockchain ist ein digitales Kassenbuch, in dem Transaktionen aufgezeichnet werden. Sie ist dezentral und nicht manipulierbar. Damit steht die Blockchain für Offenheit und Transparenz und kann für die Digitalbranche Vertrauen zurückgewinnen, das durch die Kommerzialisierung des Internets und die Vormachtstellung der großen Player Google, Facebook und Amazon verlorenging.

Blockchain steht für Offenheit und Transparenz

Mithilfe der Blockchain entstehen qualitativ hochwertigere Leads, denn Verbraucher können selbst entscheiden, welche Daten sie von sich weitergeben. Diese werden dann auch nicht aus verschiedensten Quellen zusammengeführt sein, sondern direkt vom Kunden stammen und damit eine besonders hohe Qualität aufweisen. Darüber hinaus wird eine direktere Verbindung zwischen Kunde und Unternehmen möglich sein, ohne zwischengeschaltete Plattformen. Die Zielgruppenansprache wird sich verbessern und extrem genau sein. Die Transparenz wird steigen und damit auch die soziale Verantwortung von Unternehmen.

Effektive Begleitung während der gesamten Customer Journey

Die integrierte Customer Journey orientiert sich an den Bedürfnissen des Convenient Customer, des bequemen Kunden. Im gesamten Conversion Funnel (von der Awareness bis zum Sale) wird dieser so personalisiert begleitet, dass er seinen Weg so hindernisfrei wie möglich zurücklegt. Marke, Produkte, Einkauf und Service werden so vom ersten Moment an zu einem individuellen Erlebnis. Erreicht wird dies unter anderem durch eine personalisierte Ansprache, die Berücksichtigung der aktuellen Nutzungssituation und den geeigneten Ort und Zeitpunkt der automatisierten Ausspielung. Eine Marke ist allgegenwärtiger Begleiter des Kunden und richtet ihre Omnipräsenz ganz an dessen Bedürfnissen,

Customer Journey orientiert sich am bequemen Kunden

Interessen, Motiven und bevorzugten Kommunikationsformen aus. Sämtliche Touchpoints werden in einer holistischen Strategie integriert

Möglichkeiten der Messung

Werbemaßnamen mit KPIs messen und optimieren

Der Erfolg der Werbemaßnahmen lässt sich mit den richtigen Leistungskennzahlen (Key-Performance-Indikatoren, kurz KPIs) messen und anschließend optimieren. Dabei hilft zum Beispiel die Gruppierung in Soft KPIs wie wesentliche Metriken (Seitenaufrufe, eindeutige/wiederkehrende/neue Besucher, Verweise, Endgeräte), Engagement-Metriken (Shares/Shared Ratio, Engagement in Social Networks, Verweildauer, Abschlussrate), Positionierungs-Metriken (Google-Ranking, Reichweite, Follower-Zuwachs) und Hard KPIs wie Käufe, Leads, Profit, Umsatz, ROI/ROAS, KUR, durchschnittlicher Warenkorb pro Kunde, CLV (Customer Lifetime Value).

Was leisten Chatbots und Marketing Automation?

In Messaging-Apps integrierte Chatbots sorgen als Teil des Messenger-Marketings für erweiterten Kundenservice: Sie stehen bei Fragen oder Kommentaren Rede und Antwort, übernehmen die klassische Funktion eines FAQ, sammeln umfangreiches Kundenfeedback oder unterstützen beim Nurturing, der Weiterqualifizierung von Leads. Chatbots können die Nutzer bei ihrer Suche nach bestimmten Produkten oder Services mit Informationen und Bildern unterstützen und sogar die Rolle als virtueller Verkäufer übernehmen.

Die Anzahl der möglichen Marketingmaßnahmen hat sich in den letzten Jahren vervielfacht und die Individualisierung hat massiv zugenommen. Mithilfe von Software-Plattformen zur Marketing Automation lassen sich alle Marketingmaßnahmen effizient planen, umsetzen und evaluieren. Die Kundenansprache wird effizienter und effektiver und Kunden erhalten über den richtigen Kanal die für sie relevanten Inhalte genau zur richtigen Zeit.

Welche Micro-Moments sind wirklich wichtig?

Micro-Moments erkennen

Doch welcher Zeitpunkt ist der richtige? Wenn Kunden ein Problem lösen möchten und im Zuge dessen das Internet konsultieren, ist das eine große Chance für Unternehmen. In diesen Micro-Moments sind Nutzer offen für hilfreiche Informationen und relevante Botschaften. Hier können aus Usern loyale Kunden werden. Allerdings kommt es auch jetzt darauf an, das Bedürfnis des Rezipienten im entsprechenden Moment genau zu kennen.

Es gibt vier Arten von Micro-Moments: I-want-to-Know Moments (Recherche nach nützlicher Information, vielleicht Inspiration), I-Want-to-Go Moments (Suche nach Geschäften in der Realwelt, um diese zu besuchen), I-Want-to-Do Moments (Suche nach Hilfestellung, im weitesten Sinne nach Anleitungen) und die I-Want-to-Buy Moments (eine Kaufabsicht ist vorhanden, Suche nach dem richtigen Modell beziehungsweise Shop). Alle vier Arten befinden sich an unterschiedlichen Stellen im Sales Funnel und mittels programmatischem Marketing lassen sich relevante Botschaften jeweils darauf zuschneiden und ausspielen.

Es gibt vier Arten von Micro-Moments

Die Integration von Mobile und Customer Journey

Eine Möglichkeit, Mobile besser in die Customer Journey einzubinden sind Mobile-to-Store-Kampagnen. Sie nutzen den tatsächlichen Standort des Smartphones als wichtiges Kriterium für eine Ausspielung. Natürlich ist die einmalige Nähe zu einem Geschäft noch keine ausreichende Voraussetzung dafür, mit einer Ausspielung auch relevant zu sein. Eine umfassend aufgebaute Data-Management-Plattform inklusive der Advertising IDs der Mobile-Nutzer hilft, die infrage kommenden Empfänger weiter einzukreisen: War der Nutzer wirklich schon einmal IM Geschäft? Zu welchen Zeiten? Was hat er gekauft? Für welche Produkte interessiert er sich außerdem? Hier besteht für Marken ein großes Potenzial. Feldversuche in Köln und in Durlach bei Karlsruhe zeigten Erfolge. Dort wurden in einer branchenübergreifenden Kooperation mehrerer Unternehmen über die Gelbe-Seiten-App in einem Zeitraum mehrerer Wochen interessenbasiert einige zehntausend Push-Nachrichten verschickt. Nur aufgrund der App kamen täglich knapp 300 Besucher in die Geschäfte. Kunden sind in der Tat bereit, Interessen anzugeben und Push-Mitteilungen zu erhalten, wenn diese relevant sind und sie dadurch einen Gegenwert erhalten (zum Beispiel Sonderangebote).

App-Feldversuche zeigen Erfolge

Fazit Full-Funnel-Marketing

Die kontinuierliche Zusammenführung und Pflege aller verfügbaren Daten und die technischen Fortschritte in Automatisierung und Personalisierung ermöglichen Markenartiklern unter anderem dank Programmatic Advertising eine „Komplettbetreuung" während der gesamten Customer Journey. Durch die Orientierung am Kunden steigert Full-Funnel-Marketing die Performance aller Marketingaktivitäten. Das kanal-, endgeräte- und anbieterübergreifende Tracking erlaubt die immer bessere Zuordnung von Inhalten und Budgets. Dennoch bleibt es wichtig, den Status quo zu hinterfragen und unermüdlich Neuland zu erschließen. Anders ist langfristiger Erfolg im digitalen Zeitalter nicht machbar. Dabei stellt sich nicht die Frage nach Mensch oder Maschine. Es braucht weiterhin „kluge Köpfe hinter den Knöpfen". Sie sind es, die Technologie beherrschen und bewerten, individuelle Strategien erarbeiten und den Spannungsbogen zwischen Innovation und künstlicher Intelligenz/Automation halten. Vielleicht bietet sich da eine Strategie, um die Vormachtstellung von Google, Amazon und Facebook zu brechen, die, gemessen am Umsatz, immer noch über den höchsten Einfluss auf den Output verfügen.

Kundenfokussierung

Der Kunde hat die Macht

Mit der Kundenfokussierung, englisch: customer centricity, ist nichts anderes gemeint als die Perspektive des Kunden einzunehmen und die eigene Kommunikation daran auszurichten, um an allen Touchpoints erfolgreich zu sein. Das Holzhammer-Prinzip Harder, louder, bigger! hat längst ausgedient. Kunden haben ihren Medienkonsum mehr denn je in der Hand. Was nervt, wird zurecht abgeschaltet.

Kunden entlang der Customer Journey optimal ansprechen

Es geht also darum, den Kunden auf Basis des AIDA-Modells (Attention, Interest, Desire, Action) + L (Loyalty) bei der Stange zu halten. Um die Verbindung zum ersten Teil herzustellen: Es geht darum, den Kunden mit seinen individuellen Bedürfnissen, Intentionen, Zielen, Motiven, Motivationen und Wünschen zu jedem Zeitpunkt entlang seiner Customer Journey optimal anzusprechen. Hierzu braucht es eine durchgängige Kundenerfahrung mit individualisiertem Storytelling und kreativen Ideen an den relevanten Kontaktpunkten. Die großen Datenmengen bilden eine ausgezeichnete Grundlage für die Entwicklung zielgenauer und kreativer Kampagnen. Die Qualität der Werbung wird sich stark verbessern. Ganz einfach, weil sie muss. Das Marketing wird dem Kundenbedürfnis nach einer positiven Markenerfahrung auf jedem Kanal oder Endgerät entgegenkommen.

Künstliche Intelligenz als Markenbotschafter

Auch Offline-daten sind entscheidend

Diese Interaktionen mit Millionen von Kunden werden künstliche Intelligenzen, im Folgenden KIs genannt, übernehmen, was einen großen Effizienzschub auslöst. Die nächste Stufe wird die KI-gesteuerte Entwicklung und dynamische Optimierung von Kampagnen sein. Kunden werden dann an genau dem Ort der Customer Journey abgeholt, an dem sie sich befinden. Aber nicht nur Online-, sondern auch Offlinedaten sind entscheidend. Liegen zum Beispiel Daten über

Abschlussstrecken, konkrete Abschlüsse und die beteiligten Kanäle und Kommunikationsinhalte vor, lassen sich wertvolle Rückschlüsse über Research-Online-Purchase-Offline-Kunden ziehen.

Was es braucht, um herauszustechen

Es kommt darauf an, in der Informationsflut durch Relevanz herauszustechen. Und das so effizient wie möglich. Dabei führt eine kluge Kombination aus Intelligenz, Kreativität, Taktik und Automatismen zur Lösung. Kreativität ist gefragt bei der Auswahl der Kanäle und der Ansprache beziehungsweise der Kommunikation selbst. Taktik ist entscheidend bei der Orchestrierung und Optimierung von Kampagnen. Hier verhelfen Machine Learning und künstliche Intelligenz den Werbetreibenden zu besseren und schnelleren Entscheidungen. Automatismen unterstützen im Nurturing-Bereich bei Marketing Automation, E-Mail, Push-Notifications, Pop-ups, Messenger Marketing, aber auch wenn es um die Reaktivierung oder um Empfehlungen geht.

Intelligenz, Kreativität, Taktik und Automatismen sind entscheidend

Human Centered Design Thinking

Wer die Aspekte des Human Centered Design Thinking beachtet, behält die Nase vorn. Das Human Centered Design Thinking blendet zunächst alle anderen Bedingungen aus und stellt ausschließlich den Menschen und seine Bedürfnisse in den Mittelpunkt. Es kommt darauf an, sich emotional und intellektuell in den Kunden hineinzuversetzen. Von dort ausgehend lassen sich durch Multidisziplinarität neue Lösungsansätze finden, fernab etablierter Vorgehensweisen. Dann ist es möglich, dem Wettbewerb einen Schritt voraus zu sein. Bei der Markenkommunikation haben sich die Bereiche Unterhaltung, Strategie, Information, aber auch Infrastruktur und Sichtbarkeit im Sinne der Seamless-Integration als Erfolgsfaktoren herausgestellt.

Dem Wettbewerb einen Schritt voraus sein

Was erlebt der Kunde dabei?

Die Customer Experience entsteht durch ein Echtzeit-Zusammenspiel von Media, Kreation, Daten und Machine Learning. Die Verwendung von Bewegtbild hat große Bedeutung beim Transport von Emotionen. Die Häufigkeit der Ausspielung lässt sich dabei auf das individuell angebrachte Niveau einstellen. Auch die Brand Safety, also das Weben nur in einem geeigneten Umfeld, hat sich für Marken deutlich verbessert.

Echtzeit-Zusammenspiel von Media, Kreation, Daten und Machine Learning

Die Vorteile für den Kunden liegen auf der Hand: Keine nervigen Werbeformate wie Pop-ups, Prestital, Sticky oder In-Line, sondern der Fokus liegt auf Nutzbarkeit, Native-Advertising-Lösungen, interaktiven Anzeigenformaten mit Engagement-Charakter, Videoinhalten, Mini-

Games, Swipe-Galerien, et cetera. Kunden werden deutlich weniger die Flucht vor Werbung ergreifen.

Der Kunde wird wirklich König

Was jahrzehntelang als geflügeltes Wort den Anspruch an perfekte Kundenbeziehungen ausdrückte, wird Wirklichkeit. Kunden rücken immer mehr in den Fokus. Das Produktmanagement hat die Steigerung der Kundenzufriedenheit und -loyalität nicht nur im Blick, sondern auch besser im Griff. Der Trend geht im Prinzip dahin, dass die Nutzer (mehr oder weniger bewusst) die Marke gestalten, denn das Marketing richtet sich nach den Nutzern.

Marketing richtet sich nach den Nutzern

Datengetriebenes Vorgehen als Erfolgsgarant

Durch die Möglichkeit, Bedürfnisse und Kommunikation immer feiner abzubilden beziehungsweise zu betreiben, wird klar, dass Programmatic Advertising nicht länger nur ein Kanal ist, sondern das daten- und technologiegetriebene Vorgehen ist ein Grundprinzip der erfolgreichen Business Intelligence. Es stellt in nie gekanntem Ausmaß Möglichkeiten zur Einstellung auf den Kunden und zur Messbarkeit aller Maßnahmen bereit. Damit ist es zentraler Bestandteil aller Überlegungen von der Produktentwicklung über Marketing und Vertrieb bis zum Service, die sich nun alle in messbare Leistungskennzahlen übersetzen lassen. Mittels methodischer Metrik können diese KPIs immer weiter verbessert und definiert werden.

Fazit Kundenfokussierung

Kunden werden Kampagnen in Zukunft als Bereicherung statt als Belästigung empfinden, da Marken ihre Interaktion permanent an die aktuellen Bedürfnisse der Nutzer anpassen und die Aufdringlichkeit zurückfahren. Grundlage dafür ist das daten- und technologiegetriebene Vorgehen, bei dem vorhandene Datenmengen mittels Algorithmen ausgewertet und Kommunikationsmaßnahmen permanent optimiert werden. Auf sämtlichen Kanälen, ob Drohne, VR, AR oder Wearable. Der Begriff Multichannel bekommt eine ganz neue Bedeutung.

Der Begriff Multichannel bekommt eine neue Bedeutung

DIE CUSTOMER JOURNEY KENNEN UND BEGLEITEN

4

Die Art und Weise, wie Verbraucher und Unternehmen Kommunikationsdienste nutzen, hat sich in den letzten Jahren massiv verändert. Nicht immer verlaufen die Entwicklungen im Callcenter und Kundenservice linear, langsam und vorhersehbar. Die Zunahme der Kanäle, die Kunden nutzen, ist sprunghaft angestiegen. Das Smartphone wird zur universellen, zeit- und ortsunabhängigen Kommunikationsplattform. Neben Telefon, E-Mail werden nun auch Chat, Video-Chat, Twitter, Facebook oder WhatsApp genutzt.

Wie sich die Kommunikation verändert

Unternehmen selbst gießen Öl ins Feuer, in dem sie, durch den Marktdruck getrieben, Filialen schließen, ausdünnen und auf die Digitalisierung der Kommunikation setzen. Wir befinden uns aktuell in einem Zyklus, in dem wir den Aufstieg von automatisierter Kommunikation über Chatbots und die Einführung und zunehmende Nutzung der Kommunikation Fähigkeiten durch künstliche Intelligenz, einschließlich digitaler Sprachassistenten wie Amazon Alexa und Google Home, beobachten. Diese Entwicklung erfordert eine neue Stufe der Orchestrierung von Kanälen und Systemen durch die Unternehmen. Ausgangspunkt sind dabei Customer Journeys, die Reise der Kunden entlang der verschiedenen Touchpoints (Kontaktpunkte) [1].

Kundenreisen sind dynamisch und nicht linear

Die Reise des Kunden ist dynamisch. Ein offensichtlicher Unterschied bei den heutigen Konsumenten ist ihr nicht-linearer Weg zum Kauf. Der Weg des Kunden wurde in der Vergangenheit vom traditionellen „Vertriebstrichter"-Modell geprägt. Aufmerksamkeit, Auswahl, Bewertung, Kauf sind typische Phasen, die ein Kunde in linearer Abfolge durchlief. Und dabei wechselte der Kunde selten mehr als zwei-, dreimal den Kommunikationskanal. Heute sind die Prozesse aus Sicht der Unternehmen wenig plan- und kontrollierbar. Nicht selten werden

Typische Kaufphasen: Auswahl, Bewertung Kauf

Heute sind Prozesse wenig plan- und kontrollierbar

Kauf- oder Serviceprozesse abgebrochen. Der Kunde geht zwei Schritte zurück, wählt eine andere Alternative und setzt die Reise fort. Ermöglicht durch jederzeit verfügbare Technologien, erwarten heutige Kunden, dass sie mit den Anbietern abwechselnd über alle Kanäle, vom Web bis zum Callcenter oder Ladengeschäft und E-Mail kommunizieren können. Je nach Bedarf auf ihre Bedürfnisse zugeschnitten und zu jedem beliebigen Zeitpunkt [2].

Schnittstelle Smartphone

Smartphones entwickeln sich dabei zur zentralen Kommunikationsschnittstelle des Kunden. Telefonieren, Chatten, WhatsApp benutzen, ein E-Mail absenden, im Internet Produkte vergleichen, anrufen sind heute ganz selbstverständlich. Das Wechseln der Kanäle und Medien ist sehr einfach möglich und Kunden verhalten sich in ihrer Mediennutzung opportunistisch. Genutzt wird der Kanal, der gerade am zweckmäßigsten erscheint. Der Druck zeitnah auf diese Form der Kommunikation zu reagieren, tut dann ein Übriges, eine nie dagewesene Komplexität in der IT-Infrastruktur und der Organisation der Unternehmen zu erzeugen.

Silostruktur der Unternehmen steht Omnichannel im Weg

Weil die Kundenreisen dynamisch, auf mehrere Kanäle mit Wechsel von einem zum anderen Kanal, ausgelegt sind, erwarten die Kunden von heute immer mehr eine nahtlose, integrierte, konsistente und personalisierte Erfahrung. Unternehmen, mit ihren Multikanalmodellen und den vielen Kundenkontaktsilos – sind dabei nicht in der Lage, die Kundenbedürfnisse zu erfüllen. Hierfür gibt es mehrere Gründe:

- **Ein Mangel an Verständnis was Omnichannel eigentlich bedeutet.**
  Es ist üblich, dass Unternehmen neue Kanäle hinzufügen, aber Kunden nicht in die Lage versetzen, die Kanäle während einer Reise zu wechseln, ohne dass dabei die Kundenreise gestört oder unterbrochen wird. Dies führt zu einem uneinheitlichen Reiseerlebnis und zu Frustration. Im besten Fall ist dies Multichannel, aber eben nicht Omnichannel. Dieses mangelnde Verständnis beginnt oft mit unzureichendem Einblick in die Art und Weise, wie Kunden auf ihren vielfältigen Kundenreisen interagieren.

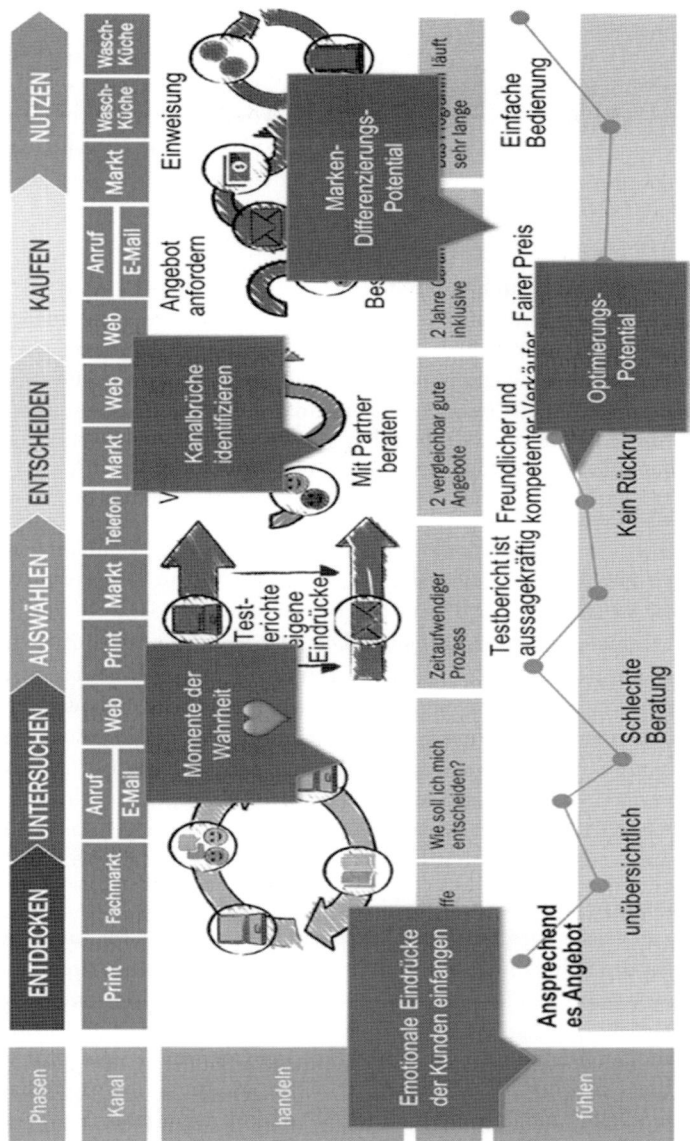

Abb. 1: Kundenreisen über mehrere Kanäle sind heute Standard. Das Verstehen dieser Kundenreisen ist die Grundlage für Omnichannel-Management.

Taktische Ansätze sind eher auf interne Optimierung und Effizienzsteigerung ausgerichtet

- **Taktische Ansätze**

  Es gibt einen Unterschied zwischen einer schrittweisen Entwicklung und Implementierung von Omnichannel-Fähigkeiten auf einer gut durchdachten Roadmap versus einer Erweiterung von Kanälen wie zum Beispiel Instant Messaging, die eher einem aktuellen Modetrend folgen oder rein auf die Erzielung interner Effizienzvorgaben ausgerichtet sind. Ohne klaren Blick auf das, wie die Omnichannel-Strategie auf Basis der Kunden- und Marktanforderungen aussehen muss.

- **Fragmentierte Kundendaten**

  Kundendaten sind zum Teil über mehrere Systeme hinweg fragmentiert und werden häufig in Form von Transaktionen verarbeitet. Dies erschwert den Einblick in den Kundenkontext, was wiederum zu schlechter Reaktionsfähigkeit und mangelhaften Angeboten führt. Oder zu Irritation, da Kunden gezwungen sein können, sich zu wiederholen oder Daten neu einzugeben.

- **Organisatorische und technologische Silos**

  Silos stellen die größten Hindernisse für ein positives Kundenerlebnis, eine gelungene Kundenreise dar. Organisatorische Silos verhindern die notwendige Zusammenarbeit zwischen dem Marketing, Vertriebs- und Servicepersonal. Die abteilungsbezogenen Ziele und Entlohnungssysteme können im schlimmsten Fall das Kundenerlebnis komplett konterkarieren. Kunden denken nicht in Zuständigkeiten, Abteilungen und Verantwortlichkeiten. Sie nehmen das Unternehmen als eine Einheit wahr und erwarten konsistente und nahtlose Prozesse. Aus der Eigenständigkeit der Abteilungen sind häufig die technologischen Silos entstanden. Die Systemlandschaft spiegelt die unterschiedlichen Interessenlagen und Ziele der Abteilungen wider.

Kunden erwarten nahtlose Prozesse

- **Keine Orchestrierungsschicht**

  In dem bisher beschriebenen Umfeld ist es daher kaum verwunderlich, dass die Fähigkeit, die Kundenreisen abteilungsübergreifend, von Anfang bis Ende durchgehend konsistent zu gestalten, fehlen. Deshalb ist es so wichtig, genau die IT-Ausrichtung zu erhalten, die eine störungsfreie und aus Kundensicht einfache und wirksame Unterstützung aller Phasen der Kundenreise ermöglicht. In Siloumgebungen sind das Nutzen aller notwendigen Daten aus verschiedenen Quellen und Echtzeit-Intelligenz-Fähigkeit, die zu einem bestimmten Zeitpunkt auf der Reise eines Kunden relevant ist, entweder technologisch nicht implementiert und/oder organisatorisch nicht gewollt und umgesetzt.

Orchestrieren Sie das Kundenerlebnis

Kunden agieren in Echtzeit und erwarten Antworten und Betreuung in Echtzeit. Und sie erwarten, dass Unternehmen sich als Reisebegleiter verstehen, die vom ersten Kontakt bis zum Abschluss entlang der gesamten Kundenreise unterstützen. Das Herzstück eines Omnichannel-Konzeptes besteht in der Fähigkeit, die Inhalte, Kanäle und Kontaktpunkte zu orchestrieren. Dazu ist eine Orchestrierungsschicht erforderlich, die ein Verteilen der Kundenanfragen unabhängig vom Kanal zum bestgeeigneten Mitarbeiter sicherstellt, eine intelligente Automatisierung von Bearbeitungsschritten auf Basis von Predictive Analytics sicherstellt. Es bedeutet zudem auch ein hohes Maß an Datenintegration von historischen Informationen aus CRM- und Backoffice-Systemen und kontextbezogenen Daten des Kunden aus seiner Interaktionen in Echtzeit. Diese Echtzeiteinblicke sind notwendig, um die richtigen Schritte auf Basis relevanter Inhalte auszulösen.

Kunden wünschen Antworten und Betreuung in Echtzeit

Ziel ist es, die richtige Reaktion seitens des Unternehmens auszulösen, Kontinuität zu gewährleisten und die Konsistenz der Erfahrungen, die Interaktionsdaten der Kunden über alle vom Kunden genutzten Kanäle hinweg zu erhalten.

Die gesamte Wertschöpfungskette, von Fulfillment, Logistik bis zum Rechnungswesen, müssen integriert und vernetzt werden. Die zugrundeliegenden Interaktionsprozesse müssen das Leben für den Kunden so einfach wie möglich und intuitiv gestalten.

Einfachheit und intuitive Lösungen gefragt

Omnichannel-Architektur: Die wesentlichen Elemente

Die Omnichannel-Architektur muss es den Kunden ermöglichen, in der Weise zu interagieren, wie es für die Kunden am bequemsten ist und ihren Vorlieben entspricht. Dies beinhaltet die Möglichkeit für Kunden, Kanäle zu wechseln und die Kundenreise zu unterbrechen. Eine Interaktion in jedem beliebigen Mix aus digitalen und physischen Kanälen, zum Beispiel offline Einzelhandelsgeschäfte durchzuführen.

Der Kunde wählt den Kanal

Das Omnichannel-Erlebnis muss für Kunden einfach und intuitiv zu bedienen sein, um ihre Ziele mit minimalem Aufwand zu erreichen. Jede Interaktion an jedem Touchpoint muss auf ein Höchstmaß an Einfachheit und Zeitersparnis ausgerichtet sein. Eine wesentliche Kennziffer, um den Kundenaufwand zu messen, ist der Customer Effort Score. Für den Erfolg

Minimieren Sie den Kundenaufwand

eines Omnichannel-Konzeptes ist diese Kennziffer eine der Kerngrößen [3].

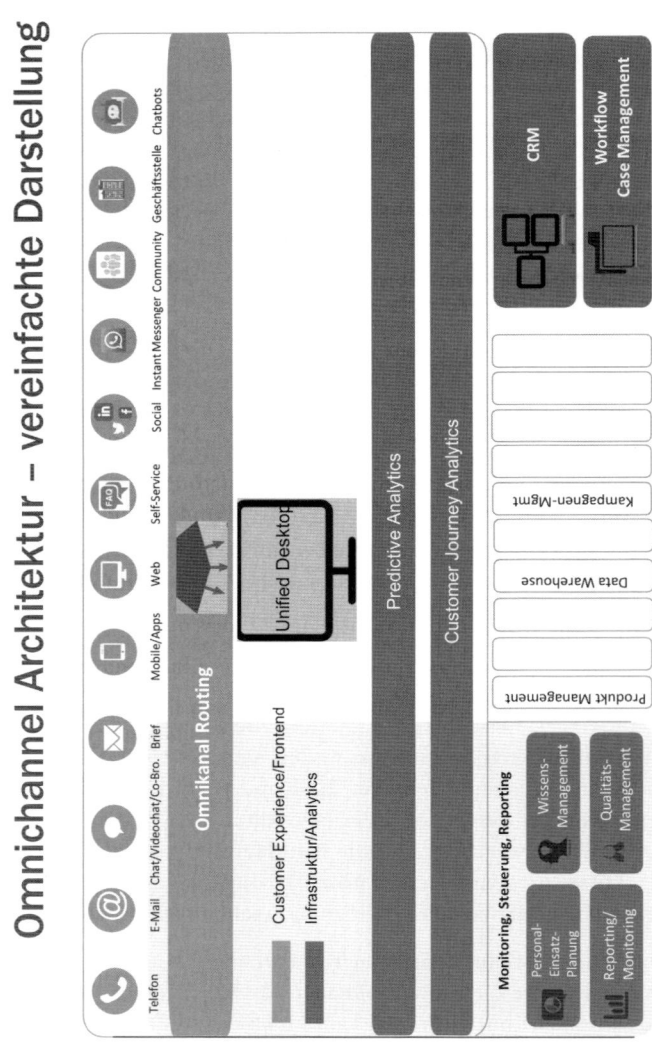

Abb. 2: Vereinfachte Darstellung einer vereinfachten Omnichannel-Architektur [4].

166

Unified Desktop: Relevante Informationen auf einen Blick

Einfach zu nutzende, medienbruchfreie Omnichannel-Konzepte sind wie gesagt die eine Seite der Medaille. Die zweite, oft sehr viel größere, Herausforderung besteht darin, die verschiedenen Systeme, insbesondere die Callcenter-/Customer-Service-Anwendung so zu verknüpfen, dass die Ergebnisse aus der E-Mail-Kommunikation, aus einem persönlichen Beratungsgespräch in der Filiale, aus dem Telefonat, an einer zentralen Stelle zusammenlaufen. So, dass Mitarbeiter jederzeit den kompletten Zugriff auf alle Kundeninteraktionen wie auch notwendigen Systeme für die Beratung haben. Diese Integration aller vorhandenen Systeme in eine einfach zu handhabende Oberfläche stellt oft eine große Herausforderung dar. Unified-Desktop-Systeme setzen genau hier an, um eine Omnichannel-Konzeption zu ermöglichen. Nach außen hin alle verfügbaren Kanäle an ein zentrales System für die Mitarbeiter anzuschließen, damit ein unnötiger, zeitaufwendiger Wechsel zwischen den Systemen vermieden wird. Nach innen hin alle notwendigen Systeme wie CRM, Fachanwendung mit den notwendigen Daten und Kundeninformationen mit einer zentralen Anwendung für die Mitarbeiter zu verknüpfen. Nahezu alle Softwareanbieter im Callcenter-/Customer-Service-Umfeld bieten einen Unified-Desktop-Lösungsansatz an.

Herausforderung Integration aller vorhandenen Systeme

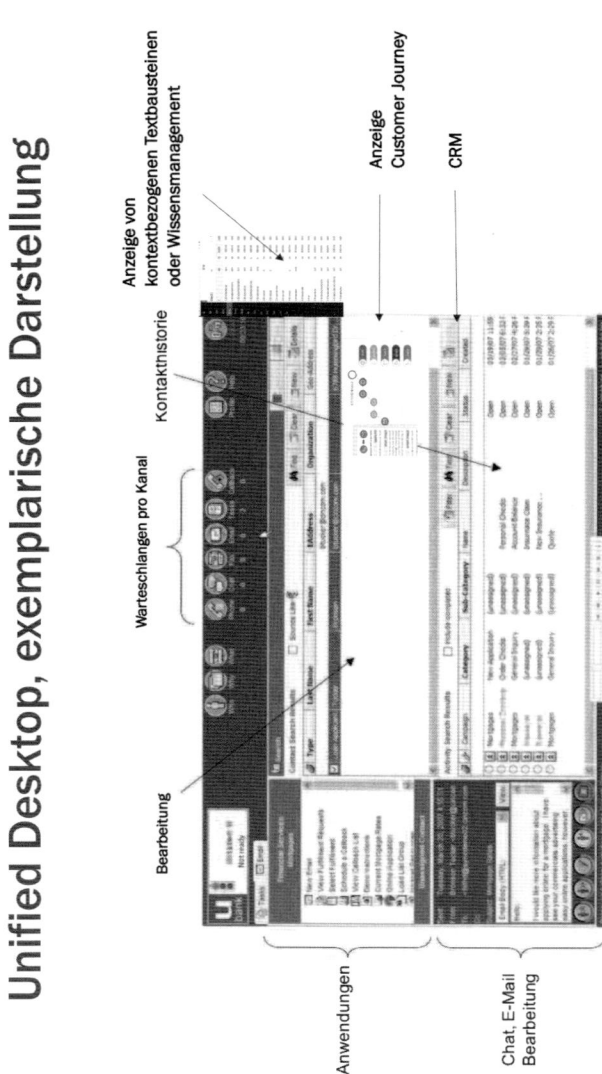

Unified Desktop, exemplarische Darstellung

Abb. 3: Exemplarische Darstellung eines Unified-Desktop-Ansatzes [5].

Omnichannel-Routing

Jeder Kanal besitzt individuelle Anforderungen an die Reaktionszeit/ Service-Level, die Fähigkeit der Mitarbeiter für die Bearbeitung. Ein Mitarbeiter mag gut telefonieren und chatten können, eignet sich aber möglicherweise nicht für den Videochat. Jede Kundenanfrage – basierend auf dem Kontext, den Kundenpräferenzen, der Inhalte an den richtigen Mitarbeiter zu routen, stellt in einer Omnichannel-Architektur eine besondere Herausforderung dar. Es gibt drei alternative Möglichkeiten für ein Omnichannel-Routing:

Herausforderung Mitarbeiter

1. Man rüstet die bestehende ACD-Anlage mit entsprechenden Softwarelösungen auf und ermöglicht damit das Routen aller eingehenden Kanäle über das bestehendes ACD-System. Systeme wie zum Beispiel twillio ermöglichen ACD-Systemen auch Kanäle wie Chat oder Videochat-Anfragen nach frei zu definierenden Regeln zu routen.

2. Sofern die Investition in ein neues ACD-System möglich ist, kann man mit zeitgemäßen Lösungen von 4Com, Genesys, Enghouse, Sikom oder Cisco alle zeitgemäßen Kanäle über ein einziges System nach unterschiedlichen Regeln routen und steuern. Moderne ACD-Systeme sind Omnichannel-fähig und gestatten das komplette Management über eine zentrale Plattform.

3. Eine dritte Alternative sind CRM-Systeme für das Routing einzusetzen. CRM-Anbieter wie zum Beispiel salesforce.com haben sich längst von reinen CRM-Systemen zu modernen Customer-Experience-Management-Lösungen weiterentwickelt, die auch das Verteilen, Routen, Steuern von Anfragen über unterschiedliche Kanäle übernehmen. Teilweise bieten sie nicht nur die Routing- und Verteilfunktion der diversen Kanäle, sondern auch Chat-, Videochat oder Co-Browsing-Funktionen. Alles integriert mit den bestehenden CRM-Funktionalitäten. Damit werden Sie zu direkten Mitbewerbern der klassischen ACD-Anbieter.

Kontextuell relevante Interaktionen für Dialog nutzen

Dies basiert auf der Ableitung des Kunden- oder Interessentenverhaltens und der Kundenhistorie. Ziel ist es, die relevanteste Handlung oder den relevantesten Inhalt auszulösen, um den Kunden in die Lage zu versetzen,

Historische CRM-Daten für Mitarbeiter bereitstellen

seine Ziele zu erreichen. Dazu ist eine Echtzeitanbindung der Daten aus der aktuellen Kundenreise, historischen CRM-Daten notwendig, um für die Mitarbeiter den Kontext, in dem der Kunde agiert, anzuzeigen.

Predictive Analytics

Passen Sie sich kontinuierlich an, um relevant zu bleiben

Um eine kontinuierliche Anpassung an die Kundenanforderungen zu gewährleisten, werden Regelkreise benötigt. Eine Rückmeldungsschleife mit dynamischer Echtzeitanpassung auf Basis von digitalen Hinweisen der Kundeninteraktion, um kontextrelevante Reaktionen auszulösen. Die Analyse der Verhaltensmuster, Kanalnutzung durch Echtzeit-Predictive-Analytics versetzt das Unternehmen in die Lage, Inhalte oder nächstbeste Aktionen kundenindividuell auszulösen, um Kunden zu helfen, ihre Ziele zu erreichen oder Feedback zu geben. Kundenfeedback und Bewertung der Erlebnisse des Kunden während der Interaktion sind notwendig, ebenso wie die Überwachung von Verhaltensänderungen. Dieses Feedback wird verwendet, um Omnichannel-Erfahrungen kontinuierlich zu rekalibrieren, um sicherzustellen, dass die Kundenerwartungen erfüllt werden.

Fazit

Eine zeitgemäße Omnichannel IT-Architektur ist hochkomplex

Die Vielzahl der unterschiedlichen Systeme (Anrufe, Chat, Instant Messenger, In-App Kommunikation, Videochat, E-Mails, SMS, ...) unter einen Hut zu bekommen, ist schon für sich genommen eine große Herausforderung. Das Dirigieren, Synchronisieren der Kundenreisen stellt aber noch einmal eine zusätzliche Anforderung, die neue Technologien und neues Denken erfordert. Callcenter und Customer-Service-Organisationen benötigen ein System, dass nahezu in Echtzeit:

- Den Kunden identifiziert,
- das Anliegen des Kunden erkennt,
- die bisherige Kundenreise darstellt,
- die Anfrage an den bestgeeigneten und freien Mitarbeiter routet,
- alle zur Bearbeitung notwendigen Daten und Empfehlungen bereitstellt,
- eine Empfehlung für den nächstbesten Schritt abgibt.

Im Klartext bedeutet dies, dass alle Systeme, die einen Kanal abdecken (Chat-System, Instant Messenger, ...) mit mehreren zentralen Systemen in Echtzeit verbunden sein müssen. Dem CRM-System, um die kundenindividuellen Daten bereitzustellen, der Kontakthistorie zur Nutzung und Pflege der individuellen Daten, einem universellen, kanalübergreifenden Routing-System, einer Visualisierungs-Software für Kundenreisen (Customer Journey Analytics) und dem Vorhersagesystem (Predictive Analytics) für den empfohlenen, nächsten Schritt mit dem Kunden. Wie eine solche Architektur vereinfacht ausschaut, zeigt die Abbildung 2.

Da es keinen Anbieter gibt, der alle Anforderungen in einem System bündelt und die Unternehmen zudem eine gewachsene Infrastruktur aufweisen, in der neue Komponenten integriert werden müssen, ist dies kein leichtes Unterfangen. Und es erfordert ein neues Denken bei den Verantwortlichen. Abgrenzung, Abteilungsdenken funktionieren nicht mehr. Wer Kundenreisen erfolgreich dirigieren will, benötigt nicht nur die richtigen Instrumente, sondern auch Solisten, die sich in das Symphonieorchester einfügen und ihren Part nach Anweisung des Dirigenten spielen [6].

Neues Denken bei den Verantwortlichen notwendig

Literatur

[1] Dimension Data: 2017 Global Customer Experience (CX) Benchmarking Report, https://www.dimensiondatacx.com/ – Zugriff 05.07.2018

[2] cx/omni: Guideline Customer Journey Mapping, https://cxomni.net/guideline-customer-journey-mapping/ – Zugriff 05.07.2018

[3] Dixon M., Freeman, K., Toman, N.: Stop Trying to Delight your Customers – In: Harvard Business Review, Juli/August 2010

[4] Henn, H.: Omnichannel Konzepte erfolgreich umsetzen, o.J., https://marketing-resultant.de/omnichannel-konzepte-erfolgreich-umsetzen/ – Zugriff 11.07.2018

[5] Marketing Resultant.

[6] Henn, H.: Omnichannel Contact Center: Komplexität pur, o.J., https://marketing-resultant.de/omnichannel-contact-center-komplexitaet-pur/ – Zugriff 05.07.2018

Produktpersonalisierung als Basis einer Customer-Centricity-Strategie

4

Bernhard Kölmel, Alexander Richter

„You have to manage for results, do the right thing right and make serving the customer the center of everything." Diese Aussage stammt von dem US-Ökonom mit österreichischer Herkunft Peter F. Drucker, der in seinem Werk The Practice of Management in den 50er-Jahren des letzten Jahrhunderts die Relevanz der Kundenzentrierung bereits erkannt hatte [1].

Er stellte fest, dass es der Kunde ist, der den Geschäftsbereich prägt und definiert. Daher sei es zwingend notwendig für die Unternehmen, die erfolgreich sein und bleiben möchten, sich kundenzentriert auszurichten und Kundenbindung zu betreiben. Dieser Ansatz bewirkte seither einen fortlaufenden Trend zur Kundenorientierung. Bereits in den 90er-Jahren hatte sich eine kundenorientierte Denkweise bei einem Großteil der Unternehmen durchgesetzt [2]. Fast alle Unternehmen schreiben sich seither „Kundenorientierung" auf die Fahnen – selbst wenn dies aufseiten der Kunden zumeist nicht deckungsgleich wahrgenommen wird. Eine disruptive Technologie gibt dieser Entwicklung jedoch mittlerweile eine völlig neue Dimension: Die Digitalisierung, die in den letzten Jahrzehnten eine enorme Entwicklung vollzogen hat [3].

Kundenorientierung als Marketingstrategie

Wir befinden uns mitten in einer Phase, in der immer mehr Märkte von der Digitalisierung erfasst werden. Dabei geht es nicht mehr nur um digitale Medien wie Musik, Film oder Literatur, sondern um Prozesse oder Intelligenz in allen Bereichen von Wirtschaft und Gesellschaft. Hierbei entstehen in rasantem Tempo neuartige Ökosysteme, in denen von uns erschaffene digitale Infrastrukturen zu Drehscheiben für digitale Daten werden, deren Zugriff und Auswertung über mehrere Geräte beziehungsweise Systeme möglich ist.

Digitalisierung erobert Wirtschaft und Gesellschaft

	Physisch	Intelligent	Intelligent und vernetzt	Produktsystem	Komplexes System
Produkt	Angebot ist physisch	Produkt mit ergänzenden digitalen Leistungen	Leistung mit kabelgebundener oder drahtloser Vernetzung	Leistung im Produkt-Service System integriert	Systemübergreifende Koordination des Produkts
Funktionen	Zentrale Leistungsfunktionen	Personalisierung, erweiterte Funktionalität und Benutzeroberfläche	Remote-Überwachung, -Steuerung und -Service	Ausbau von Funktionen und Betrieb sowie Optimierung der System-Performance	Ausbau der Systemfunktionen und Automatisierung/ Koordination mit anderen Systemen
System-integration	Digitalisierung der Leistungsdefinition	Angebot und digitale Leistung integriert	IT-, Produkt- und Service-Systeme integriert	Erweiterte Dienstleistungen und Systeme integriert	Fremdsysteme von verschiedene Domänen integriert
Daten-analytik	Keine	Batchanalyse von historischen Leistungen	Laufende Analyse von Produktzustand und -nutzung	Echtzeitanalytik und prädiktive Algorithmen	Systemübergreifende Konzeption von Lernen und prädiktiver Analytik
Geschäfts-chance	Leistungsverkauf	Erweiterung der Leistungs- und Servicefunktionen	Ausbau von Produkt- und Servicefähigkeiten und Optimierung des vorhanden Prozesses	Neue Prozesse und Ausbau von Produkt- und Servicefähigkeiten	Transformation des Geschäfts-modells und Erschließen neuer Geschäftsfelder

EVOLUTION

Abb.1: Evolution von physischen Produkten hin zu komplexen, personalisierten Produkt-Service-Systemen [4].

Revolutionierung der Wertschöpfungsketten

Dies revolutioniert Wertschöpfungsketten – und verändert gleichzeitig die Erwartungs- und Anspruchshaltung der Kunden. Denn aufgrund der ständigen Verfügbarkeit einer Vielzahl von Produkten und Marken war es für den Kunden nie einfacher, sich seine Konsumwünsche aufgrund qualifizierter Kaufentscheidungen zu erfüllen. Dank der digitalen Technik kann er sich vorab bestens über das zu erwerbende Produkt beziehungsweise die infrage kommenden Anbieter informieren: Produktvergleichsportale, Informationen und Empfehlungen in den sozialen Medien, geteilte User Experiences beispielsweise über YouTube-Clips sowie detaillierte Produktbewertungen durch andere Käufer liefern wertvolle Anhaltspunkte.

Einfache Preis- und Leistungsvergleiche

Informationen zu Konkurrenzprodukten sind ebenso für den Kunden leichter zugänglich, sodass Preis- und Leistungsvergleiche unterschiedlicher Anbieter schneller zu einem Anbieterwechsel führen können. Die Zeiten absoluter Markentreue sind vorüber. Die Unternehmensstrategien müssen diesen Trends Rechnung tragen. Auch in Sales und Marketing muss umgedacht werden, um neue, engere Formen der Kundeninteraktion zu finden.

Customer Centricity

Digitalisierung und Vernetzung sowie die generelle Marktdynamik bedingen große Herausforderungen, aber auch Chancen für die Unternehmen. Eine erhöhte Kurzlebigkeit von Produkten, kontinuierlich stattfindende Innovationsprozesse, ein erhöhter Konkurrenzkampf sowie eine gesteigerte Kundenerwartung beziehungsweise Kundenmacht müssen berücksichtigt werden. Heutige Unternehmen müssen zunehmend in der Lage sein, sich gegenüber den Mitbewerbern zu differenzieren. Der nachhaltige Erfolg eines Unternehmens hängt nun mehr denn je von der Fähigkeit des Zuschneidens von Angeboten auf die Bedürfnisse der Zielgruppe basierend auf dem spezifischen beziehungsweise kontextabhängigen Bedarf, der sogenannten Personalisierung, ab [5].

Unternehmen müssen sich von Mitbewerbern differenzieren

Hierfür wird eine Ausrichtung am Kunden herangezogen, die eben diese Differenzierung durch die Herstellung personalisierter Produkte ermöglicht. Der Fokus liegt daher mehr denn je auf dem Kunden. Hierdurch wird es möglich, den Bedarf des Kunden besser kennenzulernen, ihn genauer zu identifizieren und entlang der Kundenvorstellungen die Marketingaktivitäten neu zu strukturieren. Entsprechend sind viele Unternehmen näher an ihre Kunden, die durch die Digitalisierung transparent geworden sind, herangerückt. Die sogenannte Customer Centricity gewinnt an Bedeutung.

Customer Centricity gewinnt an Bedeutung

Unter ihr wird die vollständige Ausrichtung des Unternehmens auf die (besten) Kunden verstanden [6]. Dies geht weit über den Kundenorientierungsansatz des letzten Jahrhunderts oder beispielsweise den bloßen Einsatz von CRM-Systemen hinaus. Es handelt sich im Kern um eine Unternehmensstrategie, die sich direkt am Einzelkunden als Führungsgröße orientiert. Im Vergleich zu anderen Strategien liegt bei diesem Ansatz der Fokus also nicht auf dem Produkt oder dem Preis, sondern auf dem Kunden – die Wertschöpfungskette wird somit umgedreht. Seine Realisierung erfordert die Steuerung sämtlicher Unternehmensbereiche nach Kundenprioritäten und die Herstellung einer stärker symmetrischen Beziehung zwischen Kunden und Unternehmung.

Angestrebt wird eine enge und individuelle Interaktion mit den Kunden, die mehr und mehr zu aktiven Partnern werden. Unabhängig von ihrer Zahl sollen Positionierung, Strategie, Struktur, Organisation, Prozesse und Verhalten vollständig auf den Einzelkunden ausgerichtet sein. Eingeschlossen sind dabei Produktentwicklung, Finanzierung, Liefergeschwindigkeit, Beratung und Service. Grundlage dafür sind technische Medien, die eine Mitwirkung der Konsumenten bei Konfiguration und Optimierung der Produkte gestatten. Customer Centricity ist kein bloßes Managementziel, sondern eine komplette

Enge und individuelle Interaktion mit dem Kunden

Ausrichtung auf den Kunden als Leitkultur, die im ganzen Unternehmen vom Praktikant bis zur Geschäftsführung gelebt werden muss, um erfolgreich zu sein [7].

Zufriedene Kunden bringen mehr Gewinn und sind länger treu

Grundsätzlich führt eine tief verankerte und effektiv umgesetzte Customer Centricity einschließlich personalisierter Produkte und Services zu zufriedenen Kunden. Zufriedene Kunden bringen erwiesenermaßen mehr Gewinn für das Unternehmen, sie bleiben ihm länger treu und nehmen Preiserhöhungen eher hin. Zusätzlich teilen zufriedene Kunden ihre positive Erfahrung gerne mit ihrem privaten Umfeld und ferner über Online-Bewertungsfunktionen mit weiteren potenziellen Käufern. Sie wirken somit als Multiplikatoren im Rahmen des Empfehlungsmarketings („Word-of-Mouth-Marketing"). Zufriedene Käufer verschaffen dem Unternehmen eine bessere Position am Markt, einen Vorsprung vor den Wettbewerbern und einen höheren Wert. Sie sind geneigt, bereits gekaufte Produkte erneut zu erwerben und werden Stammkunden.

Stammkunden binden günstiger als Neukunden-Akquise

Für die Unternehmen ist es deutlich günstiger und auch einfacher, Stammkunden zu binden als Neukunden-Akquise zu betreiben [8]. Den Kunden in den Mittelpunkt aller Aktionen zu stellen, bringt also zahlreiche Vorteile mit sich. Studien belegen, dass „kundenzentrierte" Unternehmen langfristig erfolgreicher sind als solche, die weiterhin auf die klassischen preis- oder produktorientierten Strategien setzen. (Selbstverständlich dürfen auch diese beiden strategischen Ansätze nicht völlig von den Unternehmen außer Acht gelassen werden, da sie sich sonst nicht am Markt halten könnten.) Als Beispiel für höchst erfolgreiche Unternehmen, die eine kundenzentrierte Strategie verfolgen und tatsächlich aktiv leben, sind beispielsweise Amazon, Spotify und Starbucks zu nennen.

Es gibt zahlreiche Tools und Instrumente, die Unternehmen dabei unterstützen, „kundenzentriert" zu agieren:

- **Persona Profiler:** Das Tool ist eine Weiterentwicklung der klassischen Marktsegmentierung, mit der ein strukturierten Zugang zur Erstellung einer „Persona" erleichtert wird. Unter Persona versteht man dabei einen typischen Kunden, der ein spezifisches Kundensegment des jeweiligen Unternehmens repräsentiert. Mittels Personas können Marketingkampagnen effizienter gestaltet werden, da auf die unterschiedlichen Kundengruppen individuell eingegangen werden kann [9].

- **Customer Journey:** Sie bietet Einblicke in die Entscheidungsprozesse eines Kunden und wie sich das Unternehmen erfolgswirksam positionieren kann. Sie beinhaltet grundsätzlich drei Phasen: Aktivierungsphase, Informationsphase und Kaufphase. In jeder Phase kann das Unternehmen an den strategisch wichtigen Punkten („Touchpoints") positiven Einfluss nehmen, um den Kunden von sich zu überzeugen. Das Unternehmen begleitet somit den Kunden auf dessen „Reise" vom ersten Kontakt bis zum Kauf mittels diverser Kommunikationstools. Sie macht den Kaufentscheidungsprozess des Kunden transparenter und liefert die „Stellschrauben" für die jeweils passenden Marketing- und Vertriebsaktivitäten [10].

  Unternehmen begleiten Kunden auf seiner „Reise"

- **Online Customer Profiling:** Moderne Onlinekanäle können weitaus mehr Datenmaterial und Informationen liefern als klassische Tools. Mittels Google Analytics und Facebook beispielsweise können viele Erkenntnisse über die eigenen Kunden erzielt werden. Dadurch, dass ihre Spuren verfolgbar sind, werden sie transparent. Die Kunden können somit besser identifiziert und typischen Merkmalen und Eigenschaften zugeordnet werden [11].

- **Empathy Map:** Die „Empathiekarte" ist ein modernes Tool des Unternehmens XPLANE, das mittels eines strukturierten Ansatzes hilft, die eigenen Kunden besser zu verstehen. Hierzu werden Fragen gestellt wie: Was beeinflusst den Kunden? Was denkt und fühlt er? In welchem Umfeld bewegt er sich? Man kann durch die Auseinandersetzung mit diesen relevanten Fragen die Bedürfnisse des Kunden besser einschätzen und im Folgeschluss antizipativ die geeigneten Produkte und Lösungen anbieten [12].

- **Net Promotor Score (NPS):** Der NPS ist eine Kennzahl, die grundsätzlich die Weiterempfehlungsabsicht der Kunden wiedergibt. Diese lässt sich ebenfalls auf die Kundenloyalität und die Kundenzufriedenheit übertragen. Er lässt zudem Rückschlüsse auf den zukünftigen Unternehmenserfolg zu, da eine positive Korrelation nachgewiesen werden konnte. Er ist daher im Rahmen von Customer-Centricity-Projekten eine sinnvolle Ergänzungsmaßnahme [13].

- **Kundenbefragungen:** Unternehmen lernen ihre Kunden am besten kennen und erfahren mehr über deren Bedürfnisse, wenn sie Kundenbefragungen durchführen. Diese sollten über ein unabhängiges Marktforschungsinstitut umgesetzt werden.

Kundenwert berechnen

- **Customer Value:** Dieser Ansatz macht transparent, welchen Wert jeder einzelne Kunde für das Unternehmen hat. Dieses Wissen hilft Marketing und Vertrieb dabei, ihre Aktivitäten auf die relevanten Kunden auszurichten beziehungsweise die Kunden je nach „Kundenwert" fürs Unternehmen mehr oder weniger häufig beziehungsweise intensiv anzusprechen und somit das Marketing- und Vertriebsbudget sinnvoll und maximal effektiv einzusetzen. Als Messzahl dient der CLV (Customer Lifetime Value), der misst, wie viel Geld ein Kunde über die gesamte „Lebenszeit", sprich Kontaktzeit mit dem Unternehmen, ausgeben wird und setzt sich zusammen aus den Einnahmen über den Kunden, abzüglich der Summe, die in ihn investiert wird [14].

- **Loyalitätsprogramme und Kunden-Clubs:** Im Rahmen der verstärkten Kundenbindungsmaßnahmen kann die Loyalität der Kunden gesteigert werden durch Kundenkarten, Prämiensysteme und die Mitgliedschaft in exklusiven Clubs, die den Mitgliedern diverse Vorteile bieten, wie beispielsweise „Amazon Prime".

- **Einbindung der Kunden in Innovations- und Verbesserungsprozesse:** Kunden fühlen sich einem Unternehmen verbunden, wenn ihre Ideen, Feedback und Verbesserungsvorschläge erbeten werden und ernst genommen werden. Sie werden zu aktiven Partnern. Von den Ideen und Hinweisen der Kunden profitiert auch das Unternehmen unmittelbar. Als Beispiel einer Ideenplattform („Customer Idea Platform") ist „My Starbucks Idea" zu nennen [15].

Erfolg durch Personalisierung

Der anhaltende Trend zur Individualisierung verlangt von den Unternehmen immer mehr Flexibilität und Vielfalt in ihren Produkten und Prozessen – und dieser Trend wird durch die Möglichkeiten der Digitalisierung noch signifikant verstärkt. Der vernetzte Kunde verlangt heute Schnelligkeit durch Echtzeitkommunikation, Mobilität auf allen (mobilen) Geräten, Flexibilität auf allen Kanälen sowie Individualität durch personalisierte Produkte und Dienstleistungen [16]. In der Regel richten sich die Präferenzen eines Nachfragers nicht auf ein Produkt beziehungsweise eine Dienstleistung als solches, sondern auf einer Kombination von Eigenschaften, die in dem nachgefragten Gut verkörpert sind.

Kunden wünschen Kommunikation in Echtzeit

Ein Differenzierungsvorteil entsteht durch Anpassung bestimmter Produkteigenschaften an die Präferenzen einzelner Kunden [17]. Je größer deshalb die Heterogenität der Abnehmerbedürfnisse in einem Markt, desto größer ist der Zuwachs an Nutzen durch Individualisierung (da in einem homogenen Markt der Hersteller auch (fast) alle Kundenbedürfnisse durch Standardprodukte befriedigen kann). Allerdings ist Individualisierung kein Selbstzweck. Genau die Individualisierungsfunktionen zu finden, bei denen die meisten relevanten Kunden ein Bedürfnis zur Anpassung haben, ist ein wesentlicher Erfolgsfaktor von Personalisierung.

Aus dem wahrgenommenen Nutzen eines individuellen Produktes im Vergleich zu einem Standardprodukt ergibt sich für den Anbieter die Möglichkeit, die Preise höher anzusetzen oder einen nachhaltigeren Erfolg zu erzielen. Bei der Thematik der Personalisierung geht es folglich nicht darum, jedem Kunden jeden Wunsch zu erfüllen. Vielmehr geht es darum, den Dialog mit denjenigen Kunden individueller zu adressieren, die längerfristig wertvoll für das Unternehmen sind. Diesen werden nominell Merkmale zugeordnet und relevante Programme, Dienste und Informationen werden an die persönlichen Vorlieben, Bedürfnisse und Fähigkeiten dieser Kunden angepasst [18].

Was das Engineering betrifft, so werden mit dem Ansatz des kundenzentrierten Engineerings unter Nutzung der Möglichkeiten der Digitalisierung die besten Voraussetzungen geschaffen, um eine gravierende Verbesserung der Kundeninteraktion und damit voraussichtlich auch einen gesteigerten Verkaufserfolg zu schaffen. Die Rollen der bisherigen Gegenspieler – Technik und Vertrieb – wandeln sich dabei: Das Engineering erweitert seine Denk- und Handlungsweise um nutzerzentrierte Ansätze, Sales und Marketing agieren verstärkt als Schnittstelle zwischen Kunde und Unternehmen durch eine qualifizierte Erfassung von Anwendungsszenarien.

Die Potenziale der Personalisierung sind enorm

Richtig gemacht verbessert die Personalisierung das Leben der Kunden und steigert das Engagement und die Loyalität, indem sie Produkte und Dienstleistungen liefert, die darauf abgestimmt sind und sogar antizipieren, was die Kunden wirklich wollen. Diese Vorteile für den Kunden bedeuten auch Vorteile für das Unternehmen. Die Personalisierung kann Anschaffungskosten senken, die Umsätze

Steigerung des Engagements und der Loyalität

signifikant steigen lassen und die Effizienz der Kundeninteraktion deutlich verbessern. Die eigentliche Herausforderung besteht darin, die Prozesse und Praktiken der Unternehmen so zu verändern, dass das Potenzial der Personalisierung voll ausgenutzt werden kann.

Potenzial der Personalisierung voll ausnutzen

Personalisierte Produkte beziehungsweise Dienstleistungen beziehen sich nicht primär auf die Produktionsweise und auf eine vorliegende Produkt- und Dienstleistungsspezifikation, sondern sehen Entwicklung, Herstellung und Bereitstellung als holistischen, kundenintegrierten Entstehungsprozess. Hilfe für Unternehmen bietet die Erweiterung des Innovationsprozesses um Methoden und Werkzeuge der Kundeninteraktion, die eine frühe und intensive Einbindung des Nutzers beziehungsweise Kunden ermöglicht. Dabei werden Informationen über den Anwender und seine Anforderungen an den Einsatz des Produkts gesammelt, systematisiert, bewertet und anhand von Prototypen getestet. Diese Erweiterung des tradierten technikzentrierten Ansatzes um eine nutzerzentrierte Kundeninteraktion ermöglicht es, zielgerichtet Produktvarianten zu entwickeln und damit das Risiko einer zu starken Fokussierung auf nur wenige potenzielle Kunden zu reduzieren [19].

Ein großer Treiber des Megatrends Individualisierung ist die zunehmende technische und damit zugleich auch soziale Vernetzung. Sie erhöht die Autonomie des Einzelnen und eröffnet Privatpersonen neue Marktzugänge. Ein wichtiger Trend in der vernetzten Welt sind kontextbasierte und personalisierte Dienstleistungen und Produkte. Computersysteme sind immer besser in der Lage, durch die Verknüpfung von verschiedenen Daten das Verhalten, die Vorlieben und den jeweiligen Kontext von Menschen zu analysieren und entsprechend darauf zu reagieren. Personalisierte Produkte bringen Nutzern einen signifikanten Mehrwert, adressieren Megatrends und bewältigen nachhaltig die daraus resultierenden Herausforderungen für Wirtschaft und Gesellschaft.

Personalisierte Produkte bringen Nutzern einen signifikanten Mehrwert

Personalisiertes und hyper-personalisiertes Marketing

Personalisiertes Marketing ist ein weitläufig eingesetzter Marketingansatz [20]. Er ist relevant, zielgerichtet und wird von den Empfängern positiv aufgenommen. Gerade in der heutigen Zeit der Informationsflut über zahlreiche Kanäle, in der eine Benachrichtigung nur durchschnittlich acht Sekunden Aufmerksamkeitsspanne beim Leser erzielt [21], ist die Akzeptanz des Empfängers das entscheidende Kriterium. Die

Formen der Personalisierung sowie der Grad der Personalisierung können variieren. Die meisten Unternehmen stehen mit dem Grad der umgesetzten Personalisierung jedoch weitgehend noch am Anfang. Unabhängig vom erreichten Personalisierungsgrad geht es jedoch immer darum, maßgeschneiderte Inhalte für jeden einzelnen Empfänger einer Kampagne zu liefern. Hierzu werden folgende Mittel eingesetzt:

Personalisierung steht noch weit am Anfang

1. **Einsatz von Platzhaltern (Field Merges):** Die Verwendung von sogenannten Field Merges stellt wohl die einfachste Form der Personalisierung im Online-Marketing dar. Durch die Speisung aus einer Datenbank können Personen, Firmen und Aktionen in Mailings und auf Landingpages automatisiert „persönlich" angesprochen beziehungsweise benannt werden, beispielsweise mit „Hallo [Vorname], ...", „Firmen wie [FirmenName] ..." oder „... Interesse am Download von [DownloadName] ...".

2. **Einsatz von dynamischen Inhalten (Dynamic Content):** Im Gegensatz zur Individualisierung einzelner Wörter wie bei den Field Merges werden hierbei als nächste Aufbaustufe komplette Text-Inhaltsblöcke sowie Bilder, Links, Buttons und Calls-to-Action im Rahmen von E-Mails, Landingpages und Webseiten individualisiert. Hierzu werden Regeln inklusive „Default Rules" aufgebaut. Ein klassisches Einsatzgebiet stellt die Anrede in E-Mails dar, beispielsweise: WENN „Anrede = Frau" UND „Nachname ≠LEER" DANN zeige „Sehr geehrte Frau [Nachname]".

3. **Erstellung und Einsatz von Personas:** In dieser nächsten Personalisierungsstufe kommen Personas, also fiktive Charaktere, die in den Kaufprozess eingebunden sind, zum Einsatz. Der Zweck von Personas ist es, zuverlässige und realistische Darstellungen der spezifischen Eigenschaften einer relevanten Zielgruppe exemplarisch darzustellen. Diese Darstellungen sollten auf qualitativen Werten und quantitativen Erfahrungswerte basieren [22], die man beispielsweise aus einer Webanalyse generiert hat. Für die meisten Projekte genügen drei bis fünf Personas wie beispielsweise „Vertriebsleiter" oder „Der-mit-dem-Geldkoffer".

Allerdings vervielfacht jede Persona, die in einer Content-Marketing-Strategie definiert wird, den Aufwand in der Content-Produktion exponentiell. Das Ziel bei der Einrichtung von Personas ist es daher nicht, alle möglichen Zielgruppen zu berücksichtigen, sondern sie dienen der Evaluierung der wichtigsten Bedürfnisse der wichtigsten

Nutzergruppen, sprich der „besten Kunden". Mit dem Persona-Konzept können Inhalte viel besser auf den Empfänger abgestimmt werden als mittels Standard-Content über Field Merges und/oder dynamische Inhalte.

4. **Einsatz von personalisierten Inhalten in unterschiedlichen Kampagnenstufen:** Der Einsatz des richtigen Contents zur richtigen Zeit liefert ein hochgradig individualisiertes Marketingerlebnis über den bloßen Einsatz von Content hinaus. Es wird hierbei geprüft, in welcher Phase sich der potenzielle Kunde befindet und die passende Kampagnenstufe wird ermittelt. Dies kann klassischer Weise über die Beantwortung von Formularen durch die Kunden geschehen oder aber mittels des komplexeren Ansatzes von dynamischen Lead-Scoring-Modellen, die auf Grundlage unterschiedlicher Verhaltensinformationen und anderer Kriterien über alle Kampagnenphasen hinweg einen Lead Score ermitteln. Abschließend werden alle Lead Scores miteinander verglichen und der jeweils höchste Wert bestimmt die aktuelle Kampagnenphase. Wie bei der Anlage von Personas steigert jede Anlage einer weiteren Kampagnenphase den Bedarf an Content allerdings exponentiell.

Hyper-personalisiertes Marketing [23] wiederum stellt die neueste und höchst entwickelte Form des Content-Marketings dar. Müssen bei der Verwendung von statischem Content bei den Mitteln Personas und/oder Kampagnenstufen stets mühevoll alle Templates anpasst werden, werden beim hyper-personalisierten Marketing die Inhalte in Form von PDFs oder Druckmaterialien vollkommen dynamisch erstellt. Durch den Einsatz von ausgefeilten Regeln lassen sich komplexe Variationen bei der Personalisierung von Bildern, Textelementen, Grafiken, Statistiken und Zitaten umsetzen und zwar immer im Rahmen des aktuellen Layouts beziehungsweise der aktuellen Style- und Branding-Vorgaben.

Die Einsatzmöglichkeiten sind vielfältig: personalisierte Angebote, Einladungen zu Events, Tickets für Veranstaltungen, Broschüren, Checklisten, Poster, Fallstudien, Analysen, Berichte, Ratgeber und vieles mehr. In Echtzeit vorhandene Informationen des Nutzers werden hierbei verwendet, um diesen optimal anzusprechen – und zwar genau in dem Augenblick, in dem der Content beispielsweise in Form einer Download-Anforderung benötigt wird. Beispielsweise wird ein herunterzuladendes Dokument „Wie Sie Ihr Unternehmen erfolgreich auf Industrie 4.0 umstellen" automatisch auf den Unternehmensnamen des Nutzers angepasst „Wie Sie [FirmenName] erfolgreich auf Industrie 4.0 umstellen."

Ein weiteres Szenario: Ein Kunde sucht per Onlineshop-App einen blauen Pullover, verlässt die Seite aber nach 20 Minuten ohne Kauf. Folgende Daten stehen zum Kunden zur Verfügung: Präferenz für reduzierte Ware, Präferenz für Marke XY, Präferenz zum Kaufabschluss freitags von 19-21 Uhr, gute Reaktionsrate hinsichtlich Push-Nachrichten. Im Rahmen einer hyper-personalisierten Kampagne würde eine Push-Nachricht auf das Handy des Nutzers gesendet werden, die eine rabattierte Verkaufsaktion zur Marke XY für blaue Pullover am Freitagabend ankündigt.

Mittels geringem Aufwand bei der Anpassung der Vorlagen im Hintergrund wird hinsichtlich der Download-Anfragen sichergestellt, dass der Content bei künftigen Downloads durch Leads, Kunden oder Kontakte jeweils auf dem neuesten Stand ist. Der Kunde beziehungsweise Interessent erhält somit genau das, was er möchte, im Rahmen eines zufriedenstellenden oder gar Begeisterung auslösenden Marketingerlebnisses [24]. Parallel dazu empfiehlt es sich, eine konsistente Kommunikation über alle Kanäle zu betreiben (Omnichannel-Marketing). Im Gegensatz zum Multichannel-Marketing, bei dem viele Kanäle unabhängig voneinander bedient werden, werden hierbei die Kanäle in Bezug zueinander gestellt [25].

Idealerweise wird so eine verbesserte „Customer Experience" entlang der gesamten „Customer Journey" jedes Kunden über verschiedene Kanäle hinweg kreiert. Am Beispiel einer Warenkorbabbrecher-Kampagne sieht dies folgendermaßen aus: Ein Kunde legt ein Produkt in den Webshop-Warenkorb, verlässt den Browser aber ohne den Kauf zu beenden. Dies triggert die Kampagne. Per Post erhält der Kunde einen Gutschein für das nicht gekaufte Produkt. Wenn er eine Filiale betritt, erhält er eine Push-Nachricht zur Erinnerung und ein persönlicher Shop-Assistent wird ihm zugewiesen. Falls es zum Kauf kommt, erhält der Kunde im Anschluss eine Beglückwünschung zum Kauf per E-Mail.

Beispiel zu einer Warenkorb-abbrecher-Kampagne

Jede der zuvor genannten Personalisierungserweiterungen des Marketings geht einher mit Kosten und Aufwand. Es lohnt sich dennoch, die Marketingstrategie auf die Personalisierung auszurichten. Denn für die Firmenkontakte wird so an allen „Touchpoints" eine ansprechende oder sogar außergewöhnliche „Customer Journey" kreiert, was nachweislich zu besseren Conversion-Raten führt. Den Erfolg personalisierter Ansprache bestätigen zahlreiche Analysen und Umfragen. Laut Accenture [26]

Personalisierung fordert Kosten und Aufwand

Nächster Schritt: prädiktive Personalisierung

bevorzugen 75 Prozent der Kunden Käufe bei Anbietern, die ihre individuellen Präferenzen kennen und bei ihrer Angebotsunterbreitung verwenden. Top-Unternehmen wie Amazon, Starbucks und Spotify sind in Sachen Personalisierung sogar bereits einen Schritt weiter und verwenden „prädiktive Personalisierung" (predictive personalisation), bei der künstliche Intelligenz im Rahmen des „Recommendation Engine" genannten Software-Services zum Einsatz kommt. Über diesen generiert beispielsweise Amazon, Marktführer in Sachen „Me-Commerce", Conversion-Raten von über 74 Prozent bei seinen Prime-Kunden.

Damit ist der E-Commerce-Anbieter bei Weitem erfolgreicher als seine Mitbewerber, die kein hyper-personalisiertes beziehungsweise prädiktiv-personalisiertes Marketing betreiben. Deren durchschnittliche Conversion Rate in den USA und Kanada liegt lediglich bei 3,22 Prozent [27]. Amazon greift hierzu auf zahlreiche zur Verfügung stehenden Echtzeitdaten sowie gespeicherte Nutzerdaten zurück: Name, Sucheingaben, Zeit je Suche, Kaufhistorie, Markenaffinitäten, Kategoriepräferenzen, Verweildauer nach Kauf, durchschnittliche Verweildauer und so weiter. Anhand von vier Hauptkriterien (Kaufhistorie, Produkte im Warenkorb, vom Kunden sowie von anderen Kunden positiv bewertete Produkte) schlägt der „Recommendation Engine"-Algorithmus die voraussichtlich best-geeignetsten Produkte vor – zum Vorteil des Kunden und des Unternehmens.

Abb. 2: Grad der Personalisierung von Unternehmen in Relation zu den Einnahmen-Systemen [28].

Marketingabteilungen von Herstellern, die bislang noch wenige oder keine Personalisierungs-Tools und -Instrumente verwenden, sollten im ersten Schritt die Personalisierungsanforderungen identifizieren [29]: Auf Basis der zukünftigen Zielkunden wird eruiert, was der Kunde wirklich will und mit welchen Funktionen/Optionen/Features man bei ihm Begeisterung auslösen kann. Die Aufgabe besteht darin, für jedes Segment die „Customer Journey" zu verstehen, basierend auf einer Reihe von Interaktionen des Produkts beziehungsweise der Dienstleistung entlang der ganzen Wertschöpfungskette. In intensiver Interaktion mit dem Kunden lassen sich offensichtliche und verborgene Anforderungen ermitteln. Das Potenzial einer jeden einzelnen Anforderung muss sorgfältig und basierend auf dem relativen Wert bewertet und priorisiert werden [30].

Personalisiertes Marketing gestattet es Unternehmen aller Art grundsätzlich, den Kunden besser kennenzulernen, gezielter und informativer anzusprechen, bessere Marketingerlebnisse zu kreieren und ihn dort abzuholen, wo er steht. So gelingt es, seine wertvolle Aufmerksamkeit zu gewinnen, sich von den Mitbewerbern abzuheben, den Kunden an sich zu binden und durch gesteigerte Umsätze langfristig erfolgreich zu sein.

Kunden gezielter und informierter ansprechen

Literatur

[1] Drucker, P. (1954): The Practice of Management. In Harper & Row, New York 1954 (Reprint 2006).

[2] Bruhn, M. (2000). Das Zufriedenheitskonzept. Kundenorientierte Produktgestaltung, München, S. 121-141.

[3] McKinsey Global Institute (2013): Executive summary. Disruptive technologies. Advances that will transform life, business, and the global economy.

[4] Eigene Darstellung basierend auf Porter, M. & Hepplemann, J. (2014): How Smart, Connected Products Are Transforming Competition. Harvard Business Review 92, no. 11 (November 2014), pp. 64-88.

[5] Brynjolfsson, E. & McAfee, A. (2011): Race against the machine. How the digital revolution is accelerating innovation, driving productivity, and irreversibly transforming employment and the economy. Lexington, Mass: Digital Frontier Press.

[6] Fader, P. (2012): Customer Centricity. Focus on the Right Customers for Strategic Advantage. Philadelphia: Wharton Digital Press.

[7] Bird, A., Künstner, T., & Vogelsang, G. (2003). Customer centricity: die neue Chance für die Medienindustrie. Campus Verlag.

[8] Palloks-Kahlen, M. (2002). Kennzahlengestütztes Kundenbindungsmanagement. Controlling, 14(2), S. 111-112.

[9] Schach A. (2015) Content-Strategie. In: Advertorial, Blogbeitrag, Content-Strategie & Co. Wiesbaden: Springer Gabler.

[10] Lemon, K. N. & Verhoef, P. C. (2016). Understanding customer experience throughout the customer journey. Journal of Marketing, 80(6), pp. 69-96.

[11] Wiedmann, K. P., Buxel, H., & Walsh, G. (2002). Customer profiling in e-commerce: Methodological aspects and challenges. Journal of Database Marketing & Customer Strategy Management, 9(2), pp. 170-184.

[12] Osterwalder, A., & Pigneur, Y. (2011). Business Model Generation: Ein Handbuch für Visionäre, Spielveränderer und Herausforderer. Campus Verlag.

[13] Reichheld, F. F. (2003). The one number you need to grow. Harvard business review, 81(12), pp. 46-55.

[14] Andon, P., Baxter, J., Bradley, G. (2003): Calculating Customer Lifetime Value (CLV): Theory and Practice, in: Günter, B./ Helm, S. (Hrsg.): Kundenwert. Grundlagen — Innovative Konzepte — Praktische Umsetzung, 2. Aufl., Wiesbaden, S. 299-315.

[15] Sigala, M. (2012). Social networks and customer involvement in new service development (NSD) The case of www. mystarbucksidea. com. In: International Journal of Contemporary Hospitality Management, 24(7), pp. 966-990.

[16] Brynjolfsson, E. & McAfee, A. (2011): Race against the machine. How the digital revolution is accelerating innovation, driving productivity, and irreversibly transforming employment and the economy. Lexington, Mass: Digital Frontier Press.

[17] Reichwald, R. & Piller, F. (2006): Interaktive Wertschöpfung: Open Innovation, Produktindividualisierung und neue Formen der Arbeitsteilung, Gabler Verlag.

[18] Runte, M. (2000): Personalisierung im Internet: Individualisierte Angebote mit Collaborative Filtering. Deutscher Universitätsverlag.

[19] Piller, F., Möslein, K., Ihl, C., Reichwald, R. (2017): Interaktive Wertschöpfung kompakt: Open Innovation, Individualisierung und neue Formen der Arbeitsteilung. Springer Verlag.

[20] Van Doorn, M., Duivestein, S., Lee, J. S., Pepping, T.: In Pursuit of Digital Happiness. White Paper. VINT

[21] Hooton, C. (2015). Our attention span is now less than that of a goldfish, Microsoft study finds.

[22] Oplayo (2017). Werte Ihrer Website prägnant & übersichtlich für Entscheidungen dynamisch aufbereitet. https://www.oplayo.com/blog/werte-der-website-kennen-und-agieren/ – Zugriff 27.07.2018

[23] Gastaldi, M. (2014, May). Integration of mobile, big data, sensors, and social media: impact on daily life and business. In IST-Africa Conference Proceedings, 2014 (pp. 1-10). IEEE.

[24] Knoppe, M., & Wild, M. (Hrsg.) (2018): Digitalisierung im Handel. Geschäftsmodelle, Trends und Best Practice. SpringerGabler.

[25] Verhoef, P. C., Kannan, P. K., & Inman, J. J. (2015). From multi-channel retailing to omni-channel retailing: introduction to the special issue on multi-channel retailing. Journal of retailing, 91(2), pp. 174-181.

[26] Accenture (2016): Consumers Welcome Personalized Offerings but Businesses Are Struggling to Deliver, Finds Accenture Interactive Personalization Research. https://newsroom.accenture.com/news/consumers-welcome-personalized-offerings-but-businesses-are-struggling-to-deliver-finds-accenture-interactive-personalization-research.htm – Zugriff 30.07.2018

[27] Internet World Business (2015): Amazon Prime: 74-prozentige Conversion Rate https://www.internetworld.de/e-commerce/amazon/amazon-prime-74-prozentige-conversion-rate-960787.html (Stand 26.06.2015) – Zugriff 30.07.2018

[28] Schieder, C. & Blaser, F. (2017): Ein Reifegradmodell für die Personalisierung im E-Commerce. Praxis der Personalisierung im Handel.

[29] Piller, F., Möslein, K., Ihl, C., Reichwald, R. (2017): Interaktive Wertschöpfung kompakt: Open Innovation, Individualisierung und neue Formen der Arbeitsteilung. Springer Verlag.

[30] NICE (2004): Guide to the methods of technology appraisal. London, National Institute for Clinical Excellence.

Weiterführende Literatur

Accenture. (2008). Customer Centricity - The New Axis of High Performance.

Alter, S. (2007). Customer-Centric Systems: A Multi-Dimensional View. Proceedings of WeB 2007 (Sixth Workshop on eBusiness).

Bailey, C. (2005). Embarking on the Journey to Customer Centricity. The Professional Journal for Customer Service and Support Management.

Bliss, J. (2015): Chief Customer Officer 2.0: How to Build Your Customer-Driven Growth Engine. New Jersey: WILEY.

Braun, L., & Grimm, C. (2017). Ability2Delight – Entwicklung organisationaler Kompetenzen zur Kundenbegeisterung. St. Gallen: Universität St. Gallen - Institut für Marketing.

Brynjolfsson, E. & McAfee, A. (2014): The Second Machine Age. Work, Progress, and Prosperity in a Time of Brilliant Technologies. New York: W. W. Norton & Company.

Cross, R. G., & Dixit, A. (2005). Customer-centric pricing: The surprising secret for profitability. Business Horizons.

Erickson, P. (2008). 7 Steps to Transforming a Marketing Plan to a Customer Centric Strategy. Digital Cement.

Fader, P. (2012): Customer Centricity. Focus on the Right Customers for Strategic Advantage. Philadelphia: Wharton Digital Press.

Glattes, K. (2016). Der Konkurrenz ein Kundenerlebnis voraus. Customer Experience Management - 111 Tipps zu Touchpoints, die Kunden begeistern. Wiesbaden: Springer Fachmedien.

McKinsey Global Institute (2011): Big data. The next frontier for innovation, competition, and productivity.

Müller, M. (2007): Kundenintegrationskompetenz bei individuellen Leistungen. Gabler Verlag.

Reason, B., Løvlie, L., & Flu, M. B. (2016). Service design for business: A Practical Guide to Optimizing the Customer Experience. Hoboken. New Jersey: John Wiley & Sons, Inc.

Schögel, M., & Herhausen, D. (2012). Customer Centricity - nur eine Frage der richtigen Strategie?

Stüber, E. & Hudetz, K.(Hrsg.) (2017): Praxis der Personalisierung im Handel. Mit zeitgemäßen E-Commerce-Konzepten Umsatz und Kundenwert steigern. Wiesbaden: SpringerGabler.

Influencer-Marketing ist aktuell in aller Munde. Es ist eine Spielart des Online-Marketings, bei der Unternehmen gezielt Meinungsmacher (Influencer) und damit Personen mit Ansehen, Einfluss und Reichweite in ihre Markenkommunikation einbinden. Zumeist erfolgt dies über soziale Medien, wobei sich häufig die Reichweite über die Anzahl der Follower eines Influencers definiert. Daher wäre der Begriff Social-Influencer-Marketing präziser. In Deutschland ist es im Laufe der Jahre 2016 und 2017 zu einem Hype-Thema geworden. In den Medien wurde diese Marketingdisziplin extrem kontrovers diskutiert [1]. Mal wurde das Platzen der Blase prognostiziert und über die Fake-Follower gewettert. Dann wieder wurde von Top-Agenturen berichtet, die sehr erfolgreich Influencer-Kampagnen für Top-Marken durchführen. Auf rein sachlicher Ebene lässt sich konstatieren, dass gut gemachtes Influencer-Marketing funktioniert und hervorragende Ergebnisse liefert. Einer der Hauptgründe für den Erfolg von Influencer-Marketing ist Relevanz, wie dieser Beitrag belegen wird.

Influencer-Marketing funktioniert und liefert hervorragende Ergebnisse

Das Relevanzproblem klassischer Werbeformen

Ohne Zweifel haben die technologische und auch die gesellschaftliche Entwicklung der letzten fünf bis zehn Jahre zu einer enormen Veränderung in der Werbung und im Marketing geführt. Bestimmte Zielgruppen, besonders junge Menschen, sind heute über konventionelle Medien kaum noch zu erreichen. Dafür sind sie über ihr Smartphone quasi always-on. Sie sehen kein TV mehr, sondern streamen oder sehen Videos auf YouTube. Sie lesen keine Tageszeitung, sondern informieren sich im Netz. Sie kommunizieren nicht mehr über E-Mail, sondern nutzen WhatsApp, Instagram oder SnapChat. Auch bei vielen älteren Mediennutzern hat sich eine Art Werbemüdigkeit entwickelt – und zwar gleich in zweierlei Hinsicht. Zum einen gibt es die Mediennutzer,

Bestimmte Zielgruppen sind heute über konventionelle Medien kaum noch zu erreichen

die technisch gegen Werbung vorgehen. Beispielsweise wehren sie sich gegen Onlinewerbung durch sogenannte „Ad-Blocker" (vergleiche Abbildung 1). Zum anderen gibt es mittlerweile viele Nutzer, die die herkömmliche Onlinewerbung mental ausblenden oder bei einsetzender TV-Werbung umschalten oder zum Handy greifen. Die Ursachen für dieses mentale Ausblenden ist die allgegenwärtige Penetranz. Wer heute vier Stunden im Internet verbringt, bekommt zwei- bis dreitausend Werbeeinblendungen zu sehen und wer im Privatfernsehen einen Spielfilm sieht, muss mit fünf bis acht Werbeunterbrechungen rechnen. Demzufolge stellt sich ein starker Abstumpfungseffekt beim Nutzer ein; Werbung wird nicht mehr aktiv wahrgenommen, das Gehirn ist darauf geeicht, Werbung zu ignorieren. Emanzipierte Mediennutzer im Zeitalter des Web 2.0 sind anspruchsvoller geworden und finden kaum noch Gefallen an konventionellen Werbeformen oder 08/15-Werbebotschaften. Beispielsweise liegt heute die durchschnittliche Klickrate von Bannerwerbung unter 0,1 Prozent. Das Standardbanner 468x60 wird im Durchschnitt gar nur noch von 0,04 Prozent der Nutzer geklickt. Ich erinnere mich noch an Zeiten, da lag die durchschnittliche CTR bei zwei bis drei Prozent. Voraussichtlich werden diese Werte noch weiter sinken.

Werbung wird nicht mehr aktiv wahrgenommen

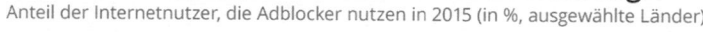

25% der deutschen Onliner blockieren Werbung

Anteil der Internetnutzer, die Adblocker nutzen in 2015 (in %, ausgewählte Länder)

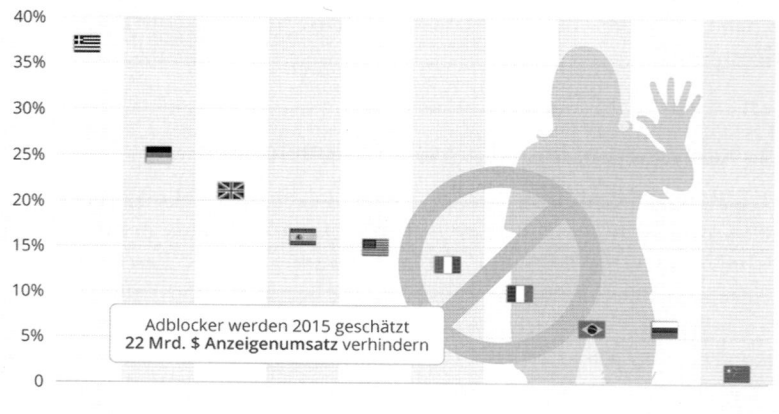

Abb. 1: Deutsche blockieren Werbung [2].

2015 nutzten bereits 25 Prozent der deutschen Onliner Adblocker. Die meisten werden von den Nutzern selbst installiert. Es ist damit zu rechnen, dass die Zahl der Adblocker weiter steigen wird, da unterschiedliche Marktteilnehmer wie Internet-Provider, Browser- oder gar Hardware-Hersteller (Stichwort Adblocker im Router) das Thema Adblocker für sich entdeckt haben und entsprechende Services entwickeln, um ihren Kunden einen Mehrwert zu liefern. So hat beispielsweise Samsung im vierten Quartal 2017 seinen neuen Android-Internetbrowser mit einem vorinstallierten Blocker für Tracking und Werbung ausgeliefert. Samsung reagiert mit dieser zusätzlichen Funktion auf Nutzerwünsche. Die Block-Funktionen sind in den Voreinstellungen nicht standardmäßig aktiviert – der Nutzer muss proaktiv tätig werden und die entsprechenden Funktionen eigenständig aktivieren. Daher ist es sicherlich kein Zufall, dass die Adblocker-Rate auf mobilen Android-Endgeräten zuletzt signifikant angestiegen ist.

Zahl der Adblocker wird weiter steigen

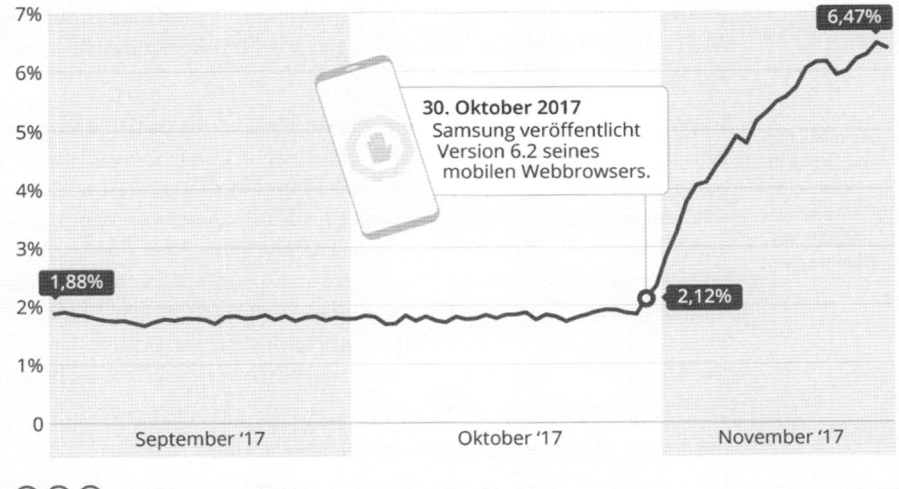

Abb. 2: Mobile Adblocker auf dem Vormarsch? [3]

Ein weiteres Beispiel ist Google. Seit 15. Februar 2018 blockiert der beliebte Chrome-Browser [4] alle Ads, die nicht den „Better-Ads-Standards" [5] entsprechen. Und das auch ohne eine bewusste Handlung des Nutzers.

Massenmarketing stößt an Grenzen

Viele Mediennutzer beziehungsweise Konsumenten sind also den Werbelärm der klassischen Unterbrecherwerbung leid. Anders lässt sich der Trend bei den Adblockern oder der Nutzung spezieller Autorisierungs-Software, die nur E-Mails von bekannten Absendern in das Postfach durchlässt, nicht erklären. Das Massenmarketing, so wie wir es viele Jahrzehnte kennen und praktiziert haben, stößt daher immer stärker an Grenzen. Neue Wege, Methoden und Mechanismen sind gefragt. Die vergleichsweise junge Marketingdisziplin „Influencer-Marketing" ist diesbezüglich ein Stern am Marketinghimmel.

Relevanz-Pluspunkte für das Influencer-Marketing

In der Theorie sind die Vorteile von Social-Influencer-Marketing gegenüber konventionellen Marketing- bzw. Werbeformen überwältigend. In der Folge werden sowohl Vorzüge erläutert, die über eine erhöhte Relevanz zum Erfolg führen, als auch allgemeine Vorteile des Influencer-Marketings. Die folgenden Auflistungen erheben aber keinen Anspruch auf Vollständigkeit.

Es gibt gute und schlecht gemachte Influencer-Marketing-Kampagnen

In der Praxis muss man aber auch beim Influencer-Marketing sehr genau hinsehen. Genau wie bei anderen Werbeformen gibt es gut und schlecht gemachte Kampagnen. Aufgrund des Hypes der letzten Jahre werden schlecht gemachte Influencer-Marketing-Kampagnen von den Medien aktuell viel eher aufgegriffen, als ein schlecht gemachter TV-Spot oder eine grottige Werbeanzeige. Davon darf man sich als Marketer aber nicht blenden lassen. Auch der Umstand, dass nicht jede in den Medien als Flop zerrissene Influencer-Marketing-Kampagne tatsächlich ein Flop ist, verzerrt das Bild. Fakt ist: Influencer-Marketing bietet in puncto Relevanz einige Pluspunkte.

Influencer-Marketing ohne Unterbrecherwerbung

Deshalb unterscheidet es sich so deutlich von vielen anderen Werbeformen. Die Relevanz bei Unterbrecherwerbung ist bekanntlich in vielen Fällen gering. Sie kennen das vom TV-sehen oder vom Surfen im Internet. 99 Prozent der eingeblendeten Werbespots im TV interessieren Sie nicht wirklich. Im Gegenteil: Die ständige Unterbrechung eines guten

Spielfilms durch Werbespots stört und nervt die meisten Zuschauer. Viele schalten um oder greifen während der Werbung zum Handy. Auch die beim Surfen im Internet eingeblendeten Werbebanner werden von vielen Menschen eher als negativ empfunden, weil sie den eigentlichen Konsum der Inhalte stören oder unterbrechen. Im Kern liegt das daran, dass die eingeblendeten und unterbrechenden Werbebotschaften zum gegebenen Zeitpunkt einfach nicht relevant sind. Das ist beim Influencer-Marketing anders. Der Impuls geht vom Konsumenten selbst aus. Er besucht die Seite X des Influencers, weil sich die Inhalte, die der Influencer dort anbietet, mit der momentanen Interessenlage des Konsumenten decken. Die dort angebotenen Inhalte sind für ihn daher aktuell relevant.

Impuls geht vom Konsumenten aus

Empfehlungen haben eine höhere Relevanz

Unbestritten und vielfach wissenschaftlich belegt ist die Tatsache, dass Empfehlungen von Dritten im Kaufentscheidungsprozess wichtiger und werthaltiger sind, als die Werbebotschaften des Anbieters. Sie haben subjektiv eine höhere Relevanz im Mindset der Konsumenten. Laut der Nielsen-Studie „Global Trust in Advertising Survey" [6] vertrauen weltweit 92 Prozent der Konsumenten Empfehlungen anderer Menschen, selbst wenn sie diese nicht kennen. 70 Prozent vertrauen Onlinebewertungen mehr als der Werbeaussage vom Anbieter. Eine Nielsen-Studie aus dem Jahr 2015 kommt für Deutschland zu vergleichbaren Ergebnissen [7]. Zwar ist ein Social Influencer nicht mit einem Empfehler gleichzusetzen – genauso wenig ist Social-Influencer-Marketing mit Empfehlungsmarketing gleichzusetzen. Aber es gibt natürlich Parallelen. Gut gemachtes Influencer-Marketing kann an die Qualität von echtem und gut gemachtem Empfehlungsmarketing heranreichen. Daran hat auch die gesetzliche Regelung zur Auszeichnungspflicht von Influencer-Posts als Werbung aus dem Jahr 2017 nichts geändert.

Konsumenten vertrauen Empfehlungen anderer Menschen

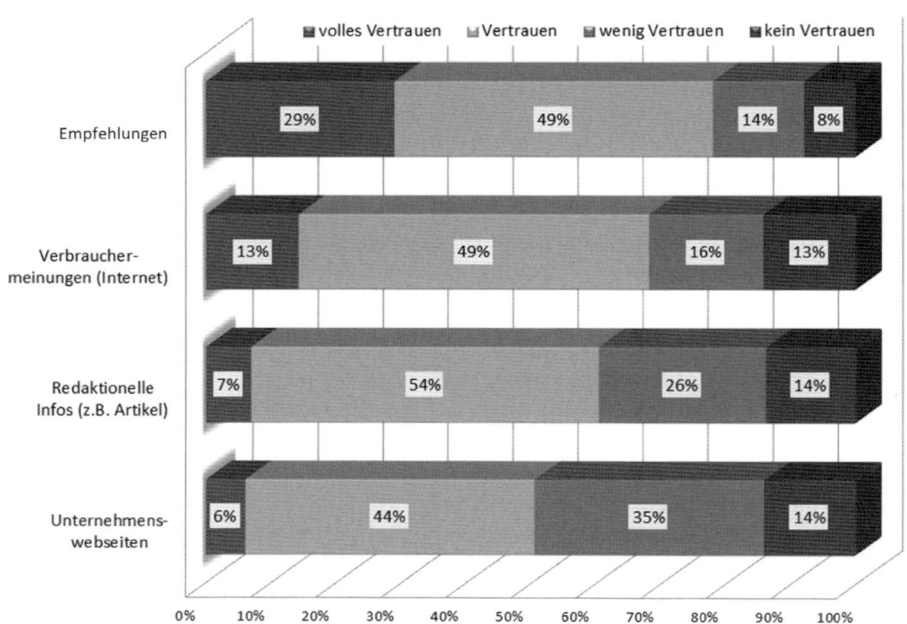

Abb. 3: Vertrauen der Deutschen in verschiedene Werbeformen [7].

Viraler Effekt entsteht

Durch die Nutzung von sozialen Medien kann ein viraler Effekt entstehen. Die Reichweite des Influencers kann um ein Vielfaches multipliziert werden. Gegebenenfalls kann die Botschaft so auch auf andere soziale Kanäle gelangen, als die ursprünglich vom Influencer bespielten. Auch das Potenzial, welches in dieser Art der Verbreitung steckt, hat etwas mit Relevanz zu tun. Posts werden nur innerhalb einer Zielgruppe geteilt, wenn sie als relevant empfunden werden. Ob sich diese Relevanz dann über einen Mehrwert, einen Unterhaltungswert oder unmittelbaren Nutzwert definiert, ist nicht von Bedeutung.

Effektiver Personen in Zielgruppen erreichen

Konventionelle Werbung hat häufig einen hohen Streuverlust

In der konventionellen Werbung wird oft viel Geld ausgegeben für Maßnahmen, die zwar eine wahnsinnige Reichweite besitzen, aber leider auch einen hohen Streuverlust haben. Beispielsweise erreicht ein 30-Sekunden-Werbeclip beim Super Bowl über hundert Millionen Zuschauer. Dafür kostet die Maßnahme aber auch fünf Millionen Dollar und die Gefahr eines beachtlichen Streuverlustes lässt sich nicht wegdiskutieren. Mit einem Zehntel dieses Betrages kann man über Social-Influencer-Marketing unter Umständen wesentlich effektiver Personen innerhalb der Zielgruppe erreichen. Denn Influencer sprechen meist eine sehr homogene Zielgruppe an. Durch die Nutzung bestimmter Software [8] können zur eigentlichen Zielgruppe passende Influencer identifiziert werden. Auf diese Weise können Streuverluste minimiert werden. Die eigentliche Zielgruppe ist also vergleichsweise genau ansteuerbar, wenn man „die richtigen" Influencer findet. Eine Influencer-Kampagne mit einem oder wenigen Celebrity-Influencern wird im Zweifel zwar mehr Streuverluste haben als eine Kampagne mit einhundert Mid-Level-Influencern. Es kommt jedoch immer auf die eigentliche Zielsetzung der Kampagne an; denn sicherlich haben auch Kampagnen mit Celebrities ihre Vorzüge und Daseinsberechtigung. In jedem Fall kann durch die geschickte Auswahl von Influencern der Relevanzfaktor und damit der Erfolg einer Kampagne aktiv positiv beeinflusst werden.

Influencer sprechen Sprache der Konsumenten

Im Gegensatz zu klassischer Werbung wird der gesamte Kreativprozess an die Influencer ausgelagert. Der Werbetreibende erstellt lediglich ein Briefing. Der eigentliche Content wird vom Influencer erstellt. In manchen Modellen hat der Werbetreibende auch noch einen gewissen Einfluss auf den Kreativprozess. In anderen Modellen muss er dem Influencer vertrauen und sich überraschen lassen, was sich manchmal sehr lohnen kann. Neben dem Anzapfen der Kreativität der Influencer ist ein großer Relevanzpluspunkt, dass Influencer in der Regel die „Sprache" der Konsumenten sprechen. Daraus resultiert, dass die Inhalte der Kampagne zwangsläufig in „der Sprache der Konsumenten" verfasst werden, was das Verständnis und die Akzeptanz der Botschaft wiederum erhöhen. Außerdem können Influencer in einer Sprache über Unternehmen und Produkte sprechen, die ein Marketer niemals benutzen würde. Das führt dazu, dass eine Botschaft weniger als Werbung wahrgenommen wird, was sicherlich positive Effekte hat. Die vom Konsumenten subjektiv wahrgenommene Relevanz steigt.

Gesamter Kreativprozess wird an die Influencer ausgelagert

Das Relevanz-Plus im AIDA-Modell

AIDA ist ein Akronym für ein Werbewirkungsprinzip. Es steht für die englischen Begriffe Attention (Aufmerksamkeit), Interest (Interesse), Desire (Verlangen/Bedarf) und Action (Handlung). Gemäß dem AIDA-Prinzip ist die erste Aufgabe der Werbung, Aufmerksamkeit zu erzeugen. Das Werbemedium soll die Zielgruppe anziehen, um ihr Bewusstsein insoweit zu beeinflussen, als dass sie sich für den Werbegegenstand interessiert. Das Interesse für Produkte oder Dienstleistungen zu wecken, ist die zweite Aufgabe. Hieraus soll der Wunsch entstehen, das Produkt oder die Dienstleistung haben zu müssen. Dies wiederum soll zum Ziel führen, die gewünschte Kaufhandlung zu erreichen [9].

Das klassische AIDA-Modell wird in vielen Marketingbüchern zitiert. Analysiert man den Kaufentscheidungsprozess detaillierter, so stellt man jedoch fest, dass nach der Bedarfsweckung die Entscheidung für den Kauf eines bestimmten Produktes/Dienstleistung noch lange nicht gefallen ist. Besonders bei höherwertigeren, kostenintensiveren oder erklärungsbedürftigeren Produkten schließt sich an die eigentliche Phase der Bedarfsweckung (Desire) die Suche nach entsprechenden Lösungen/Produkten an. Nur selten kommt es bei höherwertigeren, kostenintensiveren oder erklärungsbedürftigeren Produkten zu Spontan-käufen. Sind mehrere Lösungen/Produkte, die zur Bedarfsbefriedigung geeignet sind, identifiziert, so tritt der Kaufentscheidungsprozess in die Phase der alternativen Bewertung. Es werden Testberichte gelesen, Freunde befragt, und gegebenenfalls aktuelle Verwender des infrage kommenden Produktes identifiziert und interviewt. Insofern klafft beim klassischen AIDA-Modell bei bestimmten Produkten (höherwertigere, kostenintensivere oder erklärungsbedürftige Produkte) häufig eine Lücke zwischen der Stufe „Desire" und „Action" (vergleiche Abbildung 4).

Influencer können sich an fast allen Punkten im Kauf-entscheidungs-prozess einbringen

Influencer können sich an fast allen Punkten im Kaufentscheidungsprozess einbringen und Einfluss nehmen – und zwar unmittelbar oder mittelbar. Dabei ist deren Einflussnahme nicht auf die Phase der „Bedarfsweckung" beschränkt, wie aus Abbildung 4 deutlich wird.

In der Phase der „Informations- und Produktsuche" werden die Kanäle bekannter Influencer nicht selten von Konsumenten konsultiert. Eine im November 2017 veröffentlichte Studie des Bundesverbandes digitale Wirtschaft (BVDW) besagt, dass heute bereits jeder sechste Konsument im Rahmen der Informations- und Produktsuche bei Influencern fündig wird (vergleiche Abbildung 5).

Auch indirekt ist eine Einflussnahme von Influencern in dieser Phase möglich. Die von Influencern generierten Inhalte werden natürlich auch von der Suchmaschine, allen voran Google, erfasst. Wenn Konsumenten in der Phase der Informations- und Produktsuche über die Suchmaschinen auf die Inhalte von Influencern stoßen, erfolgt natürlich auch eine Einflussnahme. Verlinkt der Influencer dann auch noch zu den unmittelbaren Angeboten des Werbetreibenden, kann die Einflussnahme im Rahmen des Kaufentscheidungsprozesses besonders groß sein.

Auch in der Phase der „Alternativenbewertung" kann der Einfluss von Influencern schlussendlich das Pendel für oder gegen den Kauf eines ganz bestimmten Produktes ausschlagen lassen. Die Bedeutung von Empfehlungen im Rahmen von Kaufentscheidungsprozessen dürfte unstrittig sein. Influencer können natürlich nicht nur Alternativen aufzeigen, sondern auch Empfehlungen aussprechen. Auch kann alleine schon die Tatsache, dass sich ein bekannter und beliebter Influencer klar zu einer bestimmten Marke bekennt, im Rahmen der Alternativenbewertung den Kaufprozess zugunsten dieser Marke beeinflussen. Betrachtet man Influencer-Marketing aus dieser Perspektive, so offeriert diese Marketingdisziplin einen weiteren Relevanzpluspunkt, da sie gleichzeitig an mehreren Punkten im Kaufentscheidungsprozess von Bedeutung sein kann. Klassische Werbe- und Marketingformen sind dies in der Regel nicht.

Influencer können auch Empfehlungen aussprechen

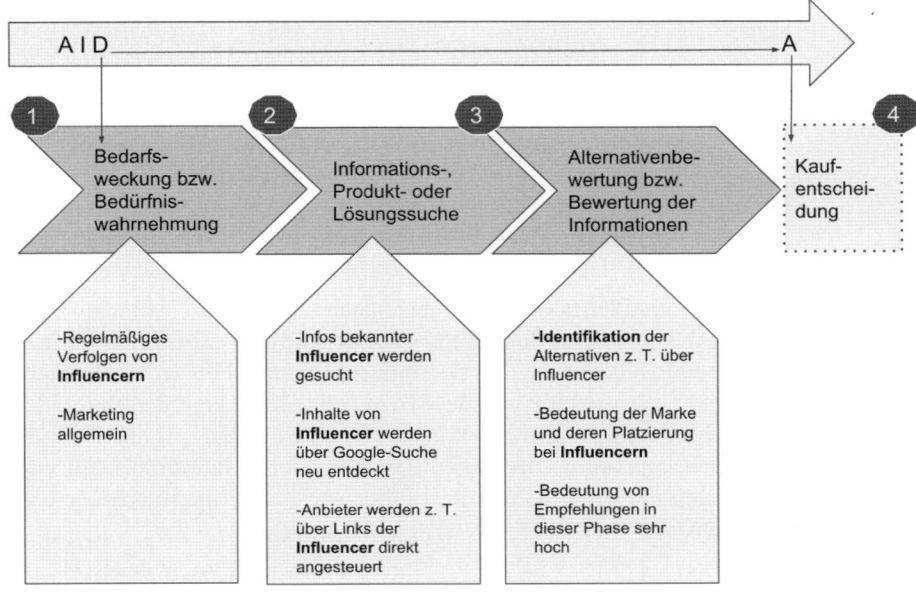

Abb. 4: Ansatzpunkte für Influencer-Marketing im Kaufentscheidungsprozess [10].

Jeder sechste Internetnutzer wird bei der Suche nach Informationen über Produkte und Services online bei Influencern fündig

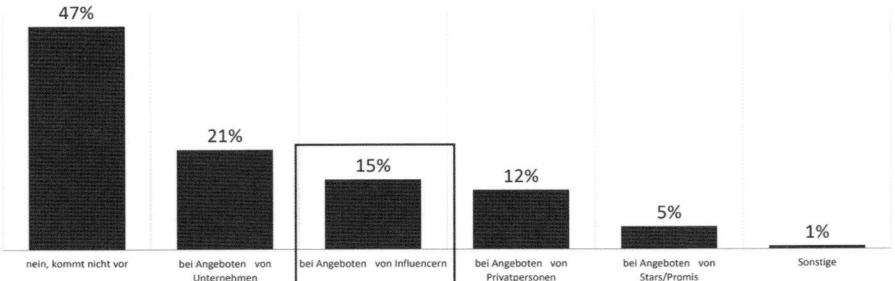

Frage: „Kommt es vor, dass Sie Produktinformationen auf sozialen Netzwerken wie Facebook oder Video-Plattformen wie YouTube suchen? Wenn ja, wo werden Sie am häufigsten fündig?

Bezug: Suche von Produktinformationen auf sozialen Netzwerken wie Facebook oder Video-Plattformen wie YouTube, 04/2017, in Prozent
Quelle: Goldmedia Befragung von deutschen Online-Usern ab 14 Jahre (n = 1.604), April 2017; Basis: Social Media-affine Online-User (n=1.103)

Abb. 5: Jeder sechste Internetnutzer wird bei der Suche nach Informationen über Produkte und Services online bei Influencern fündig [11].

Vorteile gegenüber konventionellem Marketing

Als positiver Nebeneffekt besteht immer die Möglichkeit, durch Influencer auch Fans oder Abonnenten für die eigenen sozialen Unternehmensplattformen zu gewinnen. Passen die Influencer gut zum eigenen Unternehmen, dürften die gewonnenen Fans beziehungsweise Abonnenten qualitativ hochwertig sein.

Sponsored Posts werden angenommen

Laut dem Analyse-Tool „InfluencerDB" sind die Performance-Werte von bezahlten Posts von Top-Tier-Influencern nur 30 Prozent schlechter als deren organische Posts. Bei Micro-Influencern liegt der Unterschied oft bei weniger als zehn Prozent. Dies ist ein klares Indiz dafür, dass auch sogenannte „Sponsored Posts" von den Followern der Influencer angenommen werden. Social-Influencer-Marketing funktioniert also vom Grundsatz her.

„Sponsored Posts" von Influencer kommen an

Content ist langlebig

Der Content, der durch Influencer erstellt und veröffentlicht wird, hat eine gewisse Langlebigkeit. Er bleibt dauerhaft im Netz und ist auch dauerhaft auffindbar, beispielsweise über Suchmaschinen oder Suchmechanismen innerhalb der Plattformen (zum Beispiel die Videosuche innerhalb YouTube). Diese Langlebigkeit können viele konventionelle Werbeformen nicht bieten.

Zweitverwertung von Content

In vielen Fällen kann der so entstehende Content auch im Sinne von Content-Marketing auf eigenen Seiten „zweitverwertet" werden. Es entsteht also ein doppelter Nutzen.

Erfolg ist präzise und sehr kurzfristig zu messen

Die große Stärke des Online-Marketings im Vergleich zu konventionellem Marketing ist, dass sich Erfolg relativ präzise und sehr kurzfristig messen lässt. Dadurch ist es möglich, noch im laufenden Prozess Verbesserungen zu initiieren. In der Spitze sollte Online-Marketing einem permanenten Verbesserungsprozess unterzogen werden. Dieser Aspekt gilt auch für das Influencer-Marketing, denn es ist eine Teildisziplin des Online-Marketings. Der Erfolg einer Influencer-Marketing-Kampagne ist relativ leicht messbar, je nach Konzeption sogar bis auf die Transaktionsebene. Durch den schnellen Rückkanal, zum Beispiel über die Kommentare, erhält der Werbetreibende ein unmittelbares Feedback, welches gegebenenfalls noch während der Laufzeit der Kampagne genutzt werden kann, um Verfeinerungen und Optimierungen durchzuführen.

Kampagnenerfolg leicht messbar

Influencer-Marketing ja – aber richtig

Influencer-Marketing ist eine Online-Marketing-Disziplin, wie viele andere auch. Sie unterliegt zwar eigenen Gesetzmäßigkeiten und Mechanismen, im Idealfall ist sie jedoch ein integraler Bestandteil eines ganzheitlichen Online-Marketing-Konzeptes. Nur so kommt es zu Synergien und Multiplikatoreffekten. Im allerbesten Fall ist Influencer-Marketing auch noch eingebettet in eine Gesamt-Marketingstrategie, um auch crossmediale Effekte zu erzeugen und so das Optimum aus dem Marketingbudget herauszuholen. Laut einer Studie von A. T. Kearney [12] aus Oktober 2016 ist dies aber selten der Fall, was von den A.T.Kearney-Beratern als großer Fehler bezeichnet wird. Ausgehend von diesem Gedanken ist ein Influencer-Marketing-Konzept ein Subkonzept

Influencer-Marketing in Gesamt-Marketingstrategie einbinden

eines ganzheitlichen Online-Marketing-Konzeptes. Wie jedes gute Online-Marketing-Konzept fängt es mit der Definition von Zielen an. Im Einzelnen sollte eine Konzeption mindestens folgende Punkte enthalten:

- Definition der Ziele

- Genaue Definition der Zielgruppe (Zielgruppenbeschreibung)

- Reflexion der Kundenbedürfnisse

- Eventuell Mitbewerberanalyse

- Definition der Attribute des/der Wunsch-Influencer

Die ausführliche Erörterung dieser und weiterer Aspekte würde den Rahmen des vorliegenden Beitrages sprengen. Daher möchte ich auf zwei Bücher von mir verweisen. In der zweiten Auflage meines Buches „Influencer-Marketing" habe ich zum Thema „Entwicklung eines Influencer-Marketing-Konzeptes" ab Seite 83 ausführlich Stellung genommen. In meinem Buch „Online-Marketing Konzeption", dritte Auflage 2018, finden Sie ausführliche Informationen zur Erstellung einer ganzheitlichen Online-Marketing-Konzeption. Dennoch möchte ich Ihnen mit zwei Worksheets und einer Checkliste schon einmal erstes Basismaterial an die Hand geben, welches Sie in die Lage versetzt, sich erste, strukturierte Gedanken über eine mögliche Influencer-Kampagne zu machen:

- Das Worksheet „grobe Kampagnenbeschreibung" hilft Ihnen, sich selbst klar zu werden über Ihr Vorhaben, die Ziele und die Stoßrichtung Ihrer Kampagne. Beispielsweise hilft Ihnen eine exakte Definition Ihrer Zielgruppe später, die „richtigen" Influencer für Ihre Kampagne zu finden.

- Mit dem Worksheet „Wunsch-Influencer-Profil" liefere ich Ihnen einen ersten Strukturierungsansatz für die Suche nach passenden Influencern. Nur wenn Ihnen wirklich klar ist, mit welcher Art Influencer Sie Ihre Ziele am besten erreichen, werden Sie bei der Suche nach den „richtigen" Influencern erfolgreich sein. Machen Sie sich dazu also vorher ausführlich Gedanken und stürzen Sie sich nicht in ein kostspieliges Abenteuer. Aktionismus kann richtig teuer werden.

- In der Checkliste „Kampagnen-Briefing" finden Sie viele Aspekte, an die Sie bei der Erstellung eines Briefings für die Influencer denken sollten. Die Liste erhebt jedoch keinen Anspruch auf Vollständigkeit.

Worksheet – grobe Kampagnenbeschreibung

Kampagnen- und Zielbeschreibung

Welches Ziel verfolgen Sie mit Ihrer Kampagne? Stellen Sie auch schon erste Überlegungen zu den Kennzahlen an, mit deren Hilfe Sie den Grad der Zielerreichung messen möchten. Beschreiben Sie das Ziel und den Weg zum Ziel so genau wie möglich.

Beschreiben Sie hier das Ziel Ihrer Kampagne.
Als Beispiel: Wir möchten zur Veröffentlichung unserer neuen Sommer-Kollektion im Monat X viele neue Besucher, also bisherige Nichtkenner der Marke, in unseren Onlineshop locken. Diese sollen dort entweder unseren Newsletter abonnieren oder einen Einkauf tätigen. Die Kampagne läuft ausschließlich im Monat X. Als Kennzahlen für die Erfolgsmessung der Kampagne sind daher die Anzahl der Anmeldungen und die Anzahl der getätigten Käufe zu sehen. Im Monat X wird die Anmeldung zum Newsletter mit einem Einkaufsgutschein von fünf Euro goutiert. Erstkäufer erhalten einen Rabatt von zehn Euro bei einem Wareneinkaufswert von mehr als 90 Euro. Beide Gutscheine können, müssen aber nicht, von den Influencern in der Kampagne thematisiert werden.

Zielgruppendefinition

Beschreiben Sie Ihre Zielgruppe anhand möglichst vieler Attribute so genau wie möglich, zum Beispiel Alter, Geschlecht, Wohnraum, Vorlieben, bevorzugte Themen, Einkommen und so weiter.

Beschreiben Sie hier die Zielgruppe Ihrer Kampagne so genau wie möglich.
Als Beispiel: Junge Menschen im Alter zwischen 19 und 29 Jahren, die in einer deutschen Großstadt leben, modebewusst sind, über ein mittleres Einkommen verfügen (in gut bezahlter Ausbildung oder bereits beruflich erfolgreich aktiv) und sportlich aktiv sind.

Kundenbedürfnisse

Führen Sie sich kurz die Kundenbedürfnisse vor Augen, die Ihre Produkte befriedigen.

Beschreiben Sie hier die Kundenbedürfnisse, die Ihr Produkt befriedigt.
Als Beispiel: Die neue Sommer-Kollektion sorgt für ein Wohlgefühl der besonderen Art. Der modische, aber zugleich sportliche Touch der Kollektion befriedigt das Bedürfnis der klaren Zuordnung zu einer gesellschaftlichen Schicht X bei gleichzeitiger Abgrenzung zu anderen Schichten der Gesellschaft.

Mitbewerber

Führen Sie die wichtigsten Mitbewerber auf. Das kann für eine spätere Mitbewerberanalyse von Bedeutung sein.

Listen Sie hier Ihre schärfsten Mitbewerber auf.

Erste Gedanken zum „Wunsch-Influencer"

Machen Sie sich erste Gedanken zu Ihrem „Wunsch-Influencer". Bleiben Sie dabei aber realistisch im Sinne Ihres Budgetrahmens. Es macht wenig Sinn, einen Celebrity als Wunsch-Influencer zu definieren, wenn das Gesamtbudget für Ihre Kampagne nur im vierstelligen Bereich liegt.

Beschreiben Sie hier Ihren „Wunsch-Influencer" ganz grob. Eine differenzierte Profilerstellung folgt im nächsten Schritt.
Als Beispiel: Älter als 18, jedoch jünger als 30 Jahre, stark in den Kanälen YouTube und Facebook vertreten, mehr als 20.000 und weniger als 90.000 Follower.

Worksheet Wunsch-Influencer-Profil

Kriterium	Anforderung – zum Beispiel:
Kanal	Facebook oder Youtube
Follower	20.000 - 90.000
Häufigkeit der Posts	1-2 mal pro Woche
Durchschnittliche Response- oder Engagement-Rate	3-5 Prozent
Zahlen plausibel	Plausibilitätsprüfung der Zahlen erfolgreich
Leistungsdaten des Kanals verifizierbar	Die Leistungsdaten des Influencer-Kanals sind mit unabhängigen Tools verifizierbar.
Gesamtbild des Kanals	Aufgeräumt mit mindestens semiprofessionellen Bildern. Keine Jux- oder Blödelbilder beziehungsweise -Videos. Inhaltlich nah am Thema Mode und/oder Sport beziehungsweise Sportmode, jedoch keine Kampfsportthemen.
Erscheinungsbild des Influencers	Der Influencer soll vom Erscheinungsbild her mit der Zielgruppendefinition übereinstimmen: Gepflegt, modisch, sportlich. Gesucht werden Influencer, die möglichst selbst aus der Zielgruppe kommen und nicht unbedingt gesellschaftlich darüberstehen.
Follower des Influencers	Konform mit Zielgruppendefinition.
Aktivitäten für Mitbewerber	Der Influencer führt keine Aktivitäten für Mitbewerber durch und ist bereit, dieses auch vertraglich zuzusichern für die Laufzeit der Kampagne und die folgenden zwölf Monate.

Checkliste für Kampagnen-Briefing

☑ Ja, erledigt
☐ Das Ziel der Kampagne beziehungsweise der Kooperation ist genau beschrieben. Dabei sind auch Kennzahlen benannt, die später zur Erfolgsmessung herangezogen werden können.
☐ Allgemeine Informationen zum Unternehmen und zu dem/den Produkt/en sind im Briefing enthalten. Auch sind konkrete Weblinks zur Orientierung beigefügt.
☐ Aussagen über die Zielgruppen sind im Briefing enthalten.
☐ Im Briefing ist klar definiert, mit welcher Plattform bevorzugt gearbeitet werden soll.
☐ Timing: Aussagen darüber, bis wann ein erster Vorschlag für einen Beitrag vorliegen und bis wann der finale Post getätigt werden soll, sind im Briefing verankert.
☐ Im Briefing sind die zu verwendenden Hashtags klar benannt. Ferner sind die Weblinks, die genannt werden sollen, im Briefing verankert.
☐ Ein Hinweis auf die Kennzeichnungspflicht ist im Briefing verankert.
☐ Content Review: Im Briefing ist verankert, ob Sie vor der finalen Veröffentlichung der Inhalte diese abnehmen möchten, oder ob der Influencer diese sofort veröffentlichen darf/soll.
☐ Im Briefing ist klar kommuniziert, wie Sie den Erfolg der Kampagne messen beziehungsweise anhand welcher Kennzahlen.
☐ Falls im Rahmen der Kampagne Materialien oder Produkte bereitgestellt werden sollen/müssen, ist die Aufforderung zur Zusendung der postalischen Adresse im Briefing enthalten.
☐ Falls Anreize oder Incentives eingesetzt werden sollen/dürfen, wie beispielsweise ein Gutscheincode, sind im Briefing detaillierte Informationen dazu zu finden.

Literatur

[1] Vgl. Lammenett, E.: Blogbeitrag „Lasst Euch nichts erzählen – Influencer-Marketing funktioniert", https://www.lammenett.de/onlinemarketing/lasst-euch-nichts-erzaehlen-influencer-marketing-funktioniert.html – Zugriff 29.06.2018

[2] Brandt, M.: 25 % der deutschen Onliner blockieren Werbung. de.statista.com 2015. https://de.statista.com/infografik/3709/anteil-der-internetnutzer-die-AdBlocker-nutzen/ – Zugriff 11.06.2018

[3] Janson, M.: Mobile Adblocker auf dem Vormarsch? de.statista.com 2017. https://de.statista.com/infografik/11992/adblocker-rate-schnellt-nach-oben/ – Zugriff 15.06.2018

[4] Vgl. ONEtoONE: Was Googles Adblocker für das Marketing bedeutet 2018. https://onetoone.de/de/artikel/was-googles-adblocker-f%C3%BCr-chrome-f%C3%BCr-das-marketing-bedeutet – Zugriff 15.02.2018

[5] Vgl. https://www.betterads.org/ – Zugriff 15.06.2018

[6] Vgl. nielsen.com: Consumer Trust in Online, Social and Mobile Advertising Grows 2012. http://www.nielsen.com/us/en/insights/news/2012/consumer-trust-in-online-social-and-mobile-advertising-grows.html – Zugriff 15.06.2018

[7] Vgl. nielsen.com: Die beste Werbung machen Freunde und Bekannte – Deutsche vertrauen auf persönliche Empfehlungen 2015. http://www.nielsen.com/de/de/insights/reports/2015/Trust-in-Advertising.html – Zugriff 15.06.2018

[8] Vgl. Lammenett, E.: Influencer-Marketing – Chancen, Potenziale, Risiken, Mechanismen, strukturierter Einstieg, Softwareübersicht, 2. Auflage, Creatspace, 2018.

[9] Wikipedia: AIDA-Modell. https://de.wikipedia.org/wiki/AIDA-Modell – Zugriff 15.06.2018

[10] In Anlehnung an Nirschl/Steinberg: Beeinflussungsmöglichkeiten der Kaufentscheidung durch Influencer, in Einstieg in das Influencer-Marketing, Springer Gabler, 2017.

[11] BVDW/INFLURY: Bedeutung von Influencer-Marketing in Deutschland 2017. https://www.bvdw.org/fileadmin/bvdw/upload/studien/171128_IM-Studie_final-draft-bvdw_low.pdf – Zugriff 30.06.2018

[12] Vgl. A.T.Kearney: Social Influencer Marketing 2016. https://www.atkearney.de/studien/-/asset_publisher/Rv2vNmilj1Kf/content/id/9544361 – Zugriff 12.06.2018

Für einen langfristigen Erfolg auf YouTube sollen die Videos nicht nur den aktuellen Trends folgen – der ganze Kanal muss eine einheitliche Geschichte erzählen. Doch wie können Unternehmen eine nachhaltige Kanalstrategie entwickeln und damit ihre gesetzten Ziele erreichen?

YouTube entwickelt sich rasant. Schon länger ist der Kanal die zweitgrößte Suchmaschine nach Google, was bei über 1,5 Milliarden aktiven monatlichen Nutzern kein Wunder ist. Und natürlich ist YouTube als führende Videoplattform ein fester Bestandteil im Marketing-Mix vieler Unternehmen. Aber viele Jahre wurde YouTube dabei von Firmen eher als Videohoster genutzt, um Beiträge – wie Anleitungen – auf Webseiten einzubinden, oder um Werbevideos auf Social Media zu publizieren. Der Kanal selbst ist dabei eher in den Hintergrund gerückt.

YouTube mit über 1,5 Milliarden aktiven monatlichen Nutzern

YouTube gewinnt immer mehr an Bedeutung

In den letzten Jahren hat die Bedeutung von YouTube als eigenständiges und kreatives Spielfeld zugenommen: YouTube ist nicht mehr nur eine Plattform um Videos zu speichern, sondern ein Kanal, der neue Trends kreiert und dem Fernsehen immer mehr den Rang abläuft. Grund für diese Entwicklung ist die steigende Bekanntheit von YouTubern. Diese sind Medienpersönlichkeiten, die es über Jahre geschafft haben, sich mit neuen, kreativen und eigensinnigen Videoformaten einen Namen zu machen. Dabei sind Follower-Zahlen von über einer Million keine Seltenheit.

YouTube ist ein Kanal, der neue Trends kreiert

Hochwertige Produktionen

Besonders bei den jüngeren Zielgruppen der Generation Y und Z (Geburtsjahrgänge 1980 bis 2010) kommen YouTube-Stars besonders gut an. Mittlerweile wird nicht mehr mit alten Camcordern im Wohnzimmer gedreht. Große Produktionen – inklusive Computer Generated Imagery und Hubschrauberaufnahmen – mit täglich neuen Folgen sorgen dafür, dass der Zielgruppe nicht langweilig wird.

Neue Content-Formate durch YouTube Originals

Dieser Trend zu mehr Originalität ist natürlich auch YouTube selbst nicht verborgen geblieben und wird seit einiger Zeit stark vorangetrieben. Nach dem ersten Start in den USA gibt es nun auch in Europa die Möglichkeit, YouTube Premium zu beziehen. Neben dem Angebot YouTube Music, dem YouTube-Pendant zu Spotify, bekommen Abonnenten werbefreie YouTube-Videos und die Chance, Filme auch offline zu speichern.

YouTube Originals ist die professionelle Content-Plattform

Bahnbrechend ist aber der Zugang zu YouTube Originals, der professionellen Content-Plattform von YouTube. Über die letzten Jahre hat das Unternehmen einige Stars und preisgekrönte Schauspieler unter Vertrag genommen und erstellt nun exklusive Inhalte. Darunter fallen nicht nur Filme, sondern auch Dokumentationen und Reality-TV-Formate. Deutsche Inhalte hat YouTube für Herbst dieses Jahres angekündigt.

Das klingt erst einmal nach einem weit entfernten Thema für Firmen, die einen Videokanal aufsetzen wollen, um ihre Videos zu publizieren. Aber diese Entwicklung folgt dem übergreifenden Drang nach mehr relevanten Inhalten und spannenden Geschichten, die sich von Werbung abgrenzen.

Storytelling: Packende Geschichten sind immer relevant

Storytelling hieß früher „Märchen erzählen" und ist sicherlich kein neuer Trend. Gute Geschichten berühren und überzeugen den Zuhörer mehr als jedes Slide mit Bulletpoints. Denn unsere Gesellschaft lebt von Geschichten, die wir uns gegenseitig erzählen. Ein gutes Targeting mag noch so effizient sein – unser Herz erobert es eher selten.

Innovative Formate im Gegensatz zum Fernsehen

Geschichten, die authentisch aus dem Alltag erzählen, kommen gut an

Dieses Grundverständnis ist auf YouTube längst angekommen. Erfolgreiche YouTuber setzen auf Formate, in denen sie authentisch aus ihrem Alltag erzählen, Nischeninhalte mit viel Herzblut wiedergeben oder in lustigen Sketchen den Zuschauer zum Lachen bringen. Dabei haben sich über die letzten Jahre einige neue Formate entwickelt, die sich deutlich von klassischen Fernsehformaten unterscheiden: Von Gaming-Livestreams, mit denen Topstars wie PewDiePie mittlerweile

Millionen verdienen, bis zu Haul-Videos, in denen YouTuber ihre neuesten Einkäufe zeigen und sie dann in Unboxing-Videos zum ersten Mal aus der Verpackung holen. Auch Kochsendungen und andere Hobbythemen sind sehr präsent und beliebt. Mittlerweile orientieren sich viele Marken in ihrer Kommunikation auf YouTube an aktuellen Trends und beliebten Formaten, statt klassische Werbefilme einfach auf der Plattform zu verlängern.

Eine gute Kanalstrategie steigert die Markenbindung

Auch wenn es löblich ist, auf YouTube einen neuen Weg zu gehen, liegt der Erfolg in der Erzählung von relevanten und authentischen Geschichten, die aus dem Unternehmen und aus dem Kreis der Mitarbeiter heraus entstehen. Hierbei ist es allerdings wichtig, nicht nur punktuell hochwertige Videos zu veröffentlichen, sondern authentische Geschichten in längerfristigen Formaten zu erzählen. So haben die Nutzer einen Grund, immer wieder auf den Kanal zu kommen oder diesen zu abonnieren.

Für einen nachhaltig erfolgreichen Social-Media-Kanal müssen sich Unternehmen grundlegende Gedanken machen und sich klare Ziele – wie eine gesteigerte Markenbindung – setzen. Daraus können sie dann passende Maßnahmen ableiten. Wichtig ist es, den Kanal als Ganzes zu sehen und alle Bestandteile miteinzubeziehen.

Klare Ziele setzen

Das sollten Unternehmen bei ihrer Strategie beachten

Eine zentrale Maßnahme ist das übergreifende Storytelling. Die Nutzer an ein Unternehmen zu binden gelingt nur, wenn eine große, zusammenhängende Story erzählt wird. Diese Geschichte, bei der sich alles um ein Thema und eine Zielgruppe dreht, soll außerdem zu Diskussionen einladen. So behalten die Nutzer eine Marke in Erinnerung. Für die Ausrichtung und den Aufbau einer zentralen Story sind drei Bereiche besonders wichtig:

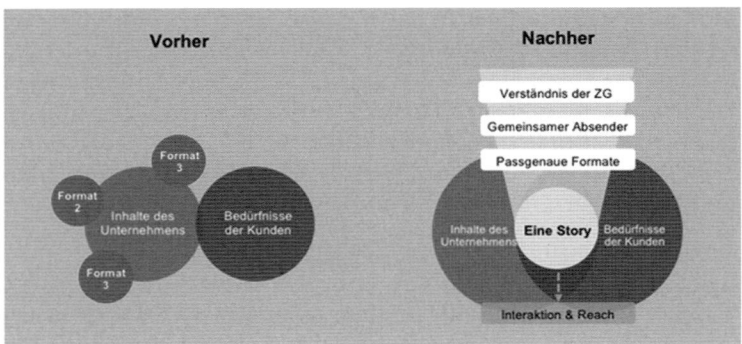

Abb. 1: Mit der richtigen Kanalstrategie erhöhen Unternehmen langfristig die Reichweite der YouTube-Videos und die Anzahl der Interaktionen.

1. Verständnis der Zielgruppe

Zuerst muss ein Unternehmen seine Zielgruppe definieren und untersuchen. Dabei gilt es herauszufinden, welche Bedürfnisse diese hat und wie sie YouTube nutzt. Eine Auswertung der Daten auf anderen Social-Media-Kanälen wie Facebook und ein Einblick in die Google-Analytics-Daten bei einem bestehenden YouTube-Kanal helfen, die Nutzer zu segmentieren und mit noch genaueren Inhalten zu versorgen. Bei sehr unterschiedlichen Zielgruppen ist es sinnvoll, mehrere Kanäle wie einen Corporate- oder HR-Kanal zu eröffnen, damit der jeweilige Fokus erhalten bleibt.

Beispiel im Einsatz

Ein Unternehmen für Medizintechnik bietet eine große Bandbreite an Produkten und ist global tätig. Mit über 40.000 Mitarbeitern, täglichen Events und jährlich vielen neuen Innovationen gibt es viel Potenzial für spannende Videos. Dabei darf das Unternehmen aber nicht aus der Absendersicht denken, sondern muss sich überlegen, welche Bedürfnisse die YouTube-Nutzer haben. So erzählt ein eigener Kanal aus dem Arbeitsleben und von den internationalen Standorten, um insbesondere Bewerber anzusprechen. Der zentrale Corporate Account wendet sich dagegen an neue Kunden und konzentriert sich vor allem auf Innovationen, Beispiele aus der Praxis und kurzweilige Anleitungsvideos. So finden alle Zielgruppen die passenden Inhalte und klicken eher auf den „Abonnieren"-Button.

Welche Bedürfnisse hat die Zielgruppe?

2. Ein gemeinsamer Absender

Gerade bei großen Unternehmen gibt es viele Absender. Ob Unternehmenskommunikation, Produktmarketing oder Legal-Abteilung: Wenn der YouTube-Kanal zu einer Sammelstelle für alle Unternehmensbereiche wird, ist das Erlebnis schnell fragmentiert und die Nutzer wandern ab. Stattdessen sollte der Kanal eine gemeinsame Geschichte erzählen, die sich am Leitmotiv der Firma anlehnt.

Beispiel im Einsatz

Ein renommierter Sportartikelhersteller unterhält mehrere Kanäle, ausgerichtet nach einzelnen Sportarten oder entsprechenden Initiativen. Dabei gibt es jedoch einen gemeinsamen Kern: In jedem Video steht das „über sich hinauswachsen" im Zentrum. Egal, ob es dabei um ein actiongeladenes Werbevideo mit einem Fußballstar geht oder um die Idee hinter der letzten Innovation im Schuhbereich – die zugrundeliegende Botschaft ist immer die persönliche Weiterentwicklung.

3. Passgenaue Formate

Ist das zentrale Motiv gefunden, können daraus Inhalte erstellt werden. Durch das tiefere Verständnis der Zielgruppen ergibt sich der Stil und das passende Format. Ob lustige Videos für junge Bewerber oder informative Zusammenschnitte und Livestreams von Pressekonferenzen für erfahrene Journalisten: Die Entwicklung von Formaten wie Tutorials oder Vlogs sollte kreativ, aber nicht ausufernd sein. So gewinnen die Formate einen Wiedererkennungswert, der die Nutzer bindet.

Stil und passendes Format finden

Beispiel im Einsatz

Eine globale Bank hat in einer ersten Strategiephase die Zielgruppen analysiert und eine zentrale Botschaft für den gesamten Videocontent kreiert. Im nächsten Schritt geht es nun darum, den Kanal für eine langfristige Nutzung aufzubauen. Einer der Schwerpunkte ist die Ansprache von neuen Bewerbern auf dem Karrierekanal. Um einen Einblick in den tatsächlichen Arbeitsalltag von beruflichen Neueinsteigern zu geben, erhalten drei Azubis und Young Professionals eine Kamera, über die sie eigenständig berichten. Das neue Format ist ungefiltert, aber dennoch professionell aufbereitet, und zeigt die Arbeitswelt aus der authentischen Sichtweise der Zielgruppe. Eine weitere Option wäre ein Format, in dem Mitarbeiter aus unterschiedlichen internationalen Standorten zu Wort kommen. In kurzen Segmenten erzählen die Kollegen von ihrem täglichen Arbeitsweg, was sie vor Ort tun und wie sie ihre Freizeit verbringen. So wird die Internationalität greifbar und die Marke nahbarer.

Fazit

Laden Sie zur
Interaktion ein

Mit einer klaren Story – erzählt über spannende Formate – ziehen die Unternehmen ihre Zielgruppe nicht nur immer wieder in den Bann, sondern laden sie auch zur Interaktion ein. Wenn Nutzer auf einem Kanal diskutieren, steigt die Reichweite des Videos und die Bekanntheit des Unternehmens wächst.

Durch diese strategische Ausrichtung auf eine Story können Unternehmen dem Trend nach mehr Originalität auf YouTube gerecht werden. Mit der zentralen Geschichte als Grundlage sprechen sie die Nutzer mit relevanten Formaten an und können diese Inhalte durch klare Vorgaben einfacher erstellen. Die dabei mögliche eigenständige Linie im Vergleich zur weiteren Unternehmenskommunikation und PR erlaubt eine klare Positionierung im Online-Marketing-Mix. So kann ein guter YouTube-Kanal die Marke positiv aufladen und nachhaltig stärken.

Weiterführende Literatur

Andersson, R., Jensen, C., How & Why Social Media is Used in B2B Marketing, Linneaus University, 2015

Atzmon, G. (2018): The No. 1 Thing You're Forgetting About Video Storytelling Could Sink Your Brand, Adweek. https://www.adweek.com/digital/guy-atzmon-sundaysky-guest-post-video-storytelling/ – Zugriff 06.08.2018

Deloitte Creative Studio (2015): Short video: a future, but not the future for TV, Deloitte. https://www2.deloitte.com/content/dam/Deloitte/global/Documents/Technology-Media-Telecommunications/gx-tmt-pred15-short-form-video.pdf – Zugriff 06.08.2018

Gilliland, N. (2018): Eight tips for a killer YouTube strategy, Econsultancy. https://www.econsultancy.com/blog/69756-eight-tips-for-a-killer-youtube-strategy – Zugriff 06.08.2018

Le Cunff, A. (2015): YouTube Content Planning for Savvy Brands, YouTube. https://www.thinkwithgoogle.com/intl/en-gb/advertising-channels/video/youtube-content-planning-for-savvy-brands/ – Zugriff 06.08.2018

Savov, V. (2018): Google announces YouTube Music and YouTube Premium, The Verge. https://www.theverge.com/2018/5/17/17364056/youtube-music-premium-google-launch – Zugriff 06.08.2018

PRAXISBEISPIELE

5

14 Fallbeispiele zeigen, wie innovative Unternehmen vorgehen, um für Kunden relevanter zu werden. Wie mit passenden Daten den richtigen Kunden im richtigen Moment das richtige Angebot gemacht wird. Wie sich Datenqualität sichern lässt und Datensilos vermieden werden. Wie mit statistischen Zwillingen neue Kunden gewonnen werden. Wie mit Nurturing-Strecken das Interesse gemessen werden kann. Unternehmen wie Baur, Tennis-Point oder Leifheit verraten, wie sie Big Data, Predictive Targeting und Künstliche Intelligenz in der Praxis einsetzen, um relevanter mit Kunden und Interessenten zu kommunizieren.

Mit Daten Segmente bilden

Es muss nicht immer One-to-One-Marketing sein. Der Anspruch, jedem Kunden individuell erstellte Inhalte zu liefern, erfordert oft enormen technischen Aufwand. Viel einfacher ist es, Kunden mit ähnlichen Interessen zu Segmenten zusammenzufassen. Allein das erhöht schon ganz enorm die Relevanz. Wer sich im Onlineshop für Damenmode interessiert, freut sich, wenn diese bevorzugt angezeigt wird.

Matthias Postel beleuchtet, an welch scheinbar banalen Dingen die Relevanz von Informationen scheitert: Nämlich daran, dass das System nicht die richtigen Daten vorfindet. Ein Grund sind nicht in Echtzeit kommunizierende Datensilos. Eine andere Hürde sind inkonsistent eingegebene Daten. Hier hilft nur die bessere Schulung der Mitarbeiter.

Petra Wotring zeigt, dass Relevanz nicht unbedingt bedeutet, für jeden einzelnen Kunden einzelne Angebote zu machen. Ein Möbelhaus steigerte die Kaufrate, indem aus den Informationen des Kundenbindungsprogramms Segmente gebildet wurden. Für jedes dieser Segmente wurden dann passende Produktangebote zusammengestellt. Ergebnis: 15 Prozent mehr Aktivität und sechs Prozent mehr Umsatz.

Olaf Brandt beschreibt, wie ein Shopbetreiber mit dem Analytics-System eine Klassifizierung der Besucher realisiert hat. Außerdem wurde ausgewertet, welche Produkte für welche Zielgruppe besonders interessant sind. Die passenden Inhalte wurden nun sowohl auf der individualisierten Startseite wie auch mit Sticky Bars und Pop-ups auf Unterseiten präsentiert. Im Ergebnis stiegen sowohl Engagement wie auch Konversion.

Die richtigen Personen finden

Wer wirkliche Relevanz erreichen will, kombiniert das Wissen über Zielgruppensegmente mit dem Wissen um individuelle Elemente. Im einfachsten Fall ist das eine persönliche Anrede. Besser jedoch ist es, wenn unterschiedliche Datenquellen für die Personalisierung vorliegen und genutzt werden.

Manuela Meier erläutert, wie Baur aus zwei Tabellen errechnet, welches Produkt von welcher Marke für welche Kunden am besten passt. Dazu werden anonymisierte Nutzungsdaten herangezogen. Diese persönlichen Angebote fließen vollautomatisch in ein Template, das die monatliche Empfehlungsmail auslöst. Gegenüber nicht personalisierten Empfehlungen wurde die Konversionsrate um 27 Prozent gesteigert.

Carsten Diepenbrock demonstriert, wie das Wissen über die eigenen Kunden für die Akquise neuer Kunden eingesetzt werden kann. Dabei wird mit sogenannten Lookalikes oder statistischen Zwillingen gearbeitet, die den eigenen Kunden ähnlich sind. Dies geschieht konform zum geltenden Datenschutzrecht in Zusammenarbeit mit Social-Media-Portalen und großen Publishern.

Philipp von der Brüggen erklärt, wie der Lesegerätehersteller Reiner SCT die Voraussetzungen für relevante persönliche Mailings geschaffen hat. Informationen über Interessenten werden in einer Vertriebsdatenbank gespeichert. Um die Datenbank aktuell zu halten, werden Vertriebspartner automatisiert mit Eskalationsroutinen dazu gebracht, die Daten auf dem aktuellen Stand zu halten. So kann viel individueller auf die jeweiligen Wünsche des Interessenten eingegangen werden. Die Vertriebspartner profitieren, weil sie kaufwilligere Leads zurückgespielt bekommen.

Martin Philipp veranschaulicht, wie ein IT-Anbieter potenzielle Neukunden anspricht, ohne Kaltakquise betreiben zu müssen. Stattdessen erhalten Interessenten relevante Inhalte, die speziell auf die Interessen der Zielgruppe HRManager zugeschnitten sind. Der Erstkontakt findet über Anzeigen in Social Media statt.

Passende Inhalte auswählen

Relevanz entsteht nicht nur, indem die richtigen Personen im richtigen Moment angesprochen werden. Damit Interesse geweckt wird, müssen die Inhalte stimmen. Im B2B-Umfeld werden Nurturing-Strecken entwickelt, im B2C kommt es auf die Verbindung der Produktdatenbank mit dem Wissen um Kundenwünsche an.

Albert Aschauer zeigt, wie Tennis-Point mit über 12.000 Produkten die Herausforderung annimmt. Durch situationsbezogene Personalisierung konnte der Umsatz um bis zu 65 Prozent gesteigert werden. Weil nur personenbezogene Merkmale weniger stark gewichtet werden, funktioniert die Methode auch bei unbekannten Nutzern. Die Sortierung von Produktlisten nach individueller Relevanz sorgt für eine längere Verweilzeit im Shop.

Auf ein wichtiges Problem weist **Andreas Landgraf** hin: Zwar wissen viele Systeme, was die Kunden interessiert, aber nicht was gekauft wurde. Und nichts ist störender als die ständige Werbung für bereits gekaufte Produkte. Er beschreibt eine Methode, mit der die Analysesoftware ohne Umweg über die Shopsoftware direkt an die Kaufinformation kommt.

Michael Kugler schreibt, wie Leifheit sicherstellt, dass alle Produktdaten jederzeit in 80 Ländern zur Verfügung stehen. Das Marketing-Information-Management-System (MIM) verkürzt die Produktion von Werbemedien erheblich. Mit einem Product-Information-Management-System (PIM) wird der Online-Produktkatalog direkt befüllt.

Dialoge initiieren und halten

Allein mit richtigen Inhalten und der richtigen Zielgruppe ist es nicht getan. Der Dialog beginnt oft schon vorher, indem sich Menschen bewusst für einen Verteiler anmelden. Schon hier können Daten abgefragt werden, die später für die Personalisierung genutzt werden. Am effizientesten ist meist der Dialog per E-Mail. Auf diesem Weg kann auch am bequemsten das Feedback gemessen werden. Ziel ist eine langfristig aktive Beziehung zu den Empfängern.

Sebastian Kluth geht darauf ein, wie Onlineshops in einem Preference Center schon bei der Registrierung abfragen, welche Themen für den Empfänger relevant sind. Geht das Unternehmen dann auch auf diese Vorlieben ein, steigt nicht nur die Leserate, sondern es sinkt auch die Beschwerderate. Das wiederum ist ein wichtiger Faktor für die Zustellbarkeit von E-Mails.

Friedrich Kern stellt ein interessantes Beispiel von Partnermarketing vor: Vier Hotels mit unterschiedlichen Schwerpunkten taten sich für die Neukundengewinnung zusammen. Mit der Auswahl eines Sporthotels, Kinderhotels, Romantikhotels oder Wellness-Hotels haben die Interessenten gleichzeitig auch passende Inhalte geliefert bekommen. Entsprechend hoch waren die Klickraten und anschließend auch die Konversionsraten.

Sarah Weingarten demonstriert die Bedeutung einer Reihe von Regeln für erfolgreiche E-Mails eines Onlineshops. Nur wer diese Regeln beachtet, kann mit nachhaltig hohen Klickraten und Engagement der Empfänger rechnen.

Andres Dickehut veranschaulicht, wie ein Onlineshop mit Echtzeit-Informationen automatisierte Kampagnen entwickelt. Durch verhaltensbasierte Customer-Journey-Workflows konnte der Umsatz um 26 Prozent gesteigert werden.

Personalisierung ist heute eines der großen Themen des Marketings: Individuelle Kundenansprache soll möglichst zielgenau die Interessen des Kunden treffen. Das Versprechen ist, durch individuelle Relevanz den Umsatz zu steigern. Denn dort, wo der Kunde das findet, was er wirklich sucht, verweilt er, dorthin kehrt er wieder zurück.

Diese Suche nach Relevanz für den Kunden muss sich mit Chatbots und Anpassung der Webseite an die aktuellen Suchmodi des Kunden in Echtzeit abspielen. Deshalb kann sie nur mit Daten verknüpft sein, die der Relevanz ihres Zwecks entsprechen. Wer für den Kunden relevant sein möchte, der muss bei sich selbst anfangen.

Tatsächlich ist die theoretische Diskussion hier schon viel weiter fortgeschritten als die tägliche Praxis. So setzt Echtzeit eine Datenbasis voraus, auf die in Echtzeit zugegriffen werden kann. Doch in der Realität gibt es immer noch Unternehmen, die on- und offline Daten getrennt sammeln. Viele arbeiten nur mit den Basiseinstellungen des Webanalyse-Tools, andere haben Webanalyse noch gar nicht eingerichtet. Wie aber kann ein System auf Kundenbedürfnisse eingehen, das sie gar nicht misst, geschweige denn auswertet? Zwei Cases zeigen, wie omnipräsent diese Problematik ist:

Nicht ohne Datenbasis: Relevanz – ein Beispiel aus dem Handel
Die Anfrage eines großen Retailers mit Onlinegeschäft und stationärem Handel bezog sich zunächst auf die Verkürzung der Webseitenladezeiten. In diesem Zusammenhang sollten Tag Management und Analyse neu aufgesetzt werden. Schnell zeigte sich, dass die Datenbasis nicht stringent geführt worden war: Immer wieder hatten unterschiedliche Personen mit verschiedenen Zielen Ergänzungen vorgenommen. Das hatte zu einem organisch wuchernden Konglomerat widersprüchlicher Daten geführt, in dem das Auffinden benötigter Daten eine Herausforderung war.

In der gegebenen Situation war es am sinnvollsten, die Datenbasis von Grund auf neu aufzusetzen. Ein solcher Single Point of Truth (SPoT), in dem alle Daten eindeutig zugeordnet werden können, bildet die Basis jeder automatisierten Analyse vom Reporting bis zur Handlungsempfehlung sowie aller automatisierten Prozesse im Marketing. Die neue Struktur erlaubt dem Marketing des Retailers, das Handling selbst zu übernehmen, und spart so an vielen Stellen den Umweg über die IT. Prozesse werden dadurch erheblich beschleunigt und manche Messung kurzfristiger Kampagnen überhaupt erst ermöglicht.

Die erhobenen Daten gestatten tiefgreifendere Analysen, die durch das frühere Tool nicht möglich waren. So eröffnen sie den Blick für neue, bislang nicht gestellte Fragen und als stringente Basis ermöglichen sie das Andocken weiterer Kanäle – ein Thema, dem sich das Unternehmen nun stellt.

Relevanz nur durch Fortbildung – am Beispiel Finanzbranche

Ein Kunde aus der Finanz-Versicherung-Branche wollte sich erstmalig mit der Webanalyse für seine Website befassen. Ziel war unter anderem die Verbesserung der User-Experience und so eine an Kundenbedürfnissen ausgerichtete Webseite – ein Anliegen, für das heute Echtzeit gefordert ist. Dafür sollten die Daten automatisierungsfähig aufbereitet werden. Gleichzeitig sollten von der Produktentwicklung bis zu den Webanalysespezialisten alle auf die Daten zugreifen können.

Damit wurde ein Faktor relevant, der in diesem Zusammenhang unbedingt notwendig ist und doch gerne vergessen wird: Die Schulung der Mitarbeiter. Erst seit alle Abteilungen in den Begrifflichkeiten geschult sind und mit dem System umzugehen wissen, kann die Datenbasis strukturiert geführt werden, eine Grundvoraussetzung für Echtzeit und letztlich für eine positive User-Experience. Die neu eingeführte Datenbasis kann dank der Schulung der Mitarbeiter zukünftig stringent und den Unternehmenszielen entsprechend geführt werden.

Datengesteuert – durch Menschen ermöglicht

Viele Unternehmen sind noch weit von den Omnichannel-Visionen des digitalen Marketings entfernt, doch zeigen die Cases, wie schon kleine Schritte in der Datenaufbereitung große Fortschritte in Analyse, Echtzeit und Handlungsempfehlungen bringen können. Sie zeigen auch, wie wesentlich eine konsequent geführte Datenbasis für das Kundenerlebnis ist, egal, wie viele Kanäle das Unternehmen mit ihr verknüpft. Und sie lassen erkennen, wie sehr das datengetriebene Marketing mit Echtzeit, Chatbots und Automatisierung vom Menschen abhängt. Denn erst durch vom Menschen eingerichtete Stringenz können relevante Daten ausgelesen werden und so relevanter Content für den User entstehen. Das Interface mag digital sein, aber nach wie vor zählt im Back-end wie vor den Bildschirmen der Mensch.

Quelle: Torsten Schwarz (Hrsg.): Praxistipps Relevanz im Marketing. – 44 S., 2018.

Customer Centricity
einer Lifestyle-Marke
Petra Wotring

Im guten alten „Tante-Emma-Laden" kannte der Inhaber noch die Wünsche seiner Kunden und konnte direkt Empfehlungen geben. Oder sein Sortiment nach den Wünschen der Kunden einrichten. Weil Frau Müller für sich und die Kinder letzte Woche dieses kaufte und Herr Meier vorgestern jenes, weil sein Enkel gerade in die Schule kam. Namen, Vorlieben und Kaufverhalten: Beim nächsten Mal konnte man gleich die richtigen Vorschläge unterbreiten. Und neuen Umsatz machen.

Zwar sammeln auch moderne Unternehmen die Kontakte, Käufe, Reklamationen und Bedürfnisse. Damit ist jedoch nicht die Frage geklärt, wie man die vorhandenen Daten im Rahmen der Customer-Centricity so nutzt, dass die Umsatzzahlen belegbar wachsen. Ein Möbelhaus hat das geschafft – und aus einem vorhandenen Kundenkartenprogramm sechs Prozent mehr Umsatz für bestimmte Produkte erzielt. Das Erfolgsrezept waren personenbezogene Newsletter und ein datengetriebenes individualisiertes Shopping-Erlebnis.

Automatisch bei Interesse die passende Botschaft
Das Einrichtungsunternehmen wollte dabei für Warengruppen mit besonderem Potenzial effektive, personalisierte und vollautomatisierte Kampagnen starten. Und zwar solche, die auf dem realen Kaufverhalten sowie der einzelnen Kundensituation fußen. Die nötigen Daten dafür lagen durch ein Kundenkartenprogramm bereits vor.

Aus Kundenkarten Wünsche erkennen
Das Kundenkartenprogramm hat das Einrichtungsunternehmen schon seit vielen Jahren im Einsatz. Es liefert Daten zu Einkäufen, Retouren, Kaufhistorie, Online- und Offlineverhalten. Inklusive soziodemografischen Kundendaten, die täglich aktualisiert werden. Die Herausforderung bestand darin, alle verfügbaren Informationen für eine individuelle Kundenansprache intelligent, automatisch und in Echtzeit durch Software und begleitende Dienstleistungen zu verknüpfen.

Trennscharfe Segmentierung: 8 bis 16 Kundengruppen
Der 1. Schritt zum Ziel: Herausfinden, welche Warengruppen und Produkte für diesen Zweck überhaupt geeignet sind.

Schritt 2: Aus den vorhandenen Daten eine personalisierte, mehrstufige Kampagne zu entwickeln, die dieses Potenzial optimal nutzt – mit dem Ziel, Käufe in dieser Produktkategorie zu erhöhen. Dafür war folgende Vorarbeit nötig:

1. Daten aufbereiten: Rohdaten sichten, auf Plausibilität prüfen, vorbereiten.

2. Daten anreichern und veredeln: durch Informationen zu Periodenauswertungen wie Umsatz und Aktivität in einem bestimmten Zeitraum und Kombinieren bestehender Informationen.

3. Segmente bilden: Kunden nach Alter, Geschlecht, Loyalty-Score und Reaktion auf Incentivierungs-Maßnahmen voneinander unterscheiden.

Was brennt unter den Nägeln: Umzug, Hauskauf oder Modernisierung?

Das gewonnene Bild umfasste zwischen 8 und 16 Kundengruppen, die sich in soziodemografischen Faktoren sowie in der bisherigen Historie und den Vorlieben für bestimmte Marken, Produktkategorien oder Preis-Level unterschieden. Alle Kundengruppen und deren Merkmale stellte eine Customer-Insight-Matrix übersichtlich dar. Erst so wurden entscheidende Rückschlüsse auf die reale Kundensituation möglich.

Diese Informationen ermöglichten dem Möbelunternehmen nun, jeder erarbeiteten Kundengruppe per Newsletter individuell ergänzende Produkte über Empfehlungen zur realen Wohn- oder Kundensituation wie „beengter Wohnraum", „Umzug", „Hauskauf" oder „Modernisierung" vorzustellen.

Automatisierte E-Mail-Templates und Platzhalter

Für den automatischen Versand an die unterschiedlichen Kundengruppen gab es E-Mail-Templates, die mit Platzhaltern arbeiteten: Die einzelnen Kunden erhalten so individuelle Angebote. Die Platzhalter betrafen alle notwendigen Personalisierungsstellen: Betreffzeilen ebenso wie Bilder oder weitere Attribute. Der einzelne Empfänger bekommt so mit seinem personalisierten E-Mail-Newsletter Möbel angezeigt, die zum Beispiel für enge Wohnungen geeignet sind oder für weitläufige Häuser. Der Erfolg ließ sich messen: 15 Prozent erhöhte Klick- und Öffnungsraten sowie gesteigerte Besucherzahlen im Onlineshop und Store.

6 Prozent mehr Umsatz – 15 Prozent mehr Aktivität

Dank der personalisierten Inhalte konnte das Einrichtungshaus das zuvor erarbeitete Umsatzpotenzial ausschöpfen – bei optimaler Kontrolle der Kommunikationskanäle und -maßnahmen. Es erzielte bei Mailings die bisher höchsten Öffnungs- und Klickraten, die insgesamt 15 Prozent mehr Aktivität sowie eine Umsatzerhöhung um sechs Prozent nach sich zogen. Die Amortisation der Kosten für die Kundensegmentierung erfolgte bereits in der ersten Phase.

Quelle: Torsten Schwarz (Hrsg.): Praxistipps Relevanz im Marketing. – 44 S., 2018.

Relevanz in Onlineshops messen und optimieren
Olaf Brandt

Jeder Shopbetreiber weiß: Gleichförmige, austauschbare Shops, 08/15-Kommunikation, Produktdarstellungen und -texte ohne Berücksichtigung individueller Interaktionen werden es immer schwerer haben, Kunden zufriedenzustellen oder sie gar zu begeistern und im Wettbewerb zu bestehen. Doch das Erstellen guter, einzigartiger Inhalte und begeisternder Erlebnisse ist eine Kunst und viel Arbeit. Vorhandene Ressourcen müssen gezielt eingesetzt werden. Das bedeutet, für die jeweiligen Nutzer die richtigen Inhalte zur rechten Zeit bereitzustellen. Dazu bedarf es eines kontinuierlichen, datengetriebenen Prozesses des Experimentierens und Optimierens.

Ein Onlineshop-Betreiber baut die Neuausrichtung seiner Kundenkommunikation auf vier Eckpfeiler datengetriebener Relevanz.

1. Adressaten identifizieren

Der Shopbetreiber verfügte über zu wenige aussagekräftige Erkenntnisse bezüglich der Zusammensetzung und des Verhaltens seiner unterschiedlichen Zielgruppen. Die Personas fanden sich nicht in der regulären Messung und Analyse der Website und der Marketingkampagnen wieder.

In der klassischen Shopanalyse geht es primär um die Beobachtung ausgewählter Kennzahlen, der Key Performance Indicators (KPIs), wie die Anzahl an Besuchen, Produktaufrufe, Bestellungen und so weiter. In modernen Webanalyse-Lösungen lassen sich die KPIs sogar segmentieren, etwa nach dem genutzten Endgerätetyp.

Der Shopbetreiber wollte jedoch alle denkbaren Eigenschaftskombinationen untersuchen und dabei alle Interaktionen in den Customer Journeys berücksichtigen. Das war mit klassischen Tabellen nicht möglich. Daher arbeitete er mit Analyseverfahren wie dem Process Mining, das typische Abfolgen von Aktivitäten untersucht. Weiterhin nutzt er verschiedene Clustering-Verfahren, um die unterschiedlichen Eigenschaften von Nutzern zusammenzuführen. Daraus bildet er auffällige Gruppen wie zum Beispiel unterschiedliche Typen von Schnäppchenjägern.

2. Inhalte und Platzierungen priorisieren

Im Gegensatz zu Suchmaschinen-Bots erfassen Menschen Inhalte nur sehr selektiv und weit weniger strukturiert. Daher hat der Shopbetreiber für eine Content-Bewertung und -Priorisierung eine gute Kombination aus Seiten-, Seitenbereichs-, Klickpfad-, Event- und

Scroll-Analyse, die nach Gerätetyp, Herkunftsmedium und Besuchertyp segmentiert, vorgenommen. Entscheidende Fragen sind für ihn:

- Welche Content-Seiten werden häufig von Käufern aufgerufen?
- Wie viele Shopbesucher scrollen bis zu einem bestimmten Absatz und wie lange verweilen sie dort?
- Wie unterscheiden sich mobile von Desktop-Nutzern, Erst- von wiederkehrenden Besuchern und so weiter?
- Welche Möglichkeiten bestehen, um auf Angebote an anderer Stelle des Shops aufmerksam zu machen?

3. Timing ist alles: Mehr Klicks und mehr Käufe

Einstiegsseiten müssen nicht für jeden Besucher gleich aussehen. Es können dynamische Bestandteile eingebaut werden, die auf Interessensgebiete oder individuelles Produktinteresse abgestimmt sind. Dazu zählen sogenannte Sticky Bars, also kurze Hinweise, die am oberen oder unteren Rand der Webseite eingeblendet werden, und Pop-ups.

Im Bereich Lebensmittel wurde ein besonderer Kaffee beworben sowohl auf der Startseite als auch über Display-Anzeigen. Nun wurde auf der Kategorieseite zu diesem Kaffee einerseits unterschieden, ob der Nutzer über die interne Kampagne, die externe Kampagne kam oder organisch dorthin gelangt ist. Außerdem wurde differenziert, ob der Besucher zum ersten Mal in diesem Bereich unterwegs war, zum wiederholten Mal (mit oder ohne Kauf des Kaffees). Kam er organisch in den Bereich zum allerersten Mal, wurde ihm zusätzlich ein Video eingeblendet, welches die Herstellung dieses exklusiven Kaffees zeigte. Kam er über eine der Promotions, wurde dem Nutzer ein spezieller Header passend zur Promotion eingeblendet. Insofern gab es eine Kategorieseite für den Kaffee in der Originalfassung sowie drei Variationen für organische Erstnutzer sowie für interne beziehungsweise externe Teaser-Nutzer.

4. Relevante Headlines, Bilder und CTOs ermitteln

Last not least hat der Shopbetreiber erfolgreich mit verschiedenen Headlines, Bildern und CTOs (Handlungsaufforderungen) experimentiert. Zudem dienen ihm Tests dazu, interne Diskussionen zu versachlichen.

Quelle: Torsten Schwarz (Hrsg.): Praxistipps Relevanz im Marketing. – 44 S., 2018.

Baur steigert Conversion Rate mit Markenaffinität

Manuela Meier

Egal, ob Mode, Schuhe oder Wohnen: Viele Kunden des Distanzhändlers Baur greifen bevorzugt zu bekannten Marken oder solchen, mit denen sie positive Erfahrungen gemacht haben. Diese Markenaffinität macht sich der Distanzhändler zunutze und hat dafür ein Customized Mailing entwickelt. So entsteht ein hoher Mehrwert für den Empfänger durch für ihn relevante Produktempfehlungen.

Nur wer seinen Kunden relevante Inhalte und damit einen Mehrwert im Newsletter bietet, kann sich im Postfach behaupten und wird beachtet. Doch wie erreicht man das? Diese Frage stellten sich auch die E-Mail-Marketing-Verantwortlichen bei Baur Versand.

Ein Faktor, der im E-Mail-Marketing eine große Rolle spielt, ist die Personalisierung. Je individueller und persönlicher die Kunden angesprochen werden, desto eher schenken sie dem Newsletter ihre Aufmerksamkeit. Flexible E-Mail-Marketing-Systeme beschränken sich dabei nicht auf die persönliche Anrede oder Anlässe – beispielsweise den Geburtstag des Kunden – sondern können auch andere Kundendaten verwenden. Auf dieses Verfahren setzt das Team von Baur.

Wissen, wer welche Marken bevorzugt

Eine Möglichkeit, bei den Kunden zu punkten, fanden die Verantwortlichen in der Markenaffinität. Über eine Analyse der Kundendaten und mithilfe von Benchmarks zeigte sich: Kunden, die eine bestimmte Marke bevorzugen, greifen auch beim nächsten Kauf mit größerer Wahrscheinlichkeit wieder zu einem Angebot von dieser Marke. Entsprechend begann Baur, das bisherige Kaufverhalten der Kunden zu analysieren und daraus individuelle Vorlieben abzuleiten. Empfehlungen zu weiteren Produkten aus der vertrauten und bevorzugten Markenwelt werden dann in einem Mailing an den Kunden zusammengestellt. Je individueller eine Empfehlung auf den Kunden zugeschnitten ist, desto relevanter wird sie für ihn.

Automatisch das tagesaktuell passende Produkt berechnen

Um diesen zusätzlichen Newsletter möglichst effizient zu gestalten, setzen die Marketingprofis nicht nur auf Individualisierung, sondern auch auf Automatisierung. Dies gelingt mit einem hausintern erstellten Algorithmus, der die entsprechenden Daten generiert und bereitstellt.

Dafür wurden im Newsletter-Versandtool zwei neue Referenztabellen erstellt. Mithilfe der einen Tabelle können die Kunden-ID und die Marken-ID anonymisiert zugeordnet werden. Die zweite Referenztabelle enthält tagesaktuelle Produktdaten inklusive der Artikel-ID. Die so hinterlegten Daten werden laufend mit dem Warenwirtschaftssystem synchronisiert, um immer die passendsten Empfehlungen an die Kunden geben zu können.

Der Vorteil dieses Vorgehens: Für die Erstellung des Newsletters sind kaum zusätzliche Ressourcen nötig, da auch das Template automatisch angepasst und befüllt wird. Neben den richtigen Empfehlungen ist auch das Look & Feel eines Mailings wichtig für dessen Erfolg. Um den hohen Ansprüchen gerecht zu werden, wurde ein eigenes Template für das Empfehlungs-Mailing entwickelt. Es folgt bestimmten Designregeln und erscheint so immer in Bestform im Posteingang der Abonnenten. So zeigt das Mailing nie mehr als drei Artikel in einer Reihe oder passt die Anordnung von Bild, Preis und Bezeichnung an. Die Anzahl der angezeigten Artikel ist unbegrenzt, sodass die Kunden auch ja keine Top-Empfehlung verpassen.

Das Mailing wird in regelmäßigen Zyklen einmal im Monat versendet und vom Team kontrolliert manuell angestoßen. Das System ist jedoch so konzipiert, dass auch der Versand künftig vollautomatisch und triggerbasiert erfolgen kann.

Conversion um 27 Prozent gesteigert

Ziel des personalisierten Mailings war es, die Käufe auf Basis der maßgeschneiderten Angebote zu steigern. Dies ist Baur Versand über die Analyse und Verwendung der kundenindividuellen Markenaffinität gelungen: Die Newsletter mit den maßgeschneiderten Angeboten erzielen im A/B-Test im Vergleich zu einer nichtpersonalisierten Variante eine 27 Prozent höhere Conversion Rate.

Voraussetzung für ein personalisiertes Verfahren mit wenig Zusatzaufwand ist ein Versandtool, das an die relevanten Systeme angeschlossen ist, diese automatisch auslesen kann und anschließend das Mailing template-basiert erstellt. Ob die Markenaffinität oder ein anderer Faktor angewandt wird, sollte das Unternehmen mit Hilfe einer Datenanalyse prüfen. Fluides Design für ein optimales Look & Feel auf jedem Bildschirm und die Möglichkeit, auch den Versandzeitpunkt automatisch zu regeln, vervollständigen den Anforderungskatalog für ein effektives E-Mail-Marketing.

Quelle: Torsten Schwarz (Hrsg.): Praxistipps Relevanz im Marketing. – 44 S., 2018.

Der erfahrene Marketer weiß: Am besten funktionieren Kampagnen, die an bestehende Kunden versendet werden. Für die Neukundengewinnung sollten Leads so nah am Bestandskunden wie möglich sein, um ähnlich gute Responsewerte erzielen zu können.

Der Ansatz ist eine analoge und digitale Dialogmarketing-Kampagne per Multichannel. Kunden sollen auf allen adressierbaren Kanälen, on- wie offline, erkannt und adressiert werden, um eine eindeutige Erfolgsmessung auch für Offline-Conversions zu ermöglichen.

Displaywerbung wird auf Basis postalischer Adressen ausgesteuert. So können Offline-Conversions, also zum Beispiel ein Kauf im stationären Handel, der Onlinekampagne eindeutig zugewiesen werden (People-based Measurement). Die Herausforderung besteht darin, bestehende Kundendaten für das Online-Marketing zu aktivieren (Data-Onboarding) und sogenannte Lookalikes für On- und Offlinekanäle hinweg zu identifizieren.

Wer kauft das Auto auch ohne Probefahrt?
Ein Automobilkonzern will noch vor dem ersten Verkaufstag für ein neues SUV-Modell den maximalen Abverkauf über eine Presales-Kampagne auf mehreren relevanten Kanälen erreichen. Eine besondere Herausforderung besteht darin, dass nur Interessenten angesprochen werden sollen, die das Modell auch ohne Probefahrt kaufen würden, da noch keine Vorführwagen zur Verfügung stehen.

Durch die Analyse von Daten bestehender Kunden des Herstellers, Third-Party-Daten und Lookalikes wird eine optimale Zielgruppenauswahl getroffen. Die Auswahlgruppe wird über einundeinhalb Monate hinweg mit großer Datenschutz-Priorität auf digitalen Kanälen und auch per analoger Dialogpost angesprochen. Die Ergebnisse sind beeindruckend: Auf die 200.000 Empfänger kommen 1987 Besteller des beworbenen Modells, davon drei Viertel in der Top-Ausstattungsvariante. Über 2400 weitere Neuwagen können der Kampagne zusätzlich zugeordnet werden.

Data-Onboarding und Lookalikes
Der Hersteller verfolgt die Strategie einer People-based Multichannel-Kampagne, um die Zielgruppe für seine Produktneueinführung optimal zu erreichen. Für die personalisierte Ansprache benötigt er Kontaktdaten relevanter Zielgruppen. Den Kern bilden Kundendaten aus der eigenen CRM-Datenbank. Der Dienstleister filtert aus den Kunden-Leads des

Herstellers, aus von ihm eingebrachten Third-Party-Daten und aus produkt- beziehungsweise markenaffinen Lookalikes nach relevanten Merkmalen die Adressaten der Kampagne heraus. Darüber hinaus übernimmt er das Data-Onboarding, um Kunden auch auf allen gewählten Onlinekanälen erkennen und ansprechen zu können. Hierzu zählen etwa die wichtigsten Social-Media-Plattformen und weitere führende Premium-Publisher wie Suchmaschinen, E-Mail-Portale sowie Programmatic Advertising und Mobile-Marketing. People-based Measurement, also die Konversionsmessung auf Individualebene, bildet den Abschluss dieser Kampagne.

Datenschutz: Vor Abgleich verschlüsseln und danach anonymisieren

Für den Abgleich der CRM-Bestände wurden die Daten mit den Onlineplattformen verglichen und Schnittmengen von Kunden mit den Onlinenutzern vollkommen datenschutzsicher erstellt. Der Dienstleister diente hierfür als Trusted Third Party und verschlüsselte alle Daten im Vorfeld des Abgleichs. Die Aussteuerung der Mediakampagne erfolgte vollkommen anonymisiert an die Auswahl-Zielgruppe.

ROI-Auswertung: Kombinierte Kanäle wirken besser

Der Dienstleister ermöglicht seinem Kunden eine Auswertung des Kampagnenerfolgs über alle On- und Offlinekanäle. Dem postalischen Mailing konnte ein Prozent der Verkäufe zugeordnet werden. Die Online-Aussteuerung wurde durch die Auswertung einer Holdout-Gruppe, also der Topzielgruppe, die zu einem kleinen Teil von der Werbekampagne ausgeschlossen wurde, und einer Kontrollgruppe, die Durchschnitts-Usern entspricht, ins Verhältnis gesetzt. So konnten Effekte der Kampagne entsprechend der definierten Ziele valide abgeleitet und bewertet werden. Besonders interessant war das Ergebnis der Kombination verschiedener Kanäle: So wurden bis zu 1,7 Prozent der Verkäufe über verschiedene Kanäle erreicht, zum Beispiel über ein postalisches Mailing in Kombination mit Display-Anzeigen bei einem führenden Social-Media-Anbieter.

Lookalikes: dreimal mehr Käufer als Zufallsselektionen

Die Ziele der Multichannel-Kampagne wurden deutlich übertroffen. Eine wesentliche Ursache ist die Einbeziehung der Lookalike-Leads. Die Bestandskunden und Interessenten aus dem Kunden-CRM haben den höchsten Anteil an Käufern, gefolgt von den Lookalikes, die einen etwa dreimal so hohen Käuferanteil aufweisen wie Zufallsselektionen. Die Ansprache gelang unter Wahrung aller Datenschutzrichtlinien. Zukünftig soll sie generell so CRM-nah wie möglich gestaltet werden. Damit kann eine weitere Reduzierung der Streuverluste und damit eine maximale ROI-Rate erreicht werden, die bei anderen Kampagnen-Architekturen in weiter Ferne liegt. Ein Schlüssel zum Erfolg liegt weiterhin in der Kombination verschiedenster On- und Offlinekanäle.

Quelle: Torsten Schwarz (Hrsg.): Praxistipps Relevanz im Marketing. – 44 S., 2018.

Seit 1997 gehört Reiner SCT zu den Erstligisten im Bereich Lesegeräte für Chipkarten. Das Unternehmen ist auf hochwertige Homebanking-Sicherheitslösungen sowie auf Zeiterfassungs- und Zutrittskontrollsysteme spezialisiert. Seine Produkte werden vorwiegend über Vertriebspartner vertrieben. Um im hart umkämpften Markt Kunden und Interessenten enger zu binden, beschloss Reiner SCT, die Customer Journey in allen Vertriebskanälen transparenter und steuerbarer zu machen. Im zweiten Schritt wurde ein Marketing-Automation-System eingeführt.

Nur gepflegte Kontakte bringen Umsatz

Reiner SCT war sich bewusst: Am effektivsten lässt sich Umsatz mit Cross- und Upselling machen. Es galt also einerseits, die Treue zum Unternehmen zu steigern. Andererseits sollten all jene Leads weiterbearbeitet werden, denen man vorerst nichts verkaufen konnte, die aber ein generelles Interesse an Reiner-SCT-Themen zeigten.

Relevante Inhalte erhöhen die Abschlusschancen

Eines war klar: Kunden oder Interessenten mit irrelevanten Inhalten oder Angeboten zu bombardieren, verursacht Irritationen oder gar Abmeldungen. Schlimmstenfalls landen E-Mails geradewegs im Spamfilter. Stattdessen müssen Leads und Kunden auf ihrer gesamten Customer Journey mit relevantem Content begleitet werden – personalisiert und vor allem zum richtigen Zeitpunkt. Und zwar auch nachdem sie an die Vertriebspartner übergeben worden sind. Nur: Woran sind Leads und Bestandskunden interessiert? Wo stehen sie im Kaufprozess? Diese Informationen hatten die Vertriebspartner.

Vertriebspartner blockieren Wissensfluss

Es gab eine Informationslücke: Reiner SCT wusste nicht, was aus den Leads wurde, nachdem sie an die Vertriebspartner weitergeleitet wurden. Welcher Lead hatte eine Lösung von Reiner SCT gekauft, welcher nicht? Und warum nicht? Lag es am Preis? Fehlende Funktionalitäten oder Budget-Restriktionen? Ein weiteres Problem: Der ROI einer Marketingkampagne konnte nicht ermittelt werden: Welche Kampagne hatte welchen Lead generiert? An welchen Informationen waren Leads interessiert, die zu Kunden geworden waren? Reiner SCT konnte weder relevante Kommunikation noch Upselling-Strategien initiieren, wenn diese Informationen nicht zur Verfügung standen. Die Überlegung: Es musste erst absolute Transparenz im Channel erzeugt werden, bevor man überhaupt an eine Content-Strategie denken konnte.

Zuckerbrot und Peitsche sorgen für aktuelle Daten

Marketing und Vertrieb mussten enger verzahnt werden. Die Informationen mussten nicht nur vom Marketing zum Vertrieb fließen, sondern auch zurück. Kurz: Die Vertriebspartner mussten Teil des Leadmanagement-Prozesses werden. Die Lösung: Reiner SCT beschloss 2016, eine spezielle Vertriebssoftware einzusetzen. Diese macht es möglich, Leads gemeinsam mit Vertriebspartnern zu bearbeiten. Außerdem stellt sie dank Eskalations- und Motivationsmechanismen sicher, dass Reseller alle Anfragen perfekt bearbeiten und der Bearbeitungsstand jedes Interessenten in allen Reiner-SCT-Systemen zur Verfügung steht.

Wer mehr weiß, kann automatisiert Signale setzen

Steht der Kontakt kurz vor dem Abschluss? Oder hat er sich für ein Konkurrenzprodukt entschieden? Wenn ja, warum? Seit Reiner SCT jederzeit weiß, was Altkunden, Neukunden und Nichtkunden bewegt, wofür sie sich interessieren und warum sie sich für oder gegen ein Produkt entschieden haben, kann der Chipkarten-Hersteller die Kommunikation viel zielgenauer aussteuern. Auf dieser Informationsgrundlage wurde Ende 2017 ein Marketing-Automation-System eingeführt.

Bessere Leads, weniger Abmeldungen, mehr Upselling

Das Ergebnis: Durch das Zusammenspiel zwischen Sales-Automation- und Marketing-Automation-Software ist die Marketingkommunikation wesentlich präziser geworden. Die Leads werden besser „genurtured", Kunden und Interessenten empfinden die Marketingbotschaften nun als relevanter. Die Zahl der Abmeldungen von Mailings hat abgenommen. Die Vertriebspartner erhalten seitdem immer kaufwilligere Leads, können Bestandskunden optimal pflegen und zum richtigen Zeitpunkt mit neuen Angeboten versorgen. Die Marketingabteilung hat zum ersten Mal eine 360-Grad-Sicht auf die komplette Customer Journey jedes Leads – auch bei Leads, die nicht zu Kunden geworden sind. Das Beste: Der ganze Prozess findet vollkommen digital und medienbruchfrei statt!

Quelle: Torsten Schwarz (Hrsg.): Praxistipps Relevanz im Marketing. – 44 S., 2018.

Als eines der größten SAP-Systemhäuser weltweit stellt die Itelligence AG den Erfolg ihrer Kunden durch die passenden IT-Lösungen sicher. Hierzu gehören neben der SAP-Beratung und der Auswahl der IT auch Hosting- und Application-Management-Services. Gemeinsam mit der Agentur SiteBoosters hat Itelligence den Einstieg ins professionelle Lead Management gewagt und im ersten Schritt eine Kampagne für die HR-Software von SAP realisiert.

Kaltakquise nicht mehr zeitgemäß

Bisher vertraute die Itelligence AG mit Hauptsitz in Bielefeld auf eine konventionelle Kaltakquise und klassische Marketingkampagnen. Zusammen mit ihrem Agenturpartner SiteBoosters wollte man diese Situation ändern und den Vertrieb von HR-Software im SAP-Segment voranbringen. Dieses Pilotprojekt richtet die Vertriebsunterstützung mittels Marketing Automation und Content Marketing neu aus.

Hauptziel: Mehr Leads generieren

Neben einer erhöhten Sichtbarkeit und mehr Awareness wünschte sich das Unternehmen vor allem, neue Leads zu generieren. Durch Content-Marketing wollte man Itelligence als kompetenten Partner im Bereich HR am Markt positionieren. Für die Realisierung suchte Itelligence nach einem leistungsstarken Tool, das intuitiv zu bedienen ist – und entschied sich für eine E-Mail-Marketing-Automation-Lösung. In der Vergangenheit hatte sich eine andere Lösung als zu komplex entpuppt.

Relevante Inhalte für die Zielgruppe entwickeln

Innerhalb von zwei Monaten hat SiteBoosters eine Lead-Management-Kampagne für die SAP HR-Lösungen in der neuen Marketing-Automation-Software umgesetzt. Um die gewünschte Zielgruppe gezielt ansprechen zu können, entwickelten SiteBoosters und Itelligence im ersten Schritt die Buyer Persona „HR-Verantwortliche/r". Dieses detaillierte Profil des Wunschkunden stellt die Basis für eine zielgerichtete inhaltliche Ansprache dar.

Der nachfolgende redaktionelle Workshop fokussierte auf die Definition passgenauer Inhalte für die zuvor festgelegte Buyer Persona. Auf Basis der Workshop-Ergebnisse konzipierte SiteBoosters gemeinsam mit den Demand Management Team den Lead-Nurturing-Prozess. Dabei handelt es sich um eine didaktisch ausgerichtete Strecke von inhaltlichen

Angeboten, die die Buyer Persona Schritt für Schritt auf ihrer Customer Journey begleiten. Der angebotene Content sollte alle relevanten Fragen beantworten und das Interesse der Buyer Persona auf das Produktangebot lenken sowie konkreten Bedarf wecken.

Der Nurture-Prozess bestand aus produktneutralen Fachartikeln, die aktuelle HR-Themen aufgegriffen haben. So wurde die Buyer Persona in ihrer Gedankenwelt abgeholt. Außerdem ergänzten Leitfäden und E-Books den Prozess, mit denen die Brücke zu den IT-Lösungen von Itelligence geschlagen wurde. Am Ende stand eine Online-Demo der Software.

Reichweite über Social-Media-Anzeigen

Nachdem alle Content-Bausteine erstellt waren, hat SiteBoosters den Nurture-Prozess in der Marketing-Automation-Software abgebildet. Im Anschluss wurde dieser als Push-Maßnahme sowie ergänzend als automatisierte Kampagne in Verbindung mit einer themenspezifischen Landingpage eingesetzt. Mittels Social-Media-Maßnahmen konnten so zahlreiche wertvolle Inbound-Leads generiert werden.

Auf Basis eines von der Agentur individuell auf Itelligence angepassten Scoring-Modells werden laufend Leads durch die Marketing-Automation-Lösung vorqualifiziert und anschließend zur weiteren Bearbeitung an den Kunden übergeben. Über das interne Demand Management Team qualifiziert Itelligence die Leads weiter und übergibt sie schließlich an den Vertrieb. Diese neue Vorgehensweise war von Beginn an so erfolgreich, dass sie in der Folge auf unterschiedliche Themen, Zielgruppen und Branchen übertragen wurde. Derzeit führt Itelligence acht parallele Lead-Management-Kampagnen mithilfe der Marketing-Automation-Lösung durch.

Das Nurturing mit relevanten Inhalten hat den Reifegrad der Leads deutlich verbessert. Den Erfolg kann Itelligence sogar messen: Rund 300 Prozent mehr Teilnehmer bei Webinaren und Onlineprodukt-Demos sowie eine Verdopplung der Teilnehmer an einer Präsenzveranstaltung im Rahmen der Kampagne im Vergleich zu früheren Maßnahmen.

Quelle: Torsten Schwarz (Hrsg.): Praxistipps Relevanz im Marketing. – 44 S., 2018.

Tennis-Point setzt auf individuelle Mobile-Relevanz

Albert Aschauer

Mit über 12.000 Produkten gehört Tennis-Point zu den führenden Onlineanbietern von Sport- und Tennisartikeln im deutschsprachigen Raum. Der international ausgerichtete Händler bietet seine Produkte Besuchern aus 25 europäischen Ländern in 19 Onlineshops an. Um die individuellen Vorlieben seiner vielfältigen Kundschaft optimal zu bedienen, setzt Tennis-Point auf situationsbezogene Personalisierung der Produkt- und Suchergebnislisten seiner Shops. Gerade im mobilen Bereich führt dies zu enormen Umsatz-Uplifts von bis zu 65 Prozent.

Stärker auf individuelle Vorlieben eingehen

Als kundenzentriertes Unternehmen entwickelt Tennis-Point seine Shops seit jeher konsequent weiter. Durch den Einsatz von Optimierungstools wie Search und Recommendation Engines konnte der Onlineanbieter bereits vor dem Einsatz tiefer gehender Lösungen einen starken Umsatz und eine überdurchschnittliche Conversion Rate vorweisen. Im Bemühen um die stetige Optimierung der Customer Experience setzte sich Tennis-Point dennoch zum Ziel, noch stärker auf die individuellen Vorlieben seiner Besucher einzugehen.

Produktlisten nach Händler-Relevanz sortieren greift zu kurz

Denn aufgrund ihrer Internationalität zeichnen sich die Shopbesucher durch enorme Vielfältigkeit aus und befinden sich in den unterschiedlichsten Shopping-Situationen. Dies erfordert eine individuelle Ansprache: Eine spanische Besucherin, die über eine Newsletter-Kampagne für trendige Trainingsanzüge in den Shop gelangt, springt auf andere Produkte an als eine Tennisspielerin aus Norwegen, die unterwegs schnell Bekleidung fürs nächste Match kaufen möchte. Dennoch wollen beide direkt ihre Lieblingsprodukte angezeigt bekommen. Gerade mobile Käufer, die nur wenige Produkte auf ihren Displays sehen, springen andernfalls schnell ab.

Individuelle Nutzerrelevanz: Lieblingsprodukte an erster Stelle

Mit dem Einsatz von situationsbezogener Personalisierung hat der Sportartikel-Händler eine Lösung gefunden, um von dieser Erkenntnis zu profitieren: Die Produkt- und Suchergebnislisten werden kundenzentriert nach individueller Nutzerrelevanz umsortiert. Weil dafür kaum personen-, sondern insbesondere situationsbezogene Charakteristika der

Online-Shopper verwendet werden, funktioniert die Personalisierung selbst für unbekannte Nutzer. So präsentiert Tennis-Point seinen Besuchern relevante Produkte auf den ersten Blick.

Operational Intelligence im Plug-and-Play

Um diese situationsbezogene Personalisierung zu realisieren, implementierte Tennis-Point eine Operational-Intelligence-Lösung serverseitig in seine Shops – schnell, einfach und ohne zusätzlichen Aufwand. Weil die SaaS-Plattform ergänzend auf den bereits vorhandenen Optimierungstools aufsetzt, kann der Anbieter ihr volles Potenzial ausschöpfen: Selbst die Suchergebnislisten der Search Engine werden nach individueller Relevanz umsortiert.

Vollautomatisierte Personalisierung in Echtzeit

Entscheidende Erfolgsfaktoren des Projekts stecken in der fortschrittlichen Operational-Intelligence-Technologie: Dank einer In-Memory-Datenbank kann Tennis-Point seine (Roh-)Daten aus allen Silos zusammenführen und für die Individualisierung der Produktlisten nutzbar machen. Diese verläuft vollautomatisiert durch präskriptive Big-Data-Analysen und verursacht keinerlei zusätzlichen Aufwand. Einzigartig ist auch ihre Genauigkeit: Mithilfe von Echtzeit-Clustering kommt sie ohne Vereinfachung der Daten aus und sorgt für maßgeschneiderte Ergebnisse.

Hohe Arbeitsentlastung und zweistelliges Umsatzplus

Durch die nutzerrelevante Sortierung der Produkt- und Suchergebnislisten konnte Tennis-Point seine starken Zahlen weiter verbessern: Selbst anonyme Shopbesucher freuen sich über ein außergewöhnlich komfortables Einkaufserlebnis mit erheblicher Zeitersparnis, weil ihnen auf Anhieb ihre Lieblingsprodukte präsentiert werden.

Von der erhöhten Kundenzufriedenheit profitiert auch Tennis-Point dank gesunkener Bounce Rate sowie deutlichem Anstieg von Seitenaufrufen pro Besuch und Conversion Rate. Besonders dankbar sind mobile Besucher, die nur wenige Produkte pro Seite sehen: Dies zeigen Spitzen-Uplifts in der mobilen Ansicht einzelner Shops von bis zu 65 Prozent. Insgesamt erzielt Tennis-Point durch die situationsbezogene Personalisierung ein zweistelliges Umsatzplus. Zusätzlich wird das Team des Händlers deutlich entlastet, weil die vollautomatisierten, datengetriebenen Prozesse den Aufwand für Wartung und Pflege der Produktlisten deutlich reduzieren.

Quelle: Torsten Schwarz (Hrsg.): Praxistipps Relevanz im Marketing. – 44 S., 2018.

Schattenwarenkörbe steuern Angebote besser

Andreas Landgraf

Werbebotschaften von Relevanz setzen voraus, dass der Werbetreibende die aktuellen Interessen seines Kunden kennt. Darunter fallen die permanenten Interessen („ist Tierliebhaber") und die volatilen Interessen („braucht gerade einen neuen Wintermantel"). Die Krux an den volatilen Interessen ist, dass sie durch Bedarfserfüllung schlagartig irrelevant werden. Eine ex-post-Auswertung des Kaufverhaltens nützt hier wenig: Die Feststellung, dass ein Kunde einen Wintermantel gekauft hat, bedeutet allenfalls, dass man sich bis zum nächsten Winter entsprechende Werbung schenken kann. Der Kunde, der nicht, noch nicht oder gar woanders gekauft hat, hat keine Spuren in Gestalt von Kaufdaten hinterlassen und ist damit nicht greifbar.

Was wurde angesehen aber nicht gekauft?

Im Onlinehandel entstehen dennoch in großem Umfang Datenspuren, während ein Kunde sich umschaut, bestimmte Artikel betrachtet, vielleicht in den Warenkorb legt, sie wieder löscht, den kompletten Warenkorb verwirft oder doch kauft. Die tatsächlich gekauften Artikel bergen zwar allenfalls Potenzial für Cross-Selling, sofern Branche und Sortiment das hergeben. Weitaus spannender sind dagegen die Artikel, die vom Kunden angesehen, aber (noch) nicht gekauft wurden.

Leider managt marktübliche Shop-Software nur Käufe und keine „Nicht-Käufe" oder „Beinahe-Käufe". Um deren Daten dennoch zu gewinnen, bietet sich die Methodik des Verpixelns an. Dabei werden auf einigen der Shopseiten kurze Code-Fragmente eingebaut, die bei jeder relevanten Handlung des Kunden ein 1x1 Pixel großes „Bild" von einem separaten Webserver anfordern. In die Anfrage wird die jeweilige Aktion des Kunden hineincodiert, typischerweise Art (hinzufügen zum Warenkorb, entfernen, Kaufabschluss), Kundennummer, Artikelnummer und Menge.

Separater Analyseserver weiß, was im Warenkorb passiert

Durch die Anfrage werden diese Daten zum Webserver übertragen; dass der mit einem bedeutungslosen Mini-Bild antwortet, dient nur dazu, den anfragenden Browser zufriedenzustellen. Vorteil dieses Ansatzes ist, dass der Analyseserver örtlich entfernt vom Shopsystem stehen kann, nicht in dessen Tagesgeschäft eingreift und dass die Analyse- und Nachfassprozesse unabhängig vom Shop weiterentwickelt werden können.

Mit den übermittelten Daten wird auf dem Analyseserver pro Kunde ein Schattenwarenkorb mitgeführt, der das Geschehen im Shop 1:1 nachbildet. Jede Aktivität kann leicht in Echtzeit ausgewertet werden, da der mitlauschende Server ja nur einen Bruchteil der operativen Arbeiten des Shopsystems zu erledigen hat und entsprechend weniger Last bewältigen muss.

Als Ergebnis dieser Analysen kann wahlweise in Echtzeit über die Shopseite interveniert werden, etwa mit einem Pop-up „wenn Ihnen dieser Artikel in rot nicht gefällt, sehen Sie ihn sich doch in blau an!" oder später mit Retargeting per kontrollierter Bannerwerbung und/oder hochgradig personalisiertem E-Mail-Marketing.

Warenkörbe vollautomatisch analysiert

Bei der Analyse der Kundenaktivitäten gibt es in der Praxis einige Stolpersteine. Bei einem gut frequentierten Shop muss man damit rechnen, dass Tausende von Schattenwarenkörben parallel zu beobachten sind. Das kann nur vollautomatisiert geschehen, sodass man sich auf die programmierten Prozesse blind verlassen können muss. Zuschauen oder von Hand eingreifen zu wollen, ist faktisch unmöglich. Auch muss man die Qualität der aus der Pixel-Mechanik gelieferten Daten kritisch hinterfragen. Erfahrungsgemäß lässt sich nur schwer sauber trennen, ob von mehreren gleichen Artikeln im Warenkorb ein Teil oder die ganze Menge entfernt wurde. Dann muss entschieden werden, was die defensive Interpretation der Meldung ist. Nimmt man den Artikel in die Analyse mit herein, da er ja schließlich im Spiel war, oder lässt man ihn vorsichtshalber lieber weg, da man nicht sicher ist, ob er am Ende noch eine Rolle gespielt hat.

Aus den gewonnenen Rohdaten müssen die Ergebnisse mit einer gewissen Sorgfalt herausdestilliert werden. Es empfiehlt sich nicht, den Kunden bei Handlungen zu „ertappen", die ihm peinlich sein könnten, etwa wenn er einen Artikel in mehreren Größen oder Farben zur Auswahl bestellt und schon vorher weiß, dass er (mindestens) zwei von drei retournieren wird. Wenn Artikel mit einer gewissen Wahrscheinlichkeit bald ausverkauft sein werden, richtet man das Retargeting auch besser breitbandig auf die Produktgruppe als auf den einzelnen Artikel. Und natürlich macht es Sinn, bei mehreren möglichen Ansprachen diejenige zu priorisieren, die mit der größten Ertragschance verbunden ist.

Quelle: Torsten Schwarz (Hrsg.): Praxistipps Relevanz im Marketing. – 44 S., 2018.

Leifheit glänzt mit sauberen Produkt- und Bilddaten

Michael Kugler

Im Haushalt begegnet uns die Marke Leifheit an vielen Stellen: Beim Wäschemachen, Putzen, Bügeln oder Kochen – in all diesen Bereichen hat es sich Leifheit zum Ziel gesetzt, mit innovativen Produkten in höchster Qualität und funktionalem wie modernem Design das Leben in den eigenen vier Wänden zu erleichtern. Die Leifheit AG ist seit fast 60 Jahren am Markt aktiv und zählt zu den führenden Anbietern von Haushaltswaren in Europa. Die Leifheit-Gruppe mit Sitz im rheinland-pfälzischen Nassau beschäftigt rund 1.000 Mitarbeiterinnen und Mitarbeiter an 15 eigenen Standorten beziehungsweise Niederlassungen, darunter fünf Logistik- und Produktionsstätten in Deutschland, Frankreich und der Tschechischen Republik. Mit den Marken Leifheit und Soehnle bietet die Gruppe Produkte mit hoher Funktionalität und wegweisendem Design in mehr als 80 Ländern der Welt an.

Über 80 Länder mit Informationen versorgen

Das Sortiment der Leifheit AG wächst und wächst. Damit steigt auch die Menge an Produkt- und Bilddaten, die gemanagt werden müssen. Händler in über 80 Ländern möchten mit Produktinformationen in ihrer jeweiligen Landessprache versorgt werden, die außerdem in der höchstmöglichen Qualität und am besten in real-time zur Verfügung gestellt werden sollen. Manuell sind diese Anforderungen bei einem international agierenden Unternehmen mit vielen Produkten nicht mehr zu erfüllen. Oftmals leidet besonders die Qualität unter dem Versuch, den Datenbergen ohne die Unterstützung innovativer Lösungen Herr zu werden.

Prozesse für Medienproduktion verkürzen

Um die internationale Produktkommunikation zu vereinfachen, wird ein zentrales Marketing-Information-Management-System (MIM) benötigt, das dafür sorgt, dass Produktdaten und Bilder, aber auch Übersetzungen konsistent gemanagt werden. So kann über das Portal nicht nur die eigene Webseite mit Informationen versorgt werden, sondern auch externe Stakeholder wie beispielsweise Agenturen oder Händler erhalten die von ihnen benötigten Daten schnell und effizient. Mit dieser innovativen Lösung schafft es die Leifheit AG, Prozesse für Marketing und Medienproduktion extrem zu verkürzen und flexibel auf aktuelle Marktanforderungen zu reagieren.

Händler werden automatisiert mit Daten versorgt

Mit der Vielzahl an Produkten geht eine ebenso große Menge an Bilddaten und Texten einher, die übersichtlich verwaltet und ohne Zeitverlust für den Markt verfügbar gemacht werden. Durch ein Product-Informations-Management-System (PIM) soll der Online-Produktkatalog direkt befüllt und Händler in über 80 Ländern automatisiert mit Produktinformationen in ihrer jeweiligen Landessprache versorgt werden. In diesem Zusammenhang ist eine wichtige Voraussetzung, dass die Software intuitiv für die Händler zu bedienen ist. So kommen auch Gelegenheitsnutzer sehr schnell mit dem System gut zurecht. Aufwendige und kostspielige Schulungen sind überflüssig.

Für Leifheit ist es zudem essenziell, dass Massendownloads ohne Performance-Verlust effektiv und zeitnah durchgeführt werden können. Die Datenpflege wird zentral durchgeführt, damit die Qualität der Produkt- und Bilddaten zu jedem Zeitpunkt optimal gewährleistet werden kann.

Produkt- und Bilddaten schneller liefern

Mit der Einführung der Software-Lösung kann Leifheit den Markt erheblich schneller mit Produkt- und Bilddaten beliefern. Intern sparen systemgestützte Prozesse Zeit bei der Datenpflege. Händler können nun selbst direkt auf das System zugreifen und sich die für sie relevanten Daten herunterladen, sodass auch hier der Aufwand deutlich verringert werden kann. Zentrale Workflows sorgen zudem für durchgehend qualitätsgesicherte Prozesse bei der Pflege, Anreicherung und Bereitstellung der Daten.

Die Leifheit AG kann nun über die Unternehmensgrenzen hinweg die für Agenturen, Händler und weitere Stakeholder relevanten Informationen, die höchsten Qualitätsansprüchen gerecht werden, in Echtzeit zur Verfügung stellen. So kann optimal auf die dynamischen Marktanforderungen reagiert werden. Durch die neu gewonnene Verschlankung der Prozesse, die zudem durch Transparenz gekennzeichnet ist, eröffnen sich für Leifheit neue Dimensionen der Produktkommunikation.

Quelle: Torsten Schwarz (Hrsg.): Praxistipps Relevanz im Marketing. – 44 S., 2018.

E-Shops punkten mit Preference Center

Sebastian Kluth

Um die E-Mail-Kommunikation mit Kunden und potenziellen Kunden relevant zu gestalten, ist Personalisierung oberstes Gebot für alle E-Marketer. Bevor im Rahmen von Beispielen verschiedener E-Shops erfolgreiche personalisierte E-Mail-Kampagnen vorgestellt werden, soll hier jedoch zuerst auf die wichtigsten Tipps rund um den Anmeldeprozess eingegangen werden. Denn nur wenn dieser Prozess aus Sicht des Adressaten stimmig ist, wird es dem E-Commerce-Unternehmen später gelingen, dass seine Mailings als relevant wahrgenommen werden und die gewünschte Aktion – das Öffnen der Mail und das Klicken auf den Link zum Webshop – erzielen.

„Ich bekomme tatsächlich, wofür ich mich angemeldet habe"

E-Mails werden nur dann als relevant empfunden, wenn die Erwartungshaltung, die während des Anmeldeprozesses aufgebaut wurde, auch tatsächlich erfüllt wird. Erwartet der Kunde wöchentliche Themen-Newsletter zu Fernreisezielen, bekommt jedoch tägliche Mailings mit Sonderangeboten für Busreisen in die Umgebung, so wird er diese in seiner persönlichen Wahrnehmung im besten Fall als irrelevant, vermutlich aber als extrem unerwünscht betrachten. E-Shops agieren im Sinne einer relevanten E-Mail-Nutzererfahrung für den Kunden, wenn sie ein Preference Center mit Beispielen der jeweiligen Mail-Varianten anbieten, durch das ihre Adressaten die Art und Häufigkeit der Mails, die sie erhalten wollen, aktiv auswählen können.

„Ich zeige deutlich, was mir gefällt und was nicht"

Diese fortschrittlichen E-Marketer messen nicht nur E-Mail-Öffnungen und Klicks als positive Signale auf ihre Mailings. Sie werten auch weitere Kennzahlen aus, anhand derer sie die Relevanz ihres E-Mail-Programms fortlaufend beobachten und optimieren. Diese Engagement-Parameter werden auch von Mailbox-Providern gemessen und haben zunehmenden Einfluss auf die Zustellbarkeit, sodass sich eine Fokussierung auf das User-Engagement im doppelten Sinn auszahlt. Auch weitergeleitete Mails schlagen positiv zu Buche. Ein Supermarkt in England fragte seine weiblichen Leser zum Valentinstag, ob ihre bessere Hälfte vielleicht einen kleinen Schubs benötigt. Damit hat er sie kreativ zum Weiterleiten der Mail aufgefordert – eine Bitte, der überdurchschnittlich viele E-Mail-Abonnentinnen nachkamen.

Auch das Eintragen des Senders in das Adressbuch ist ein deutlich positives Signal. Als besonders positiv bewerten Mailbox-Provider aber, wenn Nutzer Mails aus dem Spam-

Ordner retten und in den regulären Posteingang verschieben. Wenn Mails regelmäßig am gleichen Tag zur gleichen Uhrzeit versendet werden – wie zum Beispiel die besten Veranstaltungstipps fürs kommende Wochenende pünktlich am Freitag um 9.59 Uhr – so erwartet der Adressat die Mail bereits. Das steigert die Wahrscheinlichkeit, dass sie aus dem Spam-Ordner herausgefischt wird, sollte sie einmal nicht im Posteingang ankommen.

„Ich reagiere besser, wenn ich persönlich angesprochen werde"

An diese einfache Regel hält sich beispielsweise ein Reiseanbieter aus England. Nur 25 Prozent seiner Mails sind allgemein gehalten, während er bei drei Viertel aller Mails den Adressaten persönlich mit Vornamen anspricht und auf die Präferenzen des E-Mail-Abonnenten wie den Wohnort, von dem aus er in der Regel seine Reise startet, eingeht. Durch die Personalisierung der Angebote mit dem Vornamen des Kunden konnte im Vergleich zu nicht-personalisierten Mails deutlich positive Ergebnisse erzielt werden: Plus acht Prozent Leserate, minus 57 Prozent Spambeschwerden sowie 24 Prozent mehr aus dem Spam-Ordner in den Posteingang verschobene Mails.

„Zeig mir doch genau passende Angebote"

Für einen führenden deutschen Online-Modehändler wurden die Engagement-Kennzahlen für breitgehaltene E-Mail-Newsletter mit dem Thema „Unsere neue Herbstkollektion" mit solchen verglichen, die in Abstimmung mit den Kundendaten eine bestimmte Produktnische ansprachen, beispielsweise „Ihr neuer Sneaker für den Herbst". Nicht nur, dass die Kunden das individuell abgestimmte, personalisierte Nischenangebot mit einer um 18 Prozent höheren Leserate honorierten – auch bei den Mailbox-Providern fiel die Spam-Rate mit minus 33 Prozent deutlich niedriger aus.

Je mehr ein E-Shop über seine Kunden weiß, desto weniger sind E-Mail-Abonnenten gewillt, allgemeingehaltene Mailings zu akzeptieren. Nur durch aktive Nutzung der vorliegenden Kunden- und E-Mail-Engagement-Daten kann es E-Shops gelingen, langfristig relevantes E-Mail-Marketing zu betreiben.

Quelle: Torsten Schwarz (Hrsg.): Praxistipps Relevanz im Marketing. – 44 S., 2018.

Jedem das richtige Urlaubsangebot!
Friedrich Kern

Auch im Tourismus ist die klare Positionierung ein wesentlicher Erfolgsfaktor. Die Themen sind dabei so vielfältig wie die Wünsche der Gäste. Umso schwieriger ist es, diese Themen in der Kommunikation optimal umzusetzen. Streuverluste und hohe Kosten in der Kundengewinnung sind die Folge – außer man setzt auf mehrstufige Dialogkampagnen und findet relevante Inhalte für interessierte Zielgruppen.

Vier Hotels, vier Zielgruppen, eine Kampagne

Der logische Weg, neue Gäste für ein Hotel zu gewinnen, muss hier nicht beschrieben werden. Die Limitationen sind ebenfalls bekannt. Was aber, wenn es gelingt, die Kräfte zu bündeln, Budgets zusammenzulegen und eine Kampagne unter einem gemeinsamen neutralen Dach zu launchen?

Wie bei einem Gewinnspiel wirklich alle gewinnen

Unter dem Titel „Probier mal Winterurlaub in Österreich" konnten interessierte Gewinnspielteilnehmer auf der Landingpage ihren Hauptpreis gleich selbst auswählen. Mit den ebenfalls abgefragten Prioritäten ergab die Entscheidung für Sporthotel, Kinderhotel, Romantikhotel oder Wellness-Hotel die logische Zielgruppensegmentierung für die Folgekommunikation. Und wurden in der Bewerbung der Kampagne noch alle vier Hotels gemeinsam präsentiert, so erhielten die Gewinnspielteilnehmer per E-Mail eine Teilnahmebestätigung, in der ausschließlich das jeweils präferierte Hotel vorgestellt wurde.

Relevante Inhalte an die richtige Zielgruppe: Das weckt Interesse. Diese E-Mails hatten eine Öffnungsrate von rund 50 Prozent und lieferten damit einen hervorragenden Werbewert für jedes der teilnehmenden Hotels. Aber letztlich ging es ja nicht um Öffnungsraten oder Klicks, sondern um neue Gäste.

Das Ziel sind neue Gäste

14.700 Teilnehmer mit Costs per Lead in der Höhe von 2,29 Euro sind ein beachtliches Zwischenergebnis. Und auch die Conversion (Click to Lead) auf der Landingpage war mit 46,85 Prozent beeindruckend. Überraschend für alle Teilnehmer und spannend für die Veranstalter war jedoch die letzte Stufe der Kampagne. Alle Teilnehmer, die nicht das Glück hatten, einen der vier Hauptpreise zu gewinnen, erhielten wenige Tage nach Teilnahmeschluss einen Brief ihres Wunschhotels mit einer freundlichen Einladung und einem attraktiven Gutschein als Trostpreis. Eine Investition, die sich mehr als bezahlt macht. Bei der Buchungsquote nach Einsatz derartiger Trostpreis-Mailings konnten bereits zehn Prozent gemessen werden.

Der Köder muss dem Fisch schmecken – nicht dem Angler

Im Unterschied zu herkömmlichen Kampagnen wurde in diesem Fall besonderer Wert auf Ergebnisoptimierung mittels Echtzeitmessung gelegt. Bereits zum Start der Kampagne wurden zwei Sujets mittels A/B-Testing in der Performance verglichen.

Das Sujet A brachte fast fünfmal so viele Leads wie Sujet B! Obwohl nach einer internen Einschätzung alle Befragten das Sujet B präferiert hätten.

Kampagnensteuerung: Der Erfolg liegt im Detail

Nach dem A/B-Test wurden zehn unterschiedliche E-Mail-Adresslisten und Onlinekanäle mit Testbudgets ins Rennen geschickt. Klicks und Leads sowie die Qualität der gewonnenen Interessenten wurden in Echtzeit getrackt und verglichen. Die Bandbreite der CPL lag zwischen 1,17 Euro und 7,52 Euro. Nach einer Woche Laufzeit konnte somit auf Basis der gewonnenen Erkenntnisse bei den Bestperformern nachgebucht werden.

Minimaler Aufwand mit maximalem Ergebnis

Für die teilnehmenden Hotels war der Aufwand denkbar gering. Sie lieferten Bild und Text sowie die Haupt- und Trostpreise für das Gewinnspiel. Konzept, Grafik sowie die technische Infrastruktur und die Mediabuchung wurden vom Dienstleister bereitgestellt. Der Einsatz der „Leadmanagement-Plattform" ermöglichte sowohl die Kampagnensteuerung als auch die automatische Zielgruppensegmentierung und die individualisierte Folgekommunikation über E-Mail-Newsletter und Direct Mailing.

Mit der Leadmanagement-Plattform zu besseren Ergebnissen

Die hier verwendete Software lieferte den Grundstein zum Erfolg.
- Echtzeitmessung aller Channels (online und offline)
- Automatische Anreicherung der Adressen mit Demografiedaten
- Zielgruppensegmentierung
- Automatisierter E-Mail-Versand
- Einfacher Datenexport für die Produktion der Direct Mailings
- Umfangreiches Reporting

Quelle: Torsten Schwarz (Hrsg.): Praxistipps Relevanz im Marketing. – 44 S., 2018.

Onlineshop steigert Erfolg mit E-Mail-Marketing

Sarah Weingarten

Relevanz ist im E-Mail-Marketing ein wichtiger Begriff. Ein Onlineshop hat folgende sechs Regeln beachtet, durch die er nachweislich relevantere Mailings an seine Empfänger sendete und damit seinen Erfolg steigern konnte.

Anrede und Betreffzeile personalisieren

E-Mail-Marketing-Programme bieten die Möglichkeit, Empfängergruppen zu bilden und Mailings zu personalisieren. Unser Beispiel, ein Onlineshop, passte seine Inhalte individuell an seine Empfängergruppen an und gewann somit das Interesse der Leser. Durch das Integrieren von Personalisierungen im Betreff und auch im Mailing schaffte es der Shop, die Relevanz seiner Mailings für die Empfänger noch weiter zu steigern.

Zu viele Themen im Newsletter vermeiden

Eine gut strukturierte E-Mail führt den Leser durch ein Thema. Kurze, aussagekräftige Sätze und ein Fokus-Thema bedienen die geringe Aufmerksamkeitsspanne des Lesers und beeinflussen außerdem die Wahrscheinlichkeit auf eine Conversion positiv. Der Onlineshop leitete seine Leser thematisch und gezielt bis hin zum Call-to-Action-Button im Mailing. Der Shop strukturierte seine Newsletter so, dass dem Empfänger häppchenweise alle wichtigen Informationen präsentiert und somit seine Neugierde geweckt wurde. Die Mailings fokussierten sich auf ein Thema. So wurde vermieden, dass die Leser von einer zu großen Themenvielfalt überfordert wurden. Die Klick- und Conversion Rate der Newsletter stieg beständig.

Gekaufte Leads ohne den gewünschten Nutzen

Je mehr Empfänger Sie in Ihrer Liste haben, desto besser. Wer schnell an viele Kontakte kommen möchte, der denkt natürlich auch einmal daran, Leads zu kaufen. Doch diese Idee ist fatal. A) ist es besonders schwer, die rechtlichen Vorgaben einzuhalten, und B) ist die Relevanz für die Empfänger sehr gering. Der Onlineshop entwickelte eine nachhaltige Strategie zur Leadgenerierung. Auf der Webseite wurden Anmeldeformulare integriert und dem Besucher Rabatte für die erste Bestellung geboten, wenn er sich für den Newsletter anmeldete.

Empfänger nie ohne gültige Einwilligung anschreiben

Ein Double-Opt-in-Verfahren ist für das Versenden von Newslettern absolut notwendig. Wer sich diesem entzieht, der arbeitet nicht rechtssicher und muss mit einer Abmahnung rechnen. Aber nicht nur die juristischen Folgen sind in dieser Hinsicht zu bedenken.

Auch die Performance Ihres Mailings kann darunter leiden. Sammeln Sie Adressen ohne das Double-Opt-in-Verfahren, so ist die Relevanz Ihrer Mailings für die Kontakte nicht belegt, denn jeder kann x-beliebige Mailadressen in Verteilerlisten eintragen. Ein doppelter Check ist daher unumgänglich. Der Onlineshop aus unserem Beispiel nutzte diese Methode ebenso. Somit stellte er sicher, dass die Kontakte dem Empfang der Newsletter zustimmen. Die Bounce Rate sank dadurch. Relevanz? Check!

Zauberwort Regelmäßigkeit

Newsletter regelmäßig zu versenden ist zwar nicht immer ganz einfach, zeugt aber von Professionalität und steigert die Kundenbindung, Glaubwürdigkeit und Bekanntheit. So geraten Sie nicht in Vergessenheit. Der Onlineshop entwickelte eine Newsletter-Strategie, die dafür sorgte, dass die Mailings gezielt und geplant versendet wurden. In den Mailings wurden Produkte beworben und einzelne Aktionen durchgeführt. Hier orientierte sich der Shop primär an verschiedenen Anlässen des Jahres, aber auch an der individuellen Interaktion der einzelnen Empfänger und Kunden.

Mailingversand nach Interessengruppen

Relevante Mails sind solche, die den Empfänger auch wirklich interessieren. Wird ein Mailing an das gesamte Adressbuch gesendet, so ist ziemlich sicher, dass nicht jeder Empfänger sich dafür auch interessiert. Die Konsequenz daraus ist eine steigende Abmelderate, wenig Klicks und wenig Conversions. Der Onlineshop wirkte dem entgegen, indem er seine Empfängergruppen nach Interessen bildete. Jemand, der sonst immer Romane gekauft hat, freut sich über Roman-Empfehlungen. Für den Sachbuch-Freund ist ein Mailing mit Angeboten aus diesem Genre sicherlich interessanter. Die Conversion Rate ließ sich mit dieser Maßnahme erheblich steigern.

Fazit

Relevant zu sein bedeutet, Wichtigkeit in einem bestimmten Zusammenhang zu schaffen. Im E-Mail-Marketing besteht die Wichtigkeit immer im Zusammenhang mit jedem einzelnen Empfänger: Für was interessiert er sich, welche Eigenschaften bringt er mit, welche Produkte, Artikel oder Dienstleistungen sind für ihn relevant, also von Wichtigkeit? Je besser und detaillierter Informationen zu den einzelnen Adressaten vorliegen, desto relevanter kann ein Newsletter oder eine Kampagne am Ende auch gestaltet werden. An unserem Onlineshop lässt sich erkennen, wie effektiv E-Mail-Marketing durch verschiedene Maßnahmen gestaltet werden kann. Für den Shopbetreiber standen die individuellen Empfänger stets im Fokus. Die Optimierung der E-Mail-Marketingstrategie verschaffte dem Shop eine Verbesserung der Newsletter-Performance und somit auch ein Ansteigen der Conversion Rate.

Quelle: Torsten Schwarz (Hrsg.): Praxistipps Relevanz im Marketing. – 44 S., 2018.

Lieblingstasche.de, der Onlineshop für individuelle Taschen, steht für Klasse statt Masse. Um den Kampf gegen Onlineshop-Giganten aufnehmen zu können, war Lieblingstasche.de auf der Suche nach der richtigen Strategie in der Kundenansprache.

Mehr Relevanz dank Komplettlösung für die Customer Journey

Das in der Vergangenheit als zentrales Marketinginstrument genutzte rudimentäre E-Mail-Marketing erwies sich als unzureichend und verfehlte das Ziel, aus Shopbesuchern Käufer des hochwertigen Produkt-Portfolios von Lieblingstasche.de zu machen. Die neue Strategie beinhaltet eine Komplettlösung, die den Kunden umfassend begleitet, um das Kauferlebnis optimal zu unterstützen. Wichtige Merkmale dabei sollten vor allem die personalisierte Kundenansprache und Echtzeit-Analysen sein. Leichte, intuitive Bedienbarkeit, Übersichtlichkeit, Datensicherheit und Kosteneffizienz stellten weitere maßgebliche Entscheidungsfaktoren dar.

Auf dieser Grundlage entschied sich Lieblingstasche.de für die SaaS-Lösung eines Anbieters, der mit fundierter Erfahrung und internationaler Anerkennung überzeugt. Die gewählte Lösung, ein Customer-Engagement-System, wird mittlerweile bei namhaften Konzernen in 50 Ländern mit 100 Millionen qualifizierten Kundendaten eingesetzt. Es bündelt Customer-Lifecycle-Management, CRM, Digital-Marketing und E-Commerce in einem System. Alle Kundenprofile werden zentral verwaltet. Über verschiedene Berichte stehen in Echtzeit vielfältige Auswertungsmöglichkeiten zur Verfügung. Weitere Module wie zum Beispiel „Social Media", „Cashback", „Coupons" und „Contact Center" sind voll integriert.

Verarbeitung der Kundendaten

Lieblingstasche.de war es besonders wichtig, dass die Lösung mindestens den vollen Umfang der neuen Anforderungen der EU-Datenschutzgrundverordnung (EU-DSGVO) hinsichtlich Aufnahme, Verwaltung und Löschung personenbezogener Daten erfüllt. So entschied sich der Onlineshop für ein auf dem Markt verfügbares System, das mit dem europäischen Datenschutzsiegel EuroPriSe ausgezeichnet wurde.

Volle Integration zur Vermeidung von Datensilos

Die Implementierung war schnell erledigt, denn das neue Customer-Engagement-System benötigte aufgrund seiner intuitiven Bedienung nur wenig Einarbeitungszeit. Die Schnittstellenanbindung zum Shopsystem funktionierte reibungslos und eine zuvor separat eingesetzte Software-Lösung für getriggerte Mails konnte komplett eingespart werden. Fazit:

Die Zusammenführung der Systeme senkte den Aufwand in der Datenverwaltung erheblich. Das „Gießkannenprinzip" des anfänglichen E-Mail-Marketings wich der automatisierten, individuellen Ansprache.

Optimierungsfunktionen für beste Ergebnisse

Das integrierte multivariate Testverfahren bietet Lieblingstasche.de die Möglichkeit, Absender, Betreffzeilen und Inhalte bei frei definierbaren Testgruppen mehrdimensional zu prüfen. Es geht damit über reines A/B-Testing hinaus. Die ebenso integrierte individuelle „Best Send Time Optimization" erlaubt es dem Onlineshop, Nachrichten automatisiert zum individuell besten Versandzeitpunkt zu verschicken und so die Konversionsraten zu erhöhen.

Im Dashboard, dem digitalen Cockpit, lassen sich alle Maßnahmen anschaulich nachverfolgen und auswerten. Aus diesem individualisierten Wissen heraus steuert Lieblingstasche.de sein emotionalisiertes digitales Kundenmarketing. So können zum Beispiel Cross- und Upselling-Chancen wirkungsvoll genutzt oder Kaufabbrüche durch gezielte Erinnerungen oder Gutscheinzusendungen in einen Einkauf verwandelt werden.

Der Erfolg:

- 20 automatisierte und verhaltensbasierte Customer-Journey-Workflows zur individuellen Aussteuerung der Kunden

- 20 Prozent höhere Conversion Rate

- 26 Prozent mehr Umsatz

Die personalisierte Ansprache seiner Kunden ist zum wichtigsten Marketinginstrument des Onlineshops geworden. Die Gießkanne ist dem gezielten Strahl gewichen.

Quelle: Torsten Schwarz (Hrsg.): Praxistipps Relevanz im Marketing. – 44 S., 2018.

ANHANG

6

Dr. Ferri Abolhassan ist Mitglied der Geschäftsführung der Telekom Deutschland GmbH und Vorsitzender Geschäftsführer der Deutsche Telekom Service GmbH und der Deutsche Telekom Außendienst GmbH. Zuvor war der promovierte Informatiker für T-Systems, SAP, IBM, Siemens und IDS Scheer tätig.

Albert Aschauer ist seit 2016 als CSO der odoscope GmbH für den Vertrieb der gleichnamigen Operational Intelligence Plattform verantwortlich. Bereits seit 2001 ist er im Internetsektor unterwegs. Er treibt dort in leitenden Positionen technologiegetriebene Themen in Online-Marketing und E-Commerce voran, unter anderem als Head of Marketing und Evangelist bei der Imperia AG oder als Director Sales D/A/CH für die ParStream GmbH.

Olaf Brandt, der Webcontrolling-Experte, verantwortet als Director Customer Acquisition & Communications bei der etracker GmbH die Bereiche Vertrieb, Marketing und PR. Er verfügt über langjährige Berufserfahrung in der Softwarebranche. Vor Beginn seiner Tätigkeit bei etracker war Olaf Brandt als Vice President Business Development bei der Magix AG tätig, einem Anbieter für Multimedia-Software. Weiterhin war er unter anderem als Manager European Distribution bei der Data Becker GmbH & Co. KG beschäftigt sowie bei der Buhl Data Service GmbH als Product Manager.

Philipp von der Brüggen begann seine Karriere in einer Werbeagentur. Nach vierjähriger Station bei einem englischen Softwarehersteller machte er sich 1994 mit der Marketing Agentur technology marketing people GmbH selbstständig. In den folgenden 22 Jahren arbeitete er mit fast allen großen IT-Unternehmen. 2016 verkaufte er seine Agentur und kümmert sich seither um sein neues Baby: Den leadtributor!

Martin Clark, der britische Experte für datengesteuertes Marketing bringt über 25 Jahre Erfahrung aus den Bereichen Daten, Technologie und Marketing aus ganz Europa mit. Als Geschäftsführer der Apteco GmbH (Frankfurt), dem deutschen Geschäftsbereich des britischen Software-Spezialisten für Marketingdatenanalyse und Kampagnenautomatisierung, gibt er wertvolle Einblicke zum aktuellen Stand des datengetriebenen Marketings sowie zu den zu erwartenden Entwicklungen und Trends.

Andres Dickehut ist CEO des von ihm 1994 gegründeten Unternehmens Consultix. Mit seiner langjährigen Expertise in den Bereichen Datenschutz und Datensicherheit berät Dickehut internationale Premiummarken.

Carsten Diepenbrock ist Geschäftsführer bei Acxiom Deutschland GmbH. Seit über sieben Jahren ist er bei Acxiom beschäftigt und hat mit Produktinnovationen wie Audience Distribution wertvolle Pionierarbeit im Cross-Channel und Online Targeting geleistet. Zuvor war der Diplomkaufmann unter anderem Managing Director der Buongiorno Deutschland GmbH sowie General Manager bei Claritas Interactive Deutschland.

Dr. rer. pol. Claudio Felten ist Geschäftsführer und Managing Partner der Muuuh! Consulting GmbH. Er studierte Volkswirtschaftslehre an der Rheinischen Friedrich-Wilhelms-Universität und ist Dozent und Lehrbeauftragter für Betriebswirtschaftslehre, Marketing und Unternehmensberatung. Derzeit hat er einen Lehrauftrag für Kundenmanagement und Strategisches Management an der Universität Osnabrück inne. Aktuelle Schwerpunktthemen sind Customer Centricity, Net Promotor Score und Customer Experience Management.

Bastian Hagmaier machte seinen Abschluss in Business Administration an der HWR Berlin. Der Master in Labour and HR Management folgte an der HTW Berlin. Nach dem Studium arbeitete er als IT-Berater und Webentwickler. Als Speaker, Trainer und Experte für MarTech legte er seinen Fokus 2008 auf datengetriebenes Online-Marketing. Mit mehr als zehn Jahren Branchenkenntnis leitet Bastian Hagmaier als Regional Vice President Solutions das europäische Solution Consultants Team bei Emarsys in Europa.

Nicola-André Hagmann leitet seit 2015 als Leader Marketing and Innovation und Partner die Bereiche Marketing und Innovation bei der Digital-Agentur suchdialog. Zuvor war Hagmann vier Jahre als Strategy Reflector sowie Editor/Strategy & Conception für die strategische Planung, Koordination und Realisierung von Digital-Marketing-Kampagnen für Großunternehmen zuständig.

Nina Hendschke arbeitet als Marketing-Managerin beim finnischen Technologieunternehmen Liana Technologies und ist in dieser Position für das internationale Marketing verantwortlich. Sie schreibt regelmäßig Artikel rund um das Thema Digital Marketing und weiß um die Schwierigkeiten, denen Marketer auf dem Weg in die Digitalisierung gegenüberstehen.

Harald Henn, geschäftsführender Gesellschafter der Marketing Resultant GmbH in Mainz, konzipiert und optimiert Digital Customer Service Projekte, entwirft und setzt Customer Experience Management Projekte um und optimiert Callcenter auf der Basis von mehr als 20-jähriger Projekterfahrung. Er ist Herausgeber mehrerer E-Books zum Thema Digital Customer Service. Sein Know-how basiert auf mehr als 15 Jahren Erfahrung in leitenden Marketing und Vertriebsfunktionen für amerikanische Unternehmen aus der IT-Branche. Zuletzt war er als Marketingleiter der Dell Computer GmbH für den erfolgreichen Markteintritt in Deutschland verantwortlich.

Prof. Dr. Claudia Hilker begleitet als Marketing-Expertin ihre Kunden in der Digitalisierung. Sie entwickelt mit ihrem Team von „Hilker Consulting" Digital Strategien, um wirksame Lösungen abteilungsübergreifend in Marketing, Kommunikation und Vertrieb zu erzielen. Sie gibt Management-Workshops, coacht Führungskräfte in Digital Leadership und hat zahlreiche Marketing-Fachbücher wie „Content Marketing für die Praxis" geschrieben. Nebenberuflich hat sie eine Promotion über Social Media geschrieben. Zudem ist sie Keynote-Speaker.

Friedrich Kern entwickelt mit seinen Mitarbeitern in der Abteilung „Dialog Marketing" crossmediale Dialoglösungen für Geschäftskunden der Österreichischen Post AG. Erfahrungen sammelte der Generalist im Bereich Direct Marketing unter anderem bei Otto Versand, Leiner/Kika sowie als Branchenmanager und Marketingleiter bei der Österreichischen Post AG.

Sebastian Kluth ist Senior Email Strategist bei Return Path. Berufliche Stationen seiner Laufbahn waren die netnomics GmbH, die Otto GmbH & Co. KG, Emailvision GmbH und der Deutsche Presse Vertrieb (Gruner + Jahr). Die Entwicklung und Durchführung unzähliger Kampagnen, technischer Integrationen und komplexer Datenprozesse machen ihn zu einem Spezialisten im E-Mail Marketing und eCRM Umfeld.

Prof. Dr. Bernhard Kölmel lehrt und forscht im Fachgebiet Global Process Management an der Hochschule Pforzheim. Er ist Mitinitiator des Instituts für Smart Systems und Services (IoS3) für disruptive Innovationen/Geschäftsmodelle im Internet of Everything. Daneben ist er als Experte für Zukunftstechnologien für nationale Ministerien und die Europäische Kommission beziehungsweise das European Institute of Innovation and Technology berufen. Prof. Kölmel war in leitender Position mehr als 20 Jahre in der Wirtschaft und unternehmerisch tätig, dabei längere Zeit bei Start-up-Initiativen im Silicon Valley.

Matthias Kohrsmeier begann während des BWL-Masterstudiums in einer Beratung, Strategien für Unternehmen wie T-Systems oder Vattenfall zu entwickeln. 2012 erfolgte der Wechsel in die Digitalbranche im Bereich E-Mail-Marketing. Unter anderem war er als Digitalberater bei einer IBM iX Tochter tätig. Heute berät er als Senior Solutions Consultant große CRM- und Marketingabteilungen vor und bei der Einführung der Emarsys Marketing Plattform.

Michael Kugler ist Diplom-Wirtschaftsingenieur und besitzt mehr als zehn Jahre Branchenerfahrung in verschiedenen Fach- und Führungspositionen, von Consulting und Marketing über Produktmanagement und Vertrieb. Er gilt als Pionier der ersten Stunde im Bereich Product Information Management. Seit Ende 2016 ist er Geschäftsführer der Contentserv GmbH und verantwortet den DACH-Markt.

Dr. Erwin Lammenett war fast 20 Jahre Geschäftsführer einer renommierten Internetagentur. Sein Know-how ist praxiserprobt, seine Bücher sind praxisorientiert. 2014 verkaufte er seine Agentur und arbeitet seither freiberuflich als Berater für E-Business und E-Commerce. 2006 veröffentlichte Lammenett die Erstauflage seines Buches "Praxiswissen Online-Marketing", welches mittlerweile ein Standardwerk für Online-Marketing und 2017 in der 6. Auflage erschienen ist. 2018 erschien die 2. Auflage seines Buches „Influencer Marketing".

Andreas Landgraf, Dipl.-Ing. Univ., ist Berater und Partner der DEFACTO software GmbH in Erlangen. Das Softwarehaus ist seit über 20 Jahren spezialisiert auf Marketing, Vertrieb und E-Commerce. Seine Erfahrung beruht auf CRM-Projekten mit rund 100 Millionen Endkunden in 120 Ländern, über vier Milliarden Kundenkontakten und einem verarbeiteten Umsatzvolumen von über einer Milliarde Euro pro Jahr.

Ulf Loetschert ist Initiator, CEO und Mit-Gründer von LoyJoy. Er verfügt über mehr als zehn Jahre Erfahrung in der Management-Beratung in Marketing und CRM. Die LoyJoy Conversational CRM Cloud ermöglicht Unternehmen den DSGVO-konformen Kundendialog via Chatbot. Im Web, bei Facebook, WhatsApp und Alexa. Kunden werden mit Incentives durch Gewinnspiele, Loyalty-Programme und Mehrwert-Aktionen akquiriert.

Manuela Meier, Expertin für Online Marketing und Marketing Automation, ist seit 2013 Head of Marketing bei der AGNITAS AG. Davor war sie über acht Jahre bei Conrad Electronic, einem eCommerce-Händler, für den Bereich E-Mail-Marketing verantwortlich. Als Autorin von Fachbüchern, zahlreichen Studien und Fachartikeln teilt sie ihre Expertise mit anderen Marketingbegeisterten.

Martin Philipp hat über 20 Jahre Erfahrung bei der Beratung, Vermarktung und dem Vertrieb von beratungsaufwendigen, webbasierten Produkten und Lösungen im B2B-

Umfeld. Der diplomierte Betriebswirt ist Mitgeschäftsführer bei SC-Networks und verantwortet seit 2007 das Neukundengeschäft und die Kundenbegeisterung.

Matthias Postel ist Gründer und CEO der iCompetence GmbH, einer Beratung für Digital Intelligence, Tag-Management und Webanalyse mit Sitz in Hamburg. Der Diplominformatiker (Universität Hamburg) hat als einer der ersten Tag-Management im deutschen Markt eingeführt. Als Business Intelligence Spezialist und Webanalyst war Matthias Postel unter anderem für BBDO Interone, die Otto GmbH und AOL Deutschland tätig, bevor er Teil des Leitungsteams der SinnerSchrader Webanalyse wurde. Er lehrt als Webanalyse- und Digital-Intelligence-Spezialist an der Bayerischen Akademie für Werbung und Marketing und der Adzine School in Hamburg.

Alexander Richter ist wissenschaftlicher Mitarbeiter am Institut für Smart Systems und Services an der Hochschule Pforzheim. Seine Forschungsschwerpunkte liegen in den Bereichen Produkt-Service-Systeme, Geschäftsmodellinnovation, Kundenzentrierung und Open Innovation. Zudem ist er als Dozent im Rahmen von Lehrveranstaltungen im Bereich Wirtschaftsingenieurwesen tätig.

Dunja Riehemann startete zunächst nach dem Studium der Volkswirtschaftslehre als Product Manager in einem mittelständischen Fertigungsunternehmen. Sie hat fast 20 Jahre Erfahrung mit Kommunikations- und Marketingstrategien im IT- und Softwarebereich und arbeitete hier für namhafte Firmen wie SAP und Citrix. Seit 2011 leitet Dunja Riehemann das Marketing und die PR bei Blue Yonder, die im Sommer 2018 von JDA Software übernommen wurden.

Jura Schoeder ist Senior Manager und Experte für Customer Experience bei Muuuh! Consulting GmbH. Er verfügt über langjährige Erfahrungen bei dem Management von Voice of the Customer Programmen, zuletzt als Customer Insights Manager bei eBay International. Aktuelle Schwerpunkte in der Beratung sind Net Promoter Score, Kundenbindungsprogramme, CRM und Customer Experience Management. Herr Schoeder studierte Politikwissenschaften an der Universität Potsdam und ist Certified Net Promoter Associate.

Anne M. Schüller ist Managementdenker, Keynote-Speaker und mehrfach preisgekrönte Bestsellerautorin. Die Diplom-Betriebswirtin gilt als Europas führende Expertin für das Touchpoint Management und eine kundenfokussierte Unternehmensführung. Sie zählt zu den gefragtesten Referenten im deutschsprachigen Raum. 2015 wurde sie in die Hall of Fame der German Speakers Association aufgenommen. Zu ihrem Kundenkreis zählt die Elite der Wirtschaft.

Norbert Schuster, Strategieberater für die Digitalisierung im Marketing und Vertrieb, hilft Unternehmen das Potenzial der Digitalisierung für ihre Vermarktung zu nutzen. Er berät und unterstützt Unternehmen bei der Strategie/Konzept-Entwicklung und Umsetzung von Leadmanagement, Marketing-Automation und der Wasserloch-Strategie®. Norbert Schuster ist Berater, Speaker, Referent und Autor.

Dr. Torsten Schwarz, der Herausgeber des Standardwerks „Leitfaden Online Marketing", führt seit 1987 Seminare durch. Er war Marketingleiter eines Softwareherstellers und berät heute internationale Unternehmen. Mit 20 Büchern und mehreren Lehraufträgen gehört er laut der Zeitschrift „acquisa" zu den Vordenkern in Marketing und Vertrieb. Von der Dialog Akademie DDA wurde er als „Dozent des Jahres" ausgezeichnet. Das E-Commerce Magazin nennt ihn den „E-Mail-Marketing-Guru". Schwarz initiierte die Portale marketing-BÖRSE und Email-Marketing-Forum.

Jonathan Voigt berät als Senior Consultant Kunden bei der strategischen Entwicklung ihrer digitalen Marketingaktivitäten und zu den Trends von morgen. Seine Schwerpunkte liegen in der Ideation, Strategieentwicklung und im Storytelling. Nach seiner Ausbildung an der FH Salzburg und der Lund Universität hat er zuvor einige Jahre bei TLGG in Berlin gearbeitet und ist seit 2016 bei Namics.

Sarah Weingarten schreibt bei Newsletter2Go regelmäßig Beiträge zum Thema E-Mail-Marketing. Seit ihrem Masterabschluss im Bereich der Kommunikation, Variation, Mehrsprachigkeit an der Universität Potsdam ist sie im Bereich des Online Marketings tätig und nun seit 2017 Online-Redakteurin bei Newsletter2Go, einem der führenden Anbieter für professionelle E-Mail-Marketing-Software in Europa.

Petra Wotring ist seit fast 25 Jahren in den Themen Database -, Direkt-, Online- und Handelsmarketing, Kunden- und Kampagnenmanagement sowie Analytics aktiv und arbeitet als Senior Consultant beim Lösungsanbieter Key-Work Consulting GmbH. Sie verfügt über viel Erfahrung bei der erfolgreichen Entwicklung und Einführung von Systemen und Services für Data-Driven Marketing.

STICHWORTE

marketing-boerse.de

Das
Dienstleister-
verzeichnis
für Marketing

Unternehmen. Experten. Jobs. Ausschreibungen.
Produkte. Termine. News. Fachartikel.

Jetzt eintragen!

Das reichweitenstärkste Spezialverzeichnis für Marketing präsentiert:

- pfiffige und innovative Marketing-Profis für Ihre Kommunikation
- kompetente Anbieter aus allen Branchen von Außenwerbung über Suchmaschinen-Optimierung bis Zielgruppenanalyse
- interessante Jobangebote und Projektausschreibungen
- wertvolle Fachartikel und Pressemeldungen
- wichtige Branchentreffs
- alle Marketingtermine des Tages
- nützliche Marketing-Tipps und -Tricks
- spannende Webinare für Ihr Marketing-Wissen

marketing-boerse.de

DAS DIENSTLEISTERVERZEICHNIS
INFO-TELEFON +49 7254 / 95773-0

marketing BÖRSE
www.marketing-boerse.de